"十四五"国家重点图书出版规划

中国疏浚简史

【第二卷】

中国交通建设集团有限公司 组织编写

龙登高 主编

水 方 缪德刚 许天成 编著

清华大学出版社

北京

内 容 简 介

本书是一部系统性的中国疏浚通史，共两卷，每卷分为上、下两篇，上篇简要梳理不同历史阶段中国疏浚的演变与发展特征，下篇通过专题研究深入考察疏浚技术与重大工程，兼顾专业性与大众化。

第一卷内容涵盖先秦、汉唐至宋元明清时期各类内河疏浚，首次系统总结了我国传统疏浚技术与施工方法、杰出人物及其疏浚思想，在治理都江堰、大运河、黄河、淮河等方面的疏浚成就，及其在航运、水利灌溉与抗击自然灾害中的重要作用。第二卷通过对尘封的原始中英文档案的梳理，揭示了1840年至1949年社会经济与疏浚需求的变化之下，海河工程局、浚浦工程局、辽河工程局、中央水工试验所等现代疏浚机构应运而生与曲折发展的历程，疏浚基础理论与技术设备的发展，疏浚专业人才的成长，海河航道、浦江浚治等代表性的疏浚重大工程及其推动航运贸易与港口建设的贡献。

图书在版编目（CIP）数据

中国疏浚简史.第二卷/中国交通建设集团有限公司组织编写；龙登高主编.—北京：清华大学出版社，2022.12

ISBN 978-7-302-59563-2

Ⅰ.①中… Ⅱ.①中…②龙… Ⅲ.①河道整治-水利史-中国 Ⅳ.①TV882

中国版本图书馆 CIP 数据核字（2021）第 239565 号

责任编辑：王巧珍
封面设计：傅瑞学
责任校对：宋玉莲
责任印制：丛怀宇

出版发行：清华大学出版社
  网 址：http://www.tup.com.cn，http://www.wqbook.com
  地 址：北京清华大学学研大厦 A 座   邮 编：100084
  社 总 机：010-83470000   邮 购：010-62786544
  投稿与读者服务：010-62776969，c-service@tup.tsinghua.edu.cn
  质量反馈：010-62772015，zhiliang@tup.tsinghua.edu.cn
印 装 者：三河市东方印刷有限公司
经 销：全国新华书店
开 本：170mm×240mm   印 张：38   字 数：640 千字
版 次：2022 年 12 月第 1 版   印 次：2022 年 12 月第 1 次印刷
定 价：180.00 元（第一、二卷）

产品编号：089497-01

目　录

上篇　发展概论

第一章　社会经济变迁与疏浚需求的变化（1840—1897）　2

第一节　传统内河疏浚的衰落　2

第二节　长江与珠江的疏浚需求　19

第三节　黄河、淮河、海河浚治　24

第四节　世界灌溉工程遗产都江堰、桑园围的疏浚　28

第二章　近代疏浚业的产生（1897—1937）　37

第一节　轮船航运的疏浚需求与新式疏浚机构的创立(1897—1911)　37

第二节　新式疏浚机构治理模式的演变(1912—1937)　46

第三节　主要河流疏浚及相关机构(1897—1937)　67

第三章　抗战时期疏浚业状况及战后接管与机构改制（1937—1949）　96

第一节　抗战时期疏浚机构的运营变化(1937—1945)　96

第二节　日方投降后的接管与管理体制的变迁(1945—1949)　104

第三节　主要河流疏浚机构及其变迁　116

下篇　专题研究

第四章　晚清民国疏浚专门机构的资金供给模式　124

第一节　海河工程局的公债发行与融资　124

第二节　浚浦局的经费来源与筹资模式　131

第五章　疏浚技术能力的建设　146

第一节　疏浚建设基础理论与规划设计　146

第二节　技术装备的引进与本土化发展　152

第三节　专业技术管理与人才队伍　162

第六章　重大疏浚工程　176

第一节　海河航道浚治的实施与成效　176

第二节　浦江浚治与三个 10 年工程　187

　　第三节　主要河流疏浚典型工程　194

第七章　疏浚的社会经济效益　214

　　第一节　航道疏浚与港口建设　214

　　第二节　航运与贸易　218

　　第三节　港口城市的发展　223

参考文献　230

附录 A　海河工程局董事局（1902—1936）　238

附录 B　海河工程局董事局（1937—1945）　241

附录 C　海河工程局顾问局成员（1914—1927）　242

附录 D　浚浦局董事局（1912—1944）　244

附录 E　浚浦局顾问局（1912—1945）　246

附录 F　清政府聘用奈克为总营造司的合同书（1905）　249

上 篇
发 展 概 论

第一章
社会经济变迁与疏浚需求的变化（1840—1897）

第一节　传统内河疏浚的衰落

清中期以后，大运河沟通南北的功能遭到了严重削弱并最终完全丧失，究其原因，大略有两条。第一，作为人工挖掘的河渠，大运河本身没有多少天然汇水来源，即基本上没有流域面积。受制于华北平原半干旱或半湿润的气候条件，其北半段需要常年从黄河引水。黄河泥沙进入运河淤积，运河航运条件越来越差。第二，近代中国交通方式发生了深刻而根本性的变化，远洋和近岸海运、铁路长途运输和公路运输等开始逐渐取代损耗巨大的运河漕运。

一、 停漕改折、河决铜瓦厢与交通运输方式的剧烈变换

（一）改折在前

鸦片战争之后的战乱，导致清廷军费支出剧增，战争失利又形成了大量的赔款。清廷要解决财政不平衡问题，除了收效甚微的节约举措外，主要采取将旧有的收税名目增额，设立海关税、厘金等新税，向富人开捐输、鬻爵、卖国子监学额等门路，向洋人银行借债等方法。在旧税中，田赋向来被清廷视作最为稳定的进项，称作"正贡"。在田赋、漕粮定额不变的情况下，要增收，办法主要是地方官吏增加田赋附加并进行漕粮改折。咸丰二年至三年（1852—1853），太平军席卷湖南、湖北、江西、安徽、江苏和河南一带，又攻下了南京、镇江、苏州等要地。南方漕粮有被地方督抚截留后坐收坐支用于清军军需的，也有不能照例运送进京的。为满足朝廷

开支需要,清廷令江苏、浙江漕粮均改海运。至于湖南、湖北、江西、安徽、河南的漕粮,则由征收大米改为征收折价货币,将银两解送京城,即"改征折色"。实物地租变为货币地租,实际上加重了人民的负担,也标志着清晚期财政的重大转向。漕米折色后,其征收之银,照当时米价,往往不是原数(每亩1石多),而是大于2石,甚至有达到4至5石的,此谓之"勒折"。此外,还有浮收、肆意规定铜钱与白银比价后,只收钱不收银的。这些改折的实践,并没有随着太平天国运动的失败而取消,反而成了新的定例,一直被执行下去。[①] 后世将"停漕"与"改折"并称,往往使人误以为后者是为了实现前者这个目的而新推出的新配套举措。其实不然,改折远在停漕之前就已经出现了。

(二)河决铜瓦厢

黄河在河南铜瓦厢决口,发生在1855年。究其根源,此祸实则肇始于前。首先,道光、咸丰以来,王朝多事。所谓"道咸以降,海禁大开,国家多故,耗财之途广而生财之道滞……天府太仓之蓄,一旦荡然",[②]就是史家对当时国家中衰的一种描述。其次,乾隆中期以后,黄河河务管理日益腐化。最后,在黄河改道北归之前,其下游已经是一条不折不扣的悬河。其背河面的堤防高度一般为1丈2尺(约4米)至4丈(约13.33米),个别地方高差达到5丈(约16.67米)。道光二十一年(1841),东河总督文冲奏报说,"黄河滩面高于平地二三丈不等,一经夺溜,建瓴而下"。[③]铜瓦厢是清代黄河河南段的一处著名险要控制性工程,在兰阳(今河南兰考)境内,距离陈留县(今河南开封市祥符陈留镇)境大约900丈。雍正三年(1725),堵住黄河板厂决口后,在铜瓦厢至板厂间,修起了自东向西一共7个土堡,外加一条临黄越堤。其中,头堡至第四堡共471丈,为铜瓦厢险工。乾隆五十四年(1789),黄河在铜瓦厢有小的险情,在第三至第五堡处冲塌堤防,使得该险工被分为上下两段。嘉庆末(约在1820年前后),该处已经是"越堤头堡至四堡埽坝相联……河溜上提下移,或开行,或逼堤,或仓促而来,或旋踵而去,势不可测,防守之法,未可疏忽也"。[④]

咸丰五年六月十九日(1855年8月1日),黄河中下游暴雨,山东微山湖水位上涨,顶托其上游黄河与黄河支流沁河来水。河水满溢过河南铜瓦厢第三堡处大堤

---

① 白寿彝:《中国通史(第11卷)》,上海人民出版社,2007,第664-666页。
② 赵尔巽:《清史稿》卷120,"食货志一·序"。
③ 颜元亮:《清代铜瓦厢改道前的黄河下游河道》,《人民黄河》1986年第1期,第62-65页。
④ 黎世序:《国学基本丛书之续行水金鉴(10)》,香港商务印书馆,1936,第984页。

顶部。溃口分黄河干流三成水量。次日,黄河干流全部水量夺溜北归,南行河道断流。往西北方向奔流的黄河水首先淹没了河南封丘、祥符等县村镇,在遇到地势阻隔后,折向东北,经兰仪、考城,入直隶境长垣县。河水在长垣县兰通集一分为二。其一夺赵王河,经山东曹州(今菏泽)在张秋穿越运河。其二由长垣县小清集流过东明县雷家庄,再次一分为二。其一经东明县城南门外往曹州向北。另一则经东明县城北门外,借茅草河,过山东濮州、范县,至张秋。黄河水分三路后,继而又在张秋汇合并穿过运河,再夺大清河河道归海。但这只是河决后初期很短一段时间内的形势,具体的洪水流经路线,始终在不断地摆动调整中。其后一段时间,决口泄水基本上沿着泥水淤积形成的冲积扇北部边缘流动。但冲积扇本身泥沙堆积情况也在逐渐演变之中。到了咸丰八年(1858),赵王河一股逐渐淤塞。冲积扇北部边缘的淤积越来越厚,又迫使河水有向南寻求新河道的趋势。同治七年(1868),黄河又在邯郸赵王河东之红川口决口,其穿越运河的地点,南移至安山镇。同治十二年(1873),黄河再次在东明县新岳庄决口,借大塘河入海。光绪六年(1880),朝廷选择在石庄户以下菏泽贾庄堵口,使其仍向北,归大清河入海。至此,黄河维持至今的现代河道,才有了基本固定的雏形。根据清华大学水利系已故中国工程院院士钱宁的考证,在决口处比口外地面高很多的情况下,铜瓦厢决口以下所形成的这个迫使黄河干流不断摆动的冲积扇,大致覆盖范围如图 1-1 所示。

由于铜瓦厢决口后,清朝廷对黄河下游乱流有 20 多年未曾采取什么措施,水患给冀北、河南、山东、皖北、苏北人民造成的损失巨大且长远,总的灾害波及范围大约 3 万多平方公里。山东境内水系受扰动最大,有些遗祸至今。

(三) 运输格局的剧烈变动与停漕

咸丰五年(1855),河决铜瓦厢后,回归北流,截断了大运河。短时间内,运道淤塞,张秋以北运河"仅恃黄河旁溢之水,入运之处,名南坝头,口日形淤垫,从前秋冬尚能过水,近则水落辄止断流"。同一时期,太平天国运动正蓬勃兴起,中心在长江中下游苏浙皖赣一带。这正好切断了漕运从米粮、赋税征收到组织接力转运的全过程。运河河道更是淤废不堪。"船户不愿北行……河工久废,(运河)两岸大理石已经大多剥落无存,自杭州至临清间,有数处已不能行船。"[①]光绪十四年(1888)以后,存河废运,虽有人心存恢复漕运的幻想,迄无成功之事实,最后不得不废除内河

---

① 呤唎:《太平天国革命亲历记(上)》,上海古籍出版社,1985,第 171 页。

漕运而改行海运。近代中国的近海和远洋运输业的快速发展，也为漕粮海运提供了客观条件。

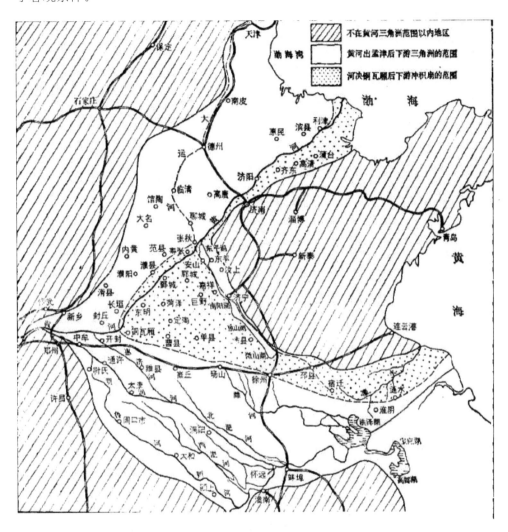

图 1-1 铜瓦厢决口后黄河冲积扇的范围

资料来源：钱宁：《1855 年铜瓦厢决口以后黄河下游历史演变过程中的若干问题》，《人民黄河》1986 年第 5 期，第 66-72 页。

漕粮改为海运的前身，并不是直接使用燃煤的近代蒸汽小火轮作远海航行，而是使用中国古已有之的沙船作近岸航行。嘉庆十二年（1807），时任浙江巡抚阮元就考虑进行漕粮海运。道光二年（1822），包世臣也提议将南方漕粮改为海运。魏源后来更进一步，说海路可以代河，商运可以代官运。经过长期争论，在鸦片战争前,清廷漕粮实际已经有一部分从官办河运变成了商承海运。到了道光年间,在中国北方大豆产区(主要经牛庄输出)和南方江苏海盐产地(主要经海州、上海输出)之间,活跃着大量贩运豆子、盐斤的"豆石运输"沙船队伍,约有 3 000 余艘。咸丰年间,因南北经济交流受阻,又面临洋人现代海运业的竞争,其规模已经开始有所缩小,船艘约剩 2 000 余只,从业者大约 10 万人。外国商船"资本既大,又不患风波盗贼,货客无不乐从,上海之商船船户,尽行失业,无须数月,凋敝立现"①。"中国大部分的沿海贸易从本地船只转移到外国船只手里"②是不争的事实。到同治六年(1867),沙船总量下降到只有 400 多只。沙船主"富者变为赤贫,贫者绝无生理"③。沙船业的凋零,迫使漕粮海运成为难题。清军从太平天国手中收复浙江之后,海运漕粮又在增长。同治五年(1866),任官苏松太道台的应宝时先是主张由清廷拨款收买全数现存沙船,修理后用于近岸海运漕粮。但是这个提议因为买船费用高达 70 余万两,又每年还需支出 26 万两维护费用,没有得到财力穷困的朝廷批准。此后,应宝时又提出,可以由官府买夹板船(非机械动力的西洋软帆船,与中国传统硬帆船区别很大)、买洋人船舶舱位以济运输。其中,归中国人自己办理的部分漕粮定额,可以招商承运。"令其偕官船同时抵(天)津,则尤为简便。"北京户部表示同意,总理衙门(总署)也赞同此议。总理衙门指出,华商为了获得捐税优待和进港便利,纷纷"诡寄洋商名下",长此以往会使得华商都变成洋商,损害中国的海防安全和经济利益。与其"官私利权两窘",还不如"明定章程",放开由华商向洋人购买、订造轮船。"既可免隐射之弊,亦可辅转运之穷。"④但是,这个中央各部同意的意见,最终没能施行。其主要阻力来自同李鸿章意见相左的两江总督曾国藩、江苏巡抚丁日昌。容闳作为怀有较明显民族主义思想的洋务先驱,继续主张由中国人自己集资设立股份制的轮船公司,以便"分运漕米,兼揽客货"⑤。曾国藩认为,要办公司如果没有洋商或洋行买办的参与,"未必能仿照外国公司办法"。应宝时也说,"恐一时资本难集"⑥。

①　贾桢等编:《筹办夷务始末(咸丰朝)》卷 30,故宫博物院,1930 年刊本。

②　泰勒·丹涅特:《美国人在东亚》,姚曾译,商务印书馆,1959,第 321 页。

③　李鸿章:《李文忠公全书·奏稿》卷 7,《北洋货上海一口请归华商转运折》。

④　郭廷以等编:《海防档·购买炮船(三)》,台湾艺文印书馆,1957,第 861-862 页。

⑤　李鸿章:《李鸿章全集·奏稿》卷 20,《试办轮船招商折》。

⑥　郭廷以等编:《海防档·购买炮船(三)》,台湾艺文印书馆,1957,第 873-876 页。

在暂时无法以轮船运输漕粮的情况下,曾国藩将宜兴等处漕米 3 万石于同治六年十二月(1868 年年初)交予国内运营西洋夹板船的私商郭德盛试办运输。但是,等漕米运到天津外海,才发现大沽沙航道水深不够。第一批 8 000 石大米滞留船上,不能进港。于是,私商又临时找洋商船只,减载一半以后,起浮进港。码头空和栈房、锚地转载转运费用、转运损失等,使得"商人赔累,大有悔心"①。兜兜转转,漕粮运输终于还是回到了使用机械火轮船走远洋航行运输一途上来。同治十一年(1872),"轮船招商局"由官督商办,在上海成立。该年农历十二月二十日,招商局所属"永清"号火轮船就往天津运输了首批次共计 9 000 石漕米。"嗣后苏、浙海运漕米,须四五成拨给招商局轮船承运,不得短少。"此后,历年招商局承运漕粮数量稳定在每年 40 万~70 万石之间(见表 1-1)。

表 1-1 1873—1883 年轮船招商局承运苏、浙漕粮数

统计年度	承运漕米数量/石	统计年度	承运漕米数量/石
1873	200 000	1879	475 415
1874	450 000	1880	557 000
1875	290 000	1881	580 000
1876	420 000	1882	390 000
1877	420 000	1883	470 000
1878	570 000		

注:统计年度与自然日历年不同,为本年 7 月 1 日至次年 6 月 30 日。
资料来源:交通部财务会计司编:《招商局会计史》,人民交通出版社,1994,第 17 页。

沙船、本国和外国轮船承运漕粮在晚清逐渐成了重要的漕粮运输方式。运输方式的剧烈变化造成了河运、河务废弛的后果。但是,这是一种历史的进步,时人大多并不以为可惜,与此相反,晚清大变局中的地方督抚,对海运还多有赞誉。在两江总督陶澍编纂的《江苏海运全案》中,卫荣光作序总括这一时期发生的变化为"道光季年,海运费省而运疾,上下咸以为便。而犹河海并运也。至粤匪(注:指太平天国运动)肆扰、中外互市以来,宸谟远布,海运专行,而河运遂废。江南之由河运者不过江(苏)、安(徽)数万石而已。海运踔行之后,已三十余年,功效大著,火轮骠迅,与沙卫船分成揽运,尤开亘古未有之奇,此变则通之候欤"②。

---

① 曾国藩:《曾文正公全集·批牍》卷 6,《华商吴南记等禀集赀购买轮船运漕由》。
② 卫荣光:《重订江苏海运全案·序》,文光堂,清光绪十年(1884)刊本。

光绪二十六年(1900),八国联军相继占据了天津、北京。此前行之有效的海运又被迫中断。西太后、光绪帝远逃西安,本年未来得及启运的上海口岸漕粮因此部分改为河运、陆运,由淮安清江浦运局、汉口运局转运至西安。次年,光绪帝上谕称:"著自本年为始,各直省河运、海运,一律改征折色(征收银两为折色,征收实物为本色)。"①此即"停漕改折"。其后虽有部分反复(例如,浙江每年仍征100万石漕米本色,规定以海运送到通州仓),其余则都维持征收折色的办法。而浙江本色漕粮在实际运输过程中,又变成了在塘沽港换装火车,至北京永定门卸车,使用人力或畜力拉车运送等传统运输方式的,只剩下永定门以内至先农坛一段(也有铁路岔道可通)。光绪三十二年(1906),清廷意图停发船户转运漕米耗银、起剥费用津贴等,以便节约财政经费。署理两江总督周馥经批准后,把塘沽码头漕粮卸车交兑地点改在了京师粮仓。次年,部分江苏漕粮征收汇集到无锡后,也废弃水运不用,试行改由沪宁铁路送到上海。嗣后,这一比例扩大到江苏全部漕米实收本色的2/3(即40万石/年)。这样一来,漕运就彻底衰弱了。

二、 漕运衰落后的河工困局

咸丰三年(1853),清廷为筹集军费,在江苏里下河一带首先开始设立厘金局,名义上"值百抽一",实际上有各种浮收、加派,全国各地迅速效仿。第二次鸦片战争结束后,自然经济解体速度大大加快。外洋商品进入中国市场的规模和速度开始快速扩大和提高。清廷由英国人辅助建立起来的近代海关系统,开始产生大量的贸易税收。咸丰三年(1853)以后,清廷财政收入连续快速上涨。光绪二十九年(1903),清廷财政收入已经突破了1亿两。至光绪三十四年(1908),此数为2.348亿两。即便在王朝末世的宣统朝,其财政收入也一般保持在年均2亿两以上。②

但是这些财政增收一来并不完全归中央政府灵活掌握,有大量属于支付赔款、债息、军费的固定支出,又许多属于地方坐收坐支而仅在账目上予以表现;二来,即便可由清廷支配的少数机动部分,也并未有多少被用于河工。更兼河决铜瓦厢之后,南河管理机构遭到裁撤,东河管理机构有所变更。清末财权本来已经下移和外移,有限经费又缺乏有效的管理和使用。治河疏浚情况,自不容乐观。

---

① 上海商务印书馆编译所:《大清新法令1901—1911(第1卷)》,商务印书馆,2010,第6页。

② 《皇朝政典类纂》卷161,《国用八·会计》。

直隶总督李鸿章曾奏报过光绪直隶辖境内的河工情况，"我朝康雍乾年间，屡蒙圣祖仁皇帝、高宗纯皇帝巡行规画，特授机宜，迭命贤王重臣董理其事。先后历时数十年，官民用费千百万，浚筑兼施，节宣备至，始克奏功……乾隆以后，未兴大役。道咸以后，军需繁巨，更兼顾不遑。即定例岁修之费，亦层叠折减。于是河务废弛日甚。凡永定、大清、滹沱、北运、南运五大河，又附丽五大河之六十余支河，原有闸坝堤埝，无一不坏；减河引河，无一不塞。其正河身淤垫越高，永定河在雍乾时已渐高仰，今视河底竟高于堤外民田数丈。昔人譬之于墙上筑夹墙行水，非一日已。而节宣西南路诸水之南泊、北泊，节宣西北路诸水之西淀、东淀，又早被浊流填淤，或竟成民地。其河淀下游，则仅恃天津三岔口一线海河迤盼出口，平时不能畅消，秋令海潮顶托倒灌，自胸膈肠腹以至尾闾，节节皆病。是以每遇积潦盛涨，横冲四溢，连成一片。顺、保、津、河各属，水患日重"[①]。这充分表明了清末河工在漕运衰微后的实情。

至停漕之际，清政府支付庚子赔款负担沉重。[②] 本来河工经费就已经短缺，至此，河工困局更凸显出来。其所造成的恶果不胜枚举，在此仅以江苏（今上海）宝山县为例。"向例境内河港，或五年一浚，或六、七年一浚。今邑之河，有十余年不浚者矣，有数十年不浚者矣，有如线如绠而涝不能泄者矣，有如潢如污而旱不能溉者矣，有河底俱成町畦而种棉稻者矣，有河面俱盖屋庐而成廛市者矣。旱涝不足以蓄泄而田畴荒，商贾必待乎挑运而物价贵。"[③]这也不是某些局部地区的突出个例，而已经成为黄河、运河及其相关联水系河流上下的普遍情况。

三、 防灾减灾疏浚的奢望

鸦片战争爆发前，清廷在内河疏浚上还颇有建树。以长江下游入海口附近为例，道光十六年（1836），两江总督陶澍、江苏巡抚林则徐会奏验收苏州、松江、太湖等各道陆续挑浚的河道，计有：苏州府吴江县瓜泾港河，常熟、昭文两县福

---

①　李鸿章：《复陈直隶河道地势情形节次办法疏》，载黄彭年：《光绪畿辅通志》卷84，河北人民出版社，1989，第10册第607页。

②　海关税务总司赫德称："从户部残存的案卷中搜集到的最近财政收支报告中记载，岁入总数约为八千八百万两，而岁出据说要一亿零一百万两。岁入的四分之一以上用于偿付现有的欠债，而所需费用和岁入之间的亏空或差额，仍旧是一笔没有专款抵偿的欠债。"赫德：《关于中国偿付赔款的备忘录》，载天津市社科院历史所编：《1901年美国对华外交档案》，齐鲁书社，1983，第136页。

③　张朝桂：《水利徭役积论略》，载朱延射：《光绪宝山县志》卷4，《水利》。

山塘河,吴县张家塘各河,松江府上海县诸多河流;川沙厅白莲泾、长浜、吕家浜、小腰浜,华亭县各河,娄县古浦塘河,金山县珠泾镇、互迎浜等河,青浦县泖湖切滩,太仓州杨林河,嘉定华亭泾等。疏浚工程效果显著。"挑挖倍见深通,水势极形畅顺。"①其后,疏浚规模则萎缩很多,仅止于对旧有工程的小规模间断维护而已。再次见到大规模的疏浚工程,则要等到同治六年(1866)疏浚刘河并修天妃闸,以及同治十年(1871)时任江苏巡抚张之万请设水利局,以近代机器船疏浚吴淞江下游至新闸140丈、太湖溇港29处共11 000丈、泖湖30余里、吴淞江黄渡至新闸西9 000丈等。在之后的10年时间内,该局又分别疏浚了太仓七浦河、昭文徐六泾河、常熟福山港河、常州河、武进孟渎、超瓢港、江阴黄田港及其河道闸塘、徒阳河、丹徒口支河、丹阳小城河、镇江京口河等。② 由此可以看出,即便在经济情况较好的长江下游平原,近代内河疏浚也曾遭遇了困难,有过勉强维持乃至多年不修的情况。至于经济条件远比不上此处的其他地方,防灾减灾疏浚就更成为一种奢望。

宋元以来长达数百年的黄河夺淮入海,极大破坏了江苏淮河以北的河道水系,黄河1855年改道北徙之后,在江苏淮北平原上留下了黄河故道,自西向东的淮河河道尽失,入海不畅,威胁里下河地区。而自南向北流的沂、沭、泗水系也河道不畅,汛期严重威胁着纵通南北的中运河。因此,近代以来,治运始终是与导淮、治淮联系在一起的,治运必治淮,欲了解运河治理,必须先搞清导淮治淮的历史。根据研究,我们将晚清民国的导淮到新中国初期1952年治淮基本完成根治淮河水患的80余年时间大致划分为四个阶段。其中属于古代到近代这个转换期的,为前两个阶段,放在本卷中论述。第一个阶段是导淮倡议的提出。第二阶段是各种导淮方案的提出和争论,及成立测量机构,运用科学手段测量导淮线路。

近代导淮历史长达百年,经历数代。自清咸丰五年(1855)黄河改道恢复北流山东入海,"导淮"即恢复淮河故道的呼声就不绝于耳。清廷平定太平天国和捻军起义后,社会逐步稳定,经济缓慢恢复,治理淮河水患提上议事日程。同治五年(1866),山阳(今江苏淮安)人丁显最早倡议导淮,阜宁人裴荫森、宿迁人蔡则沄附和,给京师上陈情状,促使两江总督曾国藩重视此问题,并于1867年上奏折专议此

---

① 毛振培、谭徐明:《中国国代防洪工程技术史》,山西教育出版社,2017,第373页。
② 同上书,第374页。

事。此后张之万、何璟、吴元炳、刘坤一、左宗棠等历任两江总督、漕运总督,均尝试疏浚河道,恢复江北漕运,但成效不大。

光绪六年(1880),丁显撰写文章并鼓动舆论,创议修复运河。光绪十二年(1886),山东巡抚张曜聘英国工程师莫里森(Mrrison)测量筹治事未果。此一阶段,还出现了苏、鲁两省关于是否让黄河恢复故道,即向东南夺淮入海的争议。山东要求恢复,江苏坚决反对。两江总督李鸿章与山东巡抚丁宝桢分别代表苏、鲁展开庙堂博弈,结果朝廷仍维持从山东入海。

第二阶段是清末民初(1909—1927),以张謇为代表。张謇于1909年成立江淮水利公司,1911年年初改名江淮水利测量局,主要工作是导淮方案的讨论,实地测量江淮水利。1914年,国民政府聘美国红十字会工程师团来华规划导淮及治运;1918年,设督办运河事宜处,聘请费理门等人进行测量和工程规划,但因各种变故,均无功而返。晚清到民国期间,黄河下游各种治理方案有江苏南通张謇案、山东案、全国水利总局案、安徽柏文蔚案、詹美生案、美国红十字会案、费理门案等,莫衷一是。武同举编纂于1916年的《会勘江北运河日记》就反映了苏、鲁两省希冀以邻为壑而在治河、导淮问题上互相指责的情况。张謇尤其反对全国水利总局出面贷款修苏北入海水路。

除了淮河,光绪二十四年(1898)前后,李鸿章会同比利时工程师勘察黄河、拟定治理方案,但最终流于无果的史实,也是这一时期系统性、科学性防灾减灾疏浚纯系奢望的另一个注脚。

鸦片战争后,勘探和研究黄河问题的人群中,出现了外国人的身影。同治九年(1870),英商内伊·艾略斯(N.Elios)在《英国皇家地理学会会刊》上发表了他1868年考察铜瓦厢以下黄河新河道的论文。光绪四年(1878),英国工程师莫里森再次考察了这里,并于两年后发表了《中国内陆行纪——大运河与黄河》。光绪十五年(1889),荷兰人石佛达、单百克、维善也考察过黄河下游,写有《黄河备忘录》。光绪二十四年(1898),比利时人芦法尔应清廷邀请,陪同李鸿章勘察黄河山东段,撰写有《勘河报告》。这个报告,比此前外国人所写的关于黄河的论文、探险游记、考察报告等更详细。

报告提出,黄河下游受病已久,应以算学为本,首先测绘全河形势。以近代水利的科学方法绘制1∶3 000的测绘图,这在黄河治理史上是第一次。这些工作是由吴延斌、于式枚、孙宝琦、袁大化等人率随员(主要是西式学堂的绘图科学生)完成的。李鸿章、芦法尔、周馥、任道镕等还多次亲自去黄河入海口查看情况。光绪二十五年二月(1899 年 3 月),李鸿章奏报朝廷称有三件应当立即办理的救急之事,即测量、绘图、查看水性并考求沙数。该年三月(公历 4 月),李鸿章写成《勘筹山东黄河会议大治办法折》,写了"根治"的十条建议。但这些办法耗时长久,需要的财政拨款又多,无法实现。于是李鸿章又写了一个简化版的《筹议山东黄河救急治标办法折》,要清廷拨款修堤、购地举行移民搬迁、疏通海口。

自同治元年(1862)始,直至病逝(1901),李鸿章一直在清廷重要官位上。但1898 年 8 月至 11 月他退出总理衙门并随后受命勘察、治理黄河,则是以闲职远离中枢。只有当他自 1900 年年初起复为两广总督,才可说他又回到了朝廷重臣的位置上。在李鸿章以闲职远离中枢的这段时间,他所进行的这些活动,自然得不到太多重视。这些报告和奏折也因此而仅为一纸空文。李鸿章回京复命之后,仍然回东城金鱼胡同贤良寺"养闲"去了,其后不久又被调去任两广总督。至于其所议黄河疏浚事,并未实施。

四、 运河疏浚的停滞

(一) 淮河以北部分

咸丰五年(1855),黄河在河南铜瓦厢决口改道北归,夺大清河河道入海,其尾闾在张秋穿过运河。这就使得内河漕运的通道破败不通。太平天国、捻军等起义又在事实上阻断了漕粮经内河运输网络送达京师的可能。同治、光绪年间不断有人上书谋复河运,终归无效。此后,通惠河、温榆河、北运河等处有一些短途航运和局部的疏浚,但用银大概不过 1 000 多两,工期短,工程量非常小,值得一提的大概只有为数不多的几次。同治十三年(1874),修浚天津陈家沟 2 700 丈并接开减河至蓟运河另 14 100 丈,又修潮白河引河 24 里;光绪十年(1884),对通州张家湾北运河一段长 6 400 丈的弯道进行了裁弯取直,缩为 724 丈。光绪十七年(1891)及二十二年(1896),官府雇民夫挑浚惠通河。光绪十七年三月至八月(1891 年 4—9月),直隶总督李鸿章调用淮军兵丁并雇用民夫,以工代赈修浚北运河 60 余里。光绪十九年(1893),李鸿章又奏请在天津堤头地方挖引河并疏浚旧有之金钟河、加开塌河淀孙庄减河等,得到同意。

南运河及其多条支流此时的淤积情况同样十分严重。少数有水河段,有被改作灌溉用途的。譬如,李鸿章淮军所部在天津新农镇修灌渠 90 余里,就是从西面接纳运河水加以利用。李鸿章部在天津还招商、购买器械,以西洋方法疏通了一些河道,其中靳官屯减河共 180 里,事在光绪五年至八年(1879—1882)。光绪十四年(1888),直隶总督李鸿章和山东巡抚张曜联名奏请以工代赈,疏浚南运河故道并新开减河,共计挑浚河身五万数千丈,土方量约为一百数十万方。当年,在沧州境内还有用银 10 余万两的宣惠河、石碑河工程以及配套的减河小修工程(另耗银 3 000两)。此后,较大规模的疏浚工程即未再见,所剩的主要是一些夏季汛期的临时抢险堵口工程。

运河山东段的情况,则相对复杂一些。会通河北半部分淤塞不通,山东丘陵分水岭以南部分,运量也急剧减少,同样主要是民船在各湖之间作短途运输。山东运河的特殊性在于,要治理运河就必须先治理黄河。清末时局,治黄办法不多,财力和统一协调又不足,所以当时人多有议论称,运河废弃,实始于张秋黄河穿运。当时所谓借黄济运,主要是借夏秋黄河汛期涨水满溢进入运河"北路则筑坝挑河,南路则绕坡导引,竭尽人力始能浮送"[①]。张秋至临清间本来就地势渐高,水源稀少,此时便艰涩更甚。山东运河大泛口段淤塞后,水深不足两尺,还有石滩要挖除。彭口十字河、郗山口等处也变浅变窄。微山湖左近利建、新店、石佛、刘老口、袁口等闸均淤,需要疏浚。安山至八里庙 55 里运河,水浅且漏,需要在漏水破口打木桩、拉铁索,船由人力在岸边拉拽前进。张秋至临清 200 余里,则需要不断开挖,再趁黄河洪水还没有退去的时候落闸蓄水,或者将闸与闸之间的有限河水逐段"倒塘"使用。至同治十二年(1873),李鸿章奏请使用蒸汽小火轮海运代替内河木船运输绝大部分的漕粮,只有江北约 10 万石漕粮仍走内河运输。八里庙至临清间约 245 里,每年挑浚。光绪七年(1881),八里庙因黄河向南摆动而无水行船。运河口又改在陶城埠,从此处新挖运道连接黄河与运河,撇下张秋。至光绪十一年(1885),由于运道看似有所稳定,增加河运江北漕粮至每年15 万石。光绪十三年(1887),黄河在郑州决口后,河运暂停。光绪十五年(1889),又恢复河运并增江北河运漕粮至每年 20 万石。光绪二十年至二十一年,山东地方政府组织了一些疏浚黄、运的小工程。但陶城埠至临清间 250 里阻碍最大,河运经常需要 7 到 8 天。光绪二十七年(1901)改漕粮为折色,次年裁撤运粮官及水运沿线各厅、汛、闸官。光绪二十九年(1903)年底,时任山东巡抚周

---

①　贵州省文史研究馆编:《续黔南丛书第三辑(下)》,《丁文诚公奏稿》,贵州人民出版社,2012,第1112页。

馥奏折中所见大泛口、十字河、泗河口、分水口、刘老口等河口挑浚、捞刮底沙年需银两约 25 000 两,这是常年固定拨款。

　　此外,运河山东段还有一些临时报请疏浚的工程项目。但清廷于光绪十四年(1888)以后,就实质上放弃了再次彻底治理黄河以及运河的想法。运河的疏浚与维护,在铜瓦厢决口以后本已破碎,至此就更加碎片化了。直隶境内运河归直隶总督管理;北运河和通惠河归直隶通永道管理;南运河归天津道管理;山东临清至黄河以北的运河归山东巡抚管理;黄河以南至黄林庄则归东河总督管理;江苏长江以北运河归漕运总督兼管;长江以南部分的运河,事权辗转于两江总督和江苏巡抚之间。这时还维持着零星疏浚,主要是鉴于此前太平天国掐断漕运线路、英法等国侵略军在海上威胁海运漕粮航线等的惨痛教训。又因为此时清廷财政有所好转,有"废运不废河"之说。即清廷想要保持运河通畅,以期漕运有朝一日可作为紧急状态下的备份运输手段。这当然是一种难以实现的幻想。但光绪十四年(1888)以后,大运河山东至淮河以北部分,断续进行的那些疏浚活动,却正是在这种幻想的促动下断断续续得以开展的。《再续行水金鉴》对此也多记载,现列表 1-2 予以说明。

表 1-2　光绪十四年以后至清帝逊位时止运河山东段主要疏浚事例

疏浚工程完工时间	工程地域范围	费用名目	费用金额/两	备注
光绪十四年九月	十二年挑修全河	挑修费	40 087	
	十三年挑筑工程	挑筑费	57 695	
	挑月河并支河补修堤防	工费	29 034	
光绪十六年二月	陶城埠新运口、临清口门	挑浚修筑费	35 050	
光绪十六年十二月	修全河缺口暨淤垫	堵口挑淤等费	60 000	
光绪十七年二月	陶城埠新运口以下新口及陶城埠至临清	挑修估费	45 161	
光绪十九年	运、泇、捕、上、下五河厅	挑浚费	25 039	
光绪十九年十二月	北路运河	修浚费	4 581	
光绪二十年	运、泇、捕三河厅	挑浚例津二价估费	25 093	
	北路运河	挑浚土方工料估银	42 254	
光绪二十一年	运、泇、捕三河厅	挑修估费	25 303	
	北路运河	挑修费	49 815	

疏浚工程完工时间	工程地域范围	费用名目	费用金额/两	备注
光绪二十二年	南路运河	大修浚费	100 000	
	北路运河	修浚费	49 544	
	十字河	加岁修费	3 000	
光绪二十三年五月	南路运河	挑淤浅修口门坝等费	65 988	
光绪二十四年三月	估挑修北路河费	估挑修费	49 632	
光绪二十五年	南段运河	修浚估费	35 000	
	北段运河	修浚经费	49 547	
光绪二十六年	报销上年东平、寿东等汛	修堤、堵口、挑淤专案费	64 200	
	北路运河	浚筑估费	49 939	
光绪二十九年十月	—	挑工估册 3 起、销册 4 起	100 788	
光绪三十四年	南段运河	挑淤垫并修何家坝估工费	125 000	

注：部分工程所报销费用中，除疏浚外，还包括修建和修补闸、坝、桥、涵等费用，难以区分得十分清楚；凡记载中未提及具体用途的不明费用，均不计为疏浚项目费用。

资料来源：据《再续行水金鉴》各卷整理。

（二）淮南江北部分

自从黄河北归，黄、淮分离，淮安清口不再险要。江苏以南运河各段，疏浚亦不多。咸丰六年（1856），高邮州本地征发民工疏浚了高邮城北三十里铺到本州辖境北端的一小段运河。咸丰七年（1857），江苏、浙江、湖北等省办理折色征收和漕粮海运很见成效。京师户部于该年四月奏报了军运漕船遭拆解、变卖的情况。咸丰十年六月（1860 年 7 月），江南河道总督、淮扬道、淮海道被裁撤。淮徐道则被改为淮徐扬海兵备道，其下各厅也被裁撤。原属于淮徐道管理的运河厅、中河厅事务，由徐州府同知代管。苏北、苏中里下河一带原属里河厅管辖等项事务，改交淮安府通判兼管。扬河厅、江运厅诸事，改归扬州府清军总捕同知兼管。同治元年（1862），漕运总督吴棠组织疏浚了苏北淮安府附近的涧河、泾河，共计约 130 里。同治三年（1864），淮安府自行组织疏浚了府城内（城墙以内）河流共计 27 000 丈以及城墙外护城河，以便引运河水灌溉农田。该年冬天，因洪秀全病死，太平天国衰亡在即,"军务大定"。清廷议定次年尝试恢复部分漕粮运输,其间或许在淮南到江北这一段有一些小型的疏浚,但相关记载语焉不详。同治十二年(1873),淮南盐栈自扬州改至仪征,因运盐需要,疏浚了仪征运河至长江这一小段,期间遇到沙质软基河岸崩塌灾害,也相应进行了处置工作,不过不久就又淤废了。

(三)长江以南部分

运河在长江以南的部分,水量较为充沛,本地利用运河和其他天然水网进行的经济活动也较多。江南经济条件的相对优越,使得本地运河的疏浚经济基础较好,疏浚工作开展得也较多,记载也较为详细。现列表 1-3 予以说明。

表 1-3　清末长江以南运河疏浚工程详表

疏浚工程时间	工程地域范围	起　点	终　点	长　度	工程费用	备　注
咸丰六年	浙江桐乡石门	玉溪	羔羊堰	—	—	石门知县丁溥主持
咸丰七年十二月	丹徒运河全线	—	—	—	—	—
咸丰八年	镇江	河口	越河闸	5 040 丈	34 000 两	—
咸丰八年	江阴					
同治三年	镇江	江口	丹徒桥	3 700 丈	钱 29 502 串	—
同治九年冬	镇江	江口	丹徒闸	—	—	—
同治十年一月至三月	丹阳运河全线	—	—	3 121 丈	钱 25 578 串	—
同治十年九月	丹徒运河全线			11 300 丈		
同治十年十二月至次年三月	镇江	七里庙	辛丰镇	3 244 丈	18 812 两	—
同治十一年十月至次年二月	镇江	辛丰镇北	丹徒闸	3 570 丈	32 212 两并钱 2 400 串	—
同治十二年至十三年	镇江	丹徒江口	丹阳青旸铺	60 里	—	—
同治十二年七月	丹阳	护城河	城内各河	2 009 丈	钱 23 255 串 828 文	同治八年以来累计数

疏浚工程时间	工程地域范围	起　点	终　点	长　度	工程费用	备　注
同治十二年八月至次年三月	镇江新河全线	—	—	—	钱 2 994 串又商民捐款 5 398 串	
同治十二年十二月至次年二月	江阴运河全线	—	—	5 675 丈	借钱 26 999 串	
同治十三年三月	镇江	丹阳莲花庵北	丹徒闸	60 里	—	奏报历年累计疏浚数
	常州至无锡	常州西门	无锡皋桥	12 339 丈	72 367 两	
光绪三年	丹阳县	七里桥	小陵口	2 336 丈	7 083 两	—
光绪四年	孟渎河	奔牛镇	长江	42 里	钱 27 170 串	—
光绪七年七月至次年四月	镇江	镇江西门大桥下	丹徒镇横闸	3 258 丈	21 347 两又钱 18 947 串	—
光绪十一年底至次年二月	丹阳县	七里桥	丹徒镇横闸	1 998 丈	9 009 两	间断修浚
光绪十三年十月至次年	孟渎河	奔牛镇	长江	7 073 丈	民捐钱 63 763 串	
光绪十三年九月至十二月	江阴运河并黄田港	—	—	2 482 丈	民捐钱 16 230 串	—
光绪十九年	镇江练湖引河	—	—	—	官款钱数千串	镇江知府王仁堪主持
光绪二十年四月	丹徒、丹阳两县运河	—	—	3 371 丈	29 956 两	江苏巡抚奎俊主持
光绪二十八年	丹徒、丹阳运河	—	—	16 859 丈	109 046 两	江苏巡抚恩寿主持以工代赈

注：工程量在 1 000 丈以下的微型工程，略去未统计。

资料来源：据《再续行水金鉴》各卷整理。

晚清民国时期，京杭大运河处于衰败时期。停漕之后，已经没有中央层面的统管机构。至民国北京（北洋）政府时期，交通部所谓管理运河，其实是管理山东济宁以下还能通航的河段。而且，这种管理倾向于设卡征税、费，不重视建设和航道维护。再者，交通部后续又把管理运河的职权下放给了航政司（后改航政局）。但航政司管理全国各处航道,运河所能分到的注意力和经费都很有限。运河实际的工程事项,是各省地方自己举办的。各省财力情况不一,各地军阀战和不定。因此,京杭运河的情况已没有统一的大概面目。

其情况较好者,如江苏的苏北运河曾设堤工司务所,主管官员名号称为"坐办"。上游堤工事务所驻淮阴,专管淮阴南北堤工,下游堤工事务所驻高邮,专管黄浦以南堤工。1914年,设筹浚江北运河工程局于扬州,1920年升格为督办江北运河工程局,以张謇为督办,韩国钧为会办,规划江北运河工程,办公地址设于扬州。同年,江南水利工程局也升格为督办,苏浙太湖水利工程局,办公地址设于苏州。南京国民政府掌握政权之后,江南、江北的督办工程局于1927年又降格为工程局,隶属于江苏省建设厅。1929年,江苏省建设厅附设水利局,此后,江苏部分的京杭大运河一直属该水利局管理。例如,山东境内的北运河在1901年停漕之后,断航30余年基本无人过问。到1934年,才由山东省建设厅自主疏浚了陶城埠至临清段110公里。1935年10月以后,南京国民政府黄河水利委员会参加进来。至1936年夏,山东东阿魏家山引黄济运工程基本完工(欠泥沙沉淀池未完)。至于运河以西各处过水涵洞和河流穿运工程,完成进度则不理想。至1937年7月,全面抗战爆发,尚欠小半工程未完。

可以明显感到,除上述所列工程以外,这一时期的局部运河整治,集中于一些堤防工程,至多有一些用庚子赔款退款,向庚款委员会借钱,在航运还有利可图的河段,办理一些小型船闸工程(即淮阴、邵伯、刘老涧闸)。这很难说是疏浚,并且限于时局,其经费拨付、设计施工标准、完工进度和质量情况,也不理想。

五、 河道总督衙门与漕运总督衙门

咸丰五年(1855)黄河在铜瓦厢决口北归之后,其南宋年间夺淮以后形成的南路河道断流,江南河道总督一职虚有其名。但朝廷中出现了赞同黄河改道北流和赞同挽归南路故道的意见纷争,并且南路黄河无甚工程需要举办,所费不多。同时,朝廷又不能将其放弃决口不堵的意图让黎民百姓知道。故而朝廷以"兰阳口门以下干河各厅原可请撤。但一经裁撤,即系明示以口门不堵之意。又恐穷黎议论纷纷,致生他虑……且思河干各厅,现在并不开销丝毫钱粮,仅食年俸,为数无多。是所费者小而所全者大。亦请缓至军务肃清时,一并办理"等为由,并未立刻将其裁撤。直到5年后,清廷确信黄河不会南归且百姓因不治河而造反的可能性已经降低，才撤销了江南河道总督及其下辖机构。

同治元年（1862），江西道御史刘其年上奏请求裁撤河东河道总督。但河南巡抚张之万表示反对。张之万只同意裁撤兰仪、仪睢、睢宁、商虞、曹考等五河厅，山东辖境剩余事务，交山东巡抚办理。此后，山东、河南地方官员推诿治水责任，两省官员又共同希图将责任交给河东河道总督。朝廷也恐一旦撤河东河道总督之后，山东水灾还没治好，河南又起祸端。以此，直至光绪二十二年（1896），该职仍未撤销。

戊戌变法期间，朝廷短暂撤销了河东河道总督，但不久之后又因变法失败，守旧派力主重新设立该职。到了光绪二十七年（1901），河东河道总督锡良再次上奏称停漕以后运河没有业务，由沿线省份巡抚兼管即可，可以裁撤河东河道总督。次年正月，该职务才最终得以撤销，其职责交由河南巡抚兼管。自此以后，在全国范围内，没有统管内河疏浚的专门官职。其机构多是因某些水利工程的建设或自然灾害发生后的救灾需要临时设立。譬如，在本卷论及治理淮河时，提到的水利委员会、由地方头面人物（如张謇等）因导淮治理需求而设的半官方半民间协调机构等。再一次成立名义上具有全流域性（实际仍只管黄河中下游一小段）的内河行政管理机关是1929年的事。直属于国民政府的黄河水利委员会于1929年成立。

漕运总督衙门及其职位的命运，与河道总督类似。咸丰十年（1860），太平天国运动严重影响漕运之后，清廷授权漕运总督节制江北各镇、道大小官员。咸丰十一年（1861），江南河道总督撤销之后，其原来的部院衙门废弃不久，就被漕运总督"借用"（后改为正式移驻）。由此，开始了漕运总督兼办淮安、徐州、扬州三地漕运、河道事务的历史。1901年，清廷决定停漕之后，旧的漕运体制空转至1904年。1904年，清廷设置了江北巡抚，寻改"江淮省"。但这个行政建制只存在了几个月，就在1905年撤销，漕运总督一职随之裁撤。

第二节　长江与珠江的疏浚需求

一、黄浦江疏浚

（一）上海开埠后黄浦江开浚的需求

技术的发展不断催生公共事业的新需求，国际交往和关系的变化带来社会生活的复杂化，也影响着公共事业的发展。19世纪中叶以来，英国蒸汽机和链斗挖泥船的使用,掀开了疏浚机械工业化的新篇章。轮船成为主要运输工具,航运的发展促进了港航地位的提升和港口设施的建设。

随着上海开埠,以蒸汽机为动力的钢铁船体轮船逐渐增多,上海发展迅速,逐渐成为颇具影响力的口岸城市。咸丰元年(1851)后,上海港吞吐量日益增加,进出口贸易和船舶吨位都居全国各港之首,从此开始了中国第一大港的历史。《天津条约》签订后[①],随着大批外国轮船涌入长江,上海不仅成为国内航运基地,也逐渐向具有国际意义的航运中心和贸易基地发展。[②] 作为商业和工业中心,集中在上海的商会及代表外国机构或个人的商业利益和程度如何,一目了然。上海居中国东海滨之中心,西欧、东美为世界工业最发达之区域,距上海远近几乎相等。上海水道直接与印度尼西亚、东印度岛、新金山、日本等地相连。上海港口之吨位数与世界各商埠相较之状况,足以将之列入世界八大商埠之内。[③]

黄浦江是上海境内最大的河流。每逢涨潮时,水流减缓,江水携带大量泥沙,逐渐沉淤,日积月累,使航道变浅,船舶航行不畅通,且部分航道出现流沙和涌沙现象,使得淤浅越来越严重[④]。开埠初期,黄浦江航道在吴淞外沙、北港嘴急湾、吴淞内沙、陆家嘴与周家嘴之间及陆家嘴急弯等处,都有阻碍航道的现象,尤其是吴淞内外沙两处沉积相对严重,对航道影响也最大。在沉沙不断游移的作用下,内沙出现了一个小沙洲,将江水分为两支,并在汇合高桥沙下端处,产生暗沙。[⑤] 此外,从吴淞炮台向上游约3公里处的凸嘴北港嘴,很是突兀,进出港船舶在此处转入轮船航道线,形成急转弯,非常危险。

黄浦江是上海港主航道,因疏于治理,河道淤塞问题越显恶化,船舶只能在租界码头以外停泊装卸。开埠初期的中外船舶吨位都不大,还可自由出入港口。国际航运事业的发展,促进着西方造船技术水平迅速提升,逐步出现具有明显优越性

---

① 第二次鸦片战争后,清政府被迫签订《天津条约》,条约规定"英国商船可在长江一带各口岸通商"。

② 同治八年(1869),苏伊士运河通航,欧亚之间的航距缩短1/3。同治十年(1871),亚洲至欧洲的海底电缆接通,上海与伦敦的电讯可直达,促进了上海与欧洲的贸易和远洋运输。法国、德国等国航运公司也纷纷开设欧洲至上海的航线。

③ 上海浚浦总局:《上海港口大全》,1930,第1页。

④ 《上海港志》《上海内河航运志》《上海水利志》《上海内河货运志》等对上海港口发展和水运发展多有记载和研究。

⑤ 上海航道局局史编写组:《上海航道局局史》,文汇出版社,2010,第4页。

的吨位大、吃水深的轮船,且有吨位逐渐增大的趋势。[1] 由于水深不足,轮船需要在候潮时才能进港,或在吴淞口外用驳船卸去部分货物,减轻轮船载重,方能进港。这样的转运方式,既费力又增加运输成本,影响了外商的经济利益。

于是外商们纷纷提出开浚诉求,希望清政府为轮船出入港提供便利。因此形成了近代疏浚公共事业的原始推动力,后文将结合租界、海关、各国领事,以及中国政府等利益相关主体因素进行分析。

（二）水文勘测与疏浚方案

早在光绪元年(1875),受洋商会之托,荷兰籍工程师安思乐(G.A.Escher)和奈克(J.de Rijke)[2]就率先对黄浦江内沙进行了实地考察[3],著有《关于吴淞外沙的报告》和《改善吴淞外沙的计划》,提出治理黄浦江的不同方案,呈给上海领事团主席。[4] 安思乐主张改善老航道,用束窄的永久治理方法,使之加深。奈克则认为,黄浦江径流量很小;长江水深但潮流量很大,河道维持主要靠潮水,退潮流量大于进潮流量,退潮挟带一部分沙出口,应尽可能增加进潮量。距河口4公里的北港嘴阻碍进潮量,为增加进潮量,须将北港嘴放宽改直。奈克主张堵塞老航道,改用帆船航道为单一航道,凭借冲刷之力,吴淞内沙将自然消失。次年,商会英籍主席给驻华英国公使去函:"如果中国政府拒绝这事采取措施,可否取得特许,由外国纳税人征收中外船舶吨位税,以作疏浚港口之用呢?"直接提出了筹资可行性方案,就是后来浚浦税的雏形。

光绪八年(1882),德国工程师方休斯(Ludwig Franzuis)和英国工程师贝斯(Lindon Bate)提出与奈克意见相反的"上海港黄浦江的改善计划",主张维持与改

---

[1]　开埠初期,在黄浦江上航行的多为吃水4.5英尺(1.2～1.3米)深的中国帆船,外国船吃水深度也仅仅为7～8英尺(2.2～2.5米);19世纪50年代,进出港船舶平均吨位为1 000吨,吃水逐渐提高到12～13英尺(3.6～4.0米);60年代,随着造船业进一步发展,平均吨位在2 300吨,吃水深度16～17英尺(4.8～5.2米);到了80年代,平均吨位在4 000吨,吃水深度已达20英尺(6.1米)以上。见《上海航道局局史》,2010,第1-2页。

[2]　Johannis de Rijke (1842—1913),荷兰工程师,不同文献中,曾被翻译为奈格、耐克、奈德等,本著统一采用清政府聘用合同中的中译版本原文"奈克"。

[3]　Escher and Rijke were paid 2500 Shanghai taels for their study, and during their stay they met the consuls general of the US and Britain, the Dutch honorary consul, the consuls of France, Japan, Germany, and Austria-Hungary, the chairman and the secretary of the Shanghai Municipal Council, the Commissioner of Customs, and the Shanghai Daotai. Diary G.A. Escher 1873—1876, private collection L. Blussé (Putten, 2001)152.

[4]　海德生,Project for the Continued Whangpoo Regulation,1912.WPC Vol.74, p5.

善北支老航道继续为轮船航道，未被采纳。奈克始终坚持用两岸堤工的束窄方法并加疏浚来治理黄浦江。然而，那个时候中国政府并不愿意借助洋人的力量开展黄浦治理，黄浦疏浚没有决定性的进展和实施。光绪十三年至十四年间（1887—1888），在布劳恩（R.Braun）、安德森（Anderson）船长等协助下，由海务处巡工司别思比（A. M. Bisbee）主持了对吴淞口和从吴淞口到上海黄浦江、长江南部入口部分从鸭窝沙向外延伸的 16 英里一段等进行一系列测绘。光绪二十年（1894）五月，别思比（A. M. Bisbee）在所著 *Woosung Inner Bar* [《吴淞里（内）沙》]中列出了1842—1897 年在吴淞内沙和吴淞外沙测绘地最低水位水深变化[①]，分析了自吴淞口起上行 29 公里内水域截面的变化后，建议从吴淞口至江南机器制造总局全面疏浚整治黄浦江。[②]

上海洋商总会多次出资，聘请奈克对浦江流域进行系统化的水文测绘[③]，并提出疏浚整体解决方案，倡议成立专门机构，并得到全面授权，以及充足的资金支持，大规模开展机械化疏浚。光绪二十四年（1898）初，奈克写给上海总商会的《从上海向下游的黄浦江》中，附有 1898 年 5 月 3 日设计的"A"方案，建议自距河口 10 公里高桥沙处另开一条新河道通达长江；而 1898 年 6 月设计的"B"方案，重申堵塞老航道，采用南支新航道，从吴淞口到江南机器制造总局 33 公里，用疏浚导治的方法，治理航道。[④] 这些报告和方案，成为浚浦局制定疏浚方案的第一手参考资料。

二、 急需疏浚的珠江

清代珠江三角洲的桑基鱼塘得到很大发展，至清末已有 100 万亩以上。珠江

① Bisbee 在不同文献中亦出现不同译法，如别思比、毕士璧等。

② 同治七年（1868），江海关成立船钞部门（Marine Department），由海事税务司（Marine Commissioner）掌管，直隶总税务司。海事税务司由 1 名理船营造司（Harbour Engineer）、2 名灯塔营造司（Coast-Light's Engineer）辅助。并将沿海各口北、中、南三段，各设 1 名巡查司（Divisional Inspector，后改为巡工司）管理；同治十年（1871）年初，海事税务司裁撤，船钞部门由总营造司（Engineer）和南北段巡工司分别管辖，亦受各口税务司指挥，船钞部下设营造处、理船厅（后改为理船处）、灯塔处。总营造司负责一切技术、建筑及机械设置等事宜，巡工司负责船钞部门的职员调配、行政事务及理船等事宜。光绪七年（1881），南北段巡工司均裁撤，设立各口巡工司（Coast Inspect and Harbour Master），由上海理船厅兼任，光绪十七年（1891）更名为巡工司（Coast Inspector）。1928 年，海政局更名为海务科，巡工司改为海务巡工司，总营造司改为总工程师。1929 年年底，工务科裁撤，建筑及维修关产事务划归总署关产股，其余事仍合并到海务科，由总工程师和海务巡工司共同管理，见（刘武坤，1987，第 128-133 页）。

③ 1898 年，奈克著有上海外商总会关于通往上海水路的报告 *Report to the Shanghai General Chamber of Commerce on the Water Approaches to Shanghai*（印永清，2009）。

④ 海德生，*Project for the Continued Whangpoo Regulation*，1912，WPC Vol.74。

西江上游云南、广西人口的增加和经济发展,也使本地森林被破坏的情况越来越严重。下游人工围垦和上游水土流失加剧的共同作用,使得珠江下游可通航航道的水文情况朝着普遍淤塞或变浅的方向快速变动。鸦片战争前后,英国人在珠江流域有很多间谍活动。英国海军在1883—1936年期间,陆续绘制和编纂出版了关于珠江的一系列海图,今藏于广州地理研究所。这些海图反映了珠江下游河中沙洲扩大、河道水深变浅、沙洲和岛屿逐渐与江岸连接起来的趋势。

这一时期,河中岛并岸比较明显的有:海印石、海珠石、沙面。广州城郊区河道边滩扩大者,以大沙头、二沙头、北帝沙等为代表。河道宽度变窄的情况也很普遍。据各个历史时期英国海图和其他一些资料,1860年,珠江前航道海印桥段还有802米,到了1910年就变成712.05米,1928年进一步缩减到669米,1937年还剩437.81米,至1948年则只有380.99米。根据英国海图对三水附近珠江狮子洋航道的持续监测结果,1883—1936年,江鸥岛面积大约增加了5%,大沙面积增长15%,海心沙面积扩大31%,狮子洋主航道面积损失4%,航道深度也在持续变浅。

三、 晚清长江上游航道管理与建设的新动向

即便在传统社会,管理川江内河航道也一直是地方政府的重要职责。自康熙年间起,长江上游航道逐渐增设救生红船,对川江遇难舟船进行及时施救。当时在川江险滩上下或左右,少则一两只,多则六七只,按险滩等级而定额。可以说,清代长江上游救生船制度在发挥水上慈善救生作用的同时,还起到航道管理与助航行舟的作用。尤其是外来船只,往往不知川江险滩水脉,急需救生红船的导航与管理,此时救生红船水手往往能指示川江航线,以助船工避免触沉之患。清中期以来,长江上游官办救生船制度逐渐陷入颓势,弊端丛生,至清末尤甚。

原本完善的公益制度在清代积弊丛生的社会背景下,实施往往显得力不从心,负面效果甚多。譬如,长江下游焦山救生局曾一度规定救活1人给赏钱800文,捞尸1具给赏钱1 200文,故有人就将能救活之人故意害死,以领取更多的赏钱。从四川巴县红船水手禀报案情与县衙上报清册之间的虚差,即可感受清代社会积弊之深和官场生态的潜规则对其影响之大,这在清后期更为明显。至于红船救生中"藉票需索、迟延"、私刻《滩规书》来"侵冒勒搕之弊",以及"遇有客船往来至滩舟覆,袖手旁观,任其沉溺,止捞捡货物,并不抢救人口,所捞货物,私瞒隐匿,不给原主,反而勒索金资赎取""坐视不救""朦吞工食,暗减不推,每见舟沉救生不至""甚

至船只俱无工食,为书役吞蚀"等,真实地反映了时代风气中积弊对先进制度的侵蚀。时人感叹"殊日久弊生""额设救生船日久弊生,有名无实"。本来民间慈善设立的救生会相对较少功利性,但也有借救生堂会来获取自己利益的行为,如道光年间就有"不肖绅衿谋为董事,侵蚀自饱以致经费不敷,久乃化为乌有"的事情。

后来,清政府设峡江救生局,委派宜昌镇总兵贺缙绅兼理江船事务。贺缙绅以军事化的水师管理手段重振了峡江内河救生船制度,使之成为晚清长江上游特别是三峡航政建设管理的依循原则。同时,清代地方政府在川江航政建设中,或凿石刻字,或竖立铁桅,或凿石为塔,以为舟标,通过设置简易助航设施来保障川江航道的安全性。

然而,清末的川江,没有专门化和统一化的航道管理机构。为改善川江航道条件而提出符合近代轮船运输需求的改进建议,实始于清末至民国初年川江近代化客货轮船运输有所发展之后,并由驾驶船只的外国人向同样是外国人控制的旧中国海关进行建议。而旧海关总署、海关总税务司真正设置主管长江川江段航务、航道建设事宜的"上游巡江工司",已经是 1915 年 3 月中旬的事了。

第三节 黄河、淮河、海河浚治

一、 黄河

19 世纪 40 年代以后,因为气候变动和国力中衰,一方面河工用银多,另一方面国家财政保障不够,需要将捐纳作为经常做法,乃至形成制度的情况。河工捐纳使得河工官员的技术水平下降,治河变为以堵为主,其贪污腐败现象也有所抬头。而我们知道,黄河下游作为含沙量大的地上河,每过一段时间,就有自然摆动的趋势。在 1855 年铜瓦厢决口发生之前的很长一段时间里,黄河已经表现出在下游重新寻找地势低洼新河道的趋势了。只不过,由于明、清两代为保证漕运,大修金刚堤、太行堤等,强行维持黄河下游取道淮河入海的趋势和不向北溃决。长期违背自然规律,必然在某一特定时间遭到反弹。1855 年的铜瓦厢决口及其之后 20 年间造成的大灾难,固然是天灾,其中人祸的因素也不能忽视。

况且,两次鸦片战争、川楚白莲教起义、同治回乱、太平天国、捻军起义、中法战争、中日甲午战争等国内外战争在这一时期接踵而至。军费激增挤占了本不宽裕的国家财政,以致传统的河工银制度、河务体系都不能维持。黄河治理开始成为局部化、在地化的地方事务。晚清以来，黄河整治、突发性的堵口工作、救灾赈济等事务碎片化。除了"同光中兴"时期有过一定程度回光返照式的反弹之外，其所得到的财力保证也日趋薄弱。这是这一时期黄河治理的显著特征。这种时代特征，也影响了这一时期的黄河疏浚工程建设的表现。

二、淮河

淮河，古称淮水，与长江、黄河、济水并称"四渎"，当代已被列为我国七大江河之一。淮河发源于河南省桐柏县桐柏山太白顶西北侧河谷，干流流经湖北、河南、安徽、江苏四省，于江苏省扬州市三江营入江，淮河干流全长约为 1 000 千米，流域地跨湖北、河南、安徽、江苏、山东五省。流域面积约为 27 万平方千米，其中沂沭泗流域面积约为 8 万平方千米。

淮河流域以废黄河为界，分淮河及沂沭泗河两大水系，有京杭大运河、淮沭新河和徐洪河贯通其间。沂沭泗河水系位于淮河流域东北部，大都属苏、鲁两省，由沂河、沭河、泗河组成，多发源于沂蒙山区。淮河上中游支流众多，下游里运河以东，有射阳港、黄沙港、新洋港、斗龙港等滨海河道，承泄里下河及滨海地区的雨水。作为洪泽湖的排水出路，除入江水道以外，还有苏北灌溉总渠和向新沂河相机分洪的淮沭新河。

淮河原是一条独流入海的河流，自 12 世纪起，黄河夺淮近 700 年，极大地改变了流域原有水系形态，淮河失去入海尾闾，中下游河道淤塞，淮河水患不断加剧，黄河夺淮初期的 12 世纪、13 世纪，淮河平均每百年发生水灾 35 次，16 世纪至新中国成立初期的 450 年间，平均每百年发生水灾 94 次。淮河洪水按影响范围可分全流域性洪水和区域性洪水。全流域性洪水是由于梅雨期长、大范围连续暴雨所造成。区域性洪水由局部河段或支流暴雨所造成。历史上 1593 年、1612 年、1632 年、1730 年、1848 年、1850 年、1898 年、1921 年、1931 年曾发生过大洪水。

淮河流域是中华文明的发祥地之一，曾孕育了光辉灿烂的古代文化，诞生了老子、孔子、墨子、孟子、庄子等众多思想家，历史文化底蕴深厚，现有郑州、开封、曲阜、亳州、扬州、淮安等 10 余座国家历史文化名城。淮河流域水利发展历史悠久，春秋战国时期的芍陂灌溉工程和邗沟、鸿沟人工运河，隋唐的汴渠，元明清三代修建的京杭运河和洪泽湖大堤等，在我国水利发展史上都具有十分重要的地位。

三、 海河

海河现代疏浚的起源与近代以后天津贸易地位的凸显不无关联。18 世纪末、19 世纪初，英国先后两次派使者向清政府提出开放天津为通商口岸的请求，均遭到中方拒绝。1860 年，清政府分别与英、法签订了《北京条约》，天津成为继牛庄（条约约定是牛庄，后实际开放了营口）、登州之后北方开放的重要通商口岸。此后，清政府任命崇厚为牛庄、登州、天津三口通商大臣（驻天津）。天津作为中国重要的城市，不仅有华北地区最大的港口，而且是南北贸易交流的咽喉要道。开埠之前，天津的贸易范围已经从单纯的大运河沿线地区，扩展到北方腹地和东部沿海，天津成为华北最大的商业中心和港口城市，有着非常重要的贸易地位。不仅如此，天津港腹地具有非常丰富的物产和矿产资源，是北方商品的供应市场，也是商品流通的集散地。从水路运输来看，天津本身靠近渤海，是众多河流入海口，"饶鱼盐之利"。从陆路运输来看，19 世纪 80 年代开始的铁路建设逐渐推动了华北交通网络的建设，津唐铁路 1888 年连接天津与塘沽，天津成为中国第一个拥有铁路交通的大城市。1895—1936 年，先后建成的京汉（1906 年）、京奉（1907 年）、正太（1907年）、京张（1909 年）、津浦（1911 年）等几条铁路干线交织在华北大地上，有效地建立起天津与其广袤腹地之间的联系。

由于天津与北京相邻，天津的开埠具有划时代的意义。天津租界的设立过程可以分为三个阶段：一是 1860 年英法联军攻占天津、北京之后，英、法、美率先在天津设立租界；二是 1894 年中日甲午战争之后，德、日利用中国战败国的不利地位，在天津圈占土地，设立租界；三是 1900 年八国联军入侵之后，俄、意、奥三国以其在天津的军事占领区建立租界，比利时也趁机建立了租界。自鸦片战争至八国联军入侵，各国列强先后在上海、天津、汉口等 12 个城市设立了 30 处租界，一共涉及 9 个国家。只有天津集中了九国租界，九国租界的面积达到了 23 350.5 亩，是当时天津城区面积的 3.47 倍，是城厢面积的 9.98 倍。

英、法、美三国租界位于天津城南紫竹林一带，沿海河分布，长 3 公里，总共圈占天津土地 960 亩。它们在租界内开设洋行、销售鸦片及其他洋货，以此来换取所需的工业原料及土特产。1860 年前，天津是以转运国家漕粮为主的港口，1861 年天津开埠后贸易额急剧增长。西方国家拥有协定关税、占有租界、享有领事裁判权等特权，天津随后成为北方最大的贸易中心。1861 年，在天津的外商公司一共有 4

家,分别是林德赛公司、麦多士公司、飞利浦公司、怡和公司。到 1867 年,在天津开设的国外洋行达到 17 家,其中,英商 9 家、俄商 4 家、德商 2 家、美商 1 家、意商 1 家。这些洋行一般都有船只和仓库,从本国运输来货物在天津销售。这些洋行中,英国洋行具有较大的支配能力。天津开埠后,在租界开设洋行最早的是英国商人,先后有高林、怡和、太古、仁记、新泰兴、隆茂、平和等洋行。天津开埠后,各国到达天津的船只多停泊在紫竹林庙前,各国先后在紫竹林建造仓库、码头。紫竹林码头的发展,使得天津的航运中心从三岔口转移到紫竹林租界。

对照天津内外贸易的蓬勃发展,海河的运载能力愈发相形见绌。

1886 年,海河淤塞到了极点,连最小的轮船也不得不把货物卸到驳船上,分批运输。1888 年,船舶只得在北塘口停泊装卸。海河这条天津商业贸易的生命线逐渐成为"一条几乎无用的航路",天津进出口货物的时间延长,装卸费用增加,严重影响了天津商业的繁荣与发展。1889 年,许多船只不得不放弃直达天津紫竹林的计划,在租界紫竹林码头以下的白塘口建立了临时停泊所。1890 年春天,天津大旱,航道干涸,外国租界以下十余里全部是浅滩,吃水 1.83 米以上的船舶都不能通过,即使是运送贡米的帆船,在行驶到租界码头之前,也必须减载。同年 7 月又突降暴雨,永定河决口,被淹面积达到 6 万平方公里。海河流域共有 400 万人因为流离失所而依靠救济生活,各租界码头被淹没,所有电话线路全部中断,邮局把寄往外地的信件全部退回,在天津或靠近天津与白河相连的各河上的船舶全部停航。这次水灾造成的总损失折合成白银达 3 000 万两以上。

1890—1900 年间,除 1891 年外,海河流域每年都暴发洪水,特别是在 1895 年 4 月 28 日、29 日,大沽发生了特大暴雨和高达 6.1 米的海啸,导致很多人员死亡和船只被吹走,河口一带成为泽国,紧接着发生灾荒,百姓以草根为食,景象惨不忍睹。

据 1896 年《中国海关贸易报告》记载,由于海河夏季的汛期和冬季的冰封期约有 7 个月,轮船不能停靠码头,不能适应天津发展的要求,引起了国内新闻界的讨论。另外,由于轮船滞留造成了轮船抵达不定期,所卸货物经常被盗窃。

1897 年,有 6 个多月海河水深仅 1.5～2.4 米不等,有 7 个多月轮船无法行至市内港区,所有货物不得不由驳船往来于各个租界,导致货物腐坏。1897 年 3 月,除一艘轮船抵达码头外,所有货物必须使用港内驳船运输,货物运输任务经常不能完成。同时,由于损坏和偷窃造成的损失更是难以计数。冬季海河河道的状况比秋季的情况更为糟糕。1898 年,全年没有一艘轮船抵达租界码头①。1899 年,驶抵租界河岸的轮船只有两艘,一切货物只能从河坝上运送。

第四节　世界灌溉工程遗产都江堰、桑园围的疏浚

一、 都江堰灌区的岁修制度与疏浚工程

（一）近代都江堰的管理制度

1. 渠首管理机构

清后期,仍由设立在灌县(今都江堰市)的水利厅及其行政长官水利同知负责都江堰渠首的管理和修浚,但其上级管辖部门有所调整。嘉庆二十五年(1820),成都府领驿盐道、绵州直隶州,置成绵道(治成都府),都江堰的岁修经费拨发和筹集归成绵道负责。遇有大修,除省督抚官员负责外,成绵道要派出官员赴工地督工。清末宣统年间,撤成绵道,改置劝业道,水利厅成为劝业道的下级机构。然而,多数水利同知对都江堰的管理并不上心,多数时间在省城成都逗留,少有到灌县的同知衙门处理政务,光绪时衙署甚至因多年失修而坍塌。②

民国元年(1912),改水利同知为水利委员;次年,改水利委员为水利知事,隶属于西川道。民国二十四年(1935),取消水利知事公署,成立四川省建设厅,在灌县设四川省水利局,直接管理都江堰。次年,水利局迁至成都,管理全省水利,由水利局派员成立都江堰工程处。工程处下设工务、事务两组。工务组主管岁修工程的查勘、设计以及督修,事务组主要负责材料采购、保管、财会以及祀典事务。民国三十三年(1944),都江堰工程处改组为都江堰流域堰务管理处,统一负责都江堰流域各工程的岁修及管理工作,下设总务科、工务科、会计室、工程督导队、工程巡抚队,有处长、科长、股长等官员,以及技术员、监工员、办事员等。③

2. 灌区管理与岁修制度

（1）各县干支河道。都江堰灌区由地方政府管理,灌区受益各县按所辖范围,

---

①　*Hai-Ho Conservancy Board* 1898—1919, Tientsin Press, 1920, p. 6.
②　谭徐明:《都江堰史》,中国水利水电出版社,2009,第 204-205 页。
③　四川省地方志编纂委员会编:《都江堰志》,四川辞书出版社,1993,第 258-259 页;谭徐明:《都江堰史》,中国水利水电出版社,2009,第 205-206 页。

负责水利工程的管理及河道的整治岁修。如工程、河道、渠堤被洪水冲毁，以及灌溉两县以上的支渠，则由主要受益县负责，有关县参加组织施工，工程经费按受益多少分摊。[1]

民国初年，灌区各县设置水利研究会，协助都江堰及其他诸河堰工，排解水利纠纷。但各县水利委员会与都江堰水利知事或工程处无上下级关系。1935年，水利研究会改名为水利委员会。灌区各干河重要堤堰工程由省、县实行自上而下的统一管理。县水利委员会设会长（或称委员长）、常务委员、委员，主管由省统筹该县境内的干支各河重要河工段、堤堰的岁修和其他管理（如调解水利纠纷、平衡各堰灌溉用水等）。各县水利委员会行政上由建设厅领导，业务上由水利局领导。水利会会长由县政府任命，经费也由各县政府拨出。民国三十三年（1944），都江堰堰务管理处成立后，各县水利委员会的业务改由堰管处领导。[2]

民国后期，灌区各县境内干支河道的岁修由省统一主持，各县水利会具体负责施工。其内容主要包括各河险工地段的河方（即疏浚）、堤防工程，影响面较大的干支河（堰）的河方、堤堰工程。干支各河岁修期间，各县筹建工程处管理施工。处长常由县长兼任，水利会成员具体负责。地方水利工程施工亦采用承包制，与渠首岁修不同之处是原材料一并承包。各项工价由建设厅、水利局统一制定，各县按价招商。[3]

（2）支渠及以下渠道。在灌区各河引水的支渠以下各级渠道，由受益群众成立民堰组织，按受益面积筹集经费，自修自管，并由群众选出堰长、沟长，负责管理工作。堰长、沟长在每年的用水户会议上选出，当选者通常是办事公正、熟悉水道的自耕农或里甲首事。当选堰长、沟长用红榜公布，并宣布上年岁修收支账目，办理新旧交接工作。堰长、沟长负责于每年"处暑"节后或岁修和用水前召开1～3次用水户代表会，办理民堰引水口岁修工程；组织群众淘修；征收水费，管理堰田；测报水位；解决和处理用水纠纷；调查登记堰内有关资料等。灌溉两县以上、面积较大、水利纠纷较多的民堰，则组建联合管理机构。大堰选总堰长，分堰选小堰长，由主要受益县主导。[4]

---

① 四川省地方志编纂委员会编：《都江堰志》，四川辞书出版社，1993，第259页。

② 谭徐明：《都江堰史》，中国水利水电出版社，2009，第208页；四川省地方志编纂委员会编：《都江堰志》，四川辞书出版社，1993，第259-260页。

③ 谭徐明：《都江堰史》，中国水利水电出版社，2009，第231-232页。

④ 四川省地方志编纂委员会编：《都江堰志》，四川辞书出版社，1993，第260页。

民堰岁修内容一般包括堰工段淘挖、疏浚、渠道的重点疏浚、修筑堰口堤堰及护岸工程,其范围大多限于堰(沟)口至湃缺段。规模较大的堰,会制定正式的岁修规章,每年按期开工。不过,大多数堰沟工程简单,每届岁修堰长集合用水户修堰淘河或半日或数日即可完工。一些民堰并无严格的岁修制度,只在春水来源不畅时,临时召集用水户兴工。[①]

(二) 近代都江堰的主要疏浚工程

1. 晚清丁宝桢大修

清代自咸丰以来,受太平天国运动的冲击,百姓竭蹶于各项税赋捐输,官方经费短绌,都江堰严重失修。光绪二年(1876),丁宝桢调任四川总督。甫一到任,士民纷纷呈诉,恳请拨官款疏浚"淤垫过甚之江心百余里",其余工程由民间自行筹款修理。他带同属员,亲到都江堰勘查。"见内外两江节节淤垫,较旧时江底高至一二丈及八九尺不等。两岸沙滩,上与田齐;乱石纵横,中流阻塞。灌县、温江、崇宁、郫县、崇庆州等处民田,冲毁已至六七十万亩。"如不及时修浚,成都府十六州县皆可能被淹,省府成都恐亦受其祸。[②]

光绪三年(1877),丁宝桢奏请动用省库经费大修都江堰。这次修浚是有清一代规模最大、范围最广的一次工程。河方工程与堤堰工程同时兴工,官府征调夫役疏浚河道,"先浚外江,限日分段疏淘",并调拨驻防士兵帮助夫役,"一面饬令民间按户集资,赶筑堤堰"[④]。依照"深淘滩"的修浚准则,将河道挖深"一丈二三四尺不等",挖出的碎石则用于培修堤岸,堤岸亦遂地势高低修筑[⑤]。共挑浚内外江干流河道70里,土方40多万方,修砌内外江石埂12 700多丈[⑥]。都江鱼嘴、人字堤以及内外江干渠分水鱼嘴皆重新修筑,为求坚固,改竹笼工为砌石工。此次大修从光绪三年冬十二月开工,至次年三月完工。但完工不到3个月,在洪水冲击下,人字堤、飞沙堰、金刚堤等工程或被冲毁,或多处决口。丁宝桢因此被降三级,革职留任,直接负责组织与督工的成绵道丁士彬、灌县知县陆葆德也革职留任,罚赔工银,

---

①　谭徐明:《都江堰史》,中国水利水电出版社,2009,第232-233页。

②④　"筹款修理都江堰工折",载《都江堰文献集成》编委会编:《都江堰文献集成·历史文献卷(先秦至清代)》,巴蜀书社,2007,第592-594页。

⑤　"都江堰水势实无冲损民田折",载《都江堰文献集成》编委会编:《都江堰文献集成·历史文献卷(先秦至清代)》,巴蜀书社,2007,第597-601页。

⑥　"报销都江堰工用款折",载《都江堰文献集成》编委会编:《都江堰文献集成·历史文献卷(先秦至清代)》,巴蜀书社,2007,第601-606页。

并补修人字堤、金刚堤,恢复竹笼工。①

此次大修虽然有人字堤等砌石堤堰工程的失败,但成效仍然显著。原本久被水淹,不能耕种之田,计有 20 余万亩,仅两年间“从前被淹之田,已涸复八万二千九百余亩。其温江、金堂两县田亩,涸复已逾十分之九”②。

2. 民国大修及改造计划

清末民初,都江堰疏于岁修。民国三年(1914)八月,灌县、崇庆、成都一带多日暴雨,岷江大水,洪水冲决都江堰。都江堰内、外江干渠堤岸被毁,河道壅塞;下游成都亦受水患,街巷被淹,几成泽国。次年 2 月,署四川巡按使陈廷杰报政府大修都江堰。4 月,内务部全国水利局批复拨款 30 万元用于大修,并委任西川道道尹王章祜兼任都江堰临时工程局局长监督工程。这次大修,对都江堰内、外江干道进行了全面疏淘,疏淘河床 36 处,修筑堤埂 1 处、进埝 24 处。支流沟渠及非重要河段则由当地人民自行筹款修浚。③

民国二十二年(1933)八月,岷江上游茂县叠溪发生 7.5 级地震,山崩堵塞岷江干流及松坪沟等支流,形成地震湖。10 月,干流最下一个地震湖溃决,造成茂县以下至都江堰内、外江严重洪水,都江堰渠首被冲毁。当年曾进行修复,但 1934 年夏季汛期又被冲毁。民国二十四年(1935)川政统一,在灌县设四川省水利局,省政府拨款 15 万元特修都江堰,由水利局局长张沅主持。张沅采用水泥、混泥土修筑都江鱼嘴,加固金刚堤、飞沙堰,与此同时,还大力淘疏内、外江河道。1936 年竣工,省政府主持开水节典礼。④

20 世纪 30 年代以来,在当时全国经济委员会的主持下,一些接受西方水利技术的工程专家对黄河、长江、淮河、海河、珠江等主要河流提出流域水利规划。都江堰的改造规划,也被提上日程。1938 年 9 月,四川省水利局设立了都江堰治本工程设计室。1939 年,《都江堰治本计划》完成。这项计划除涉及改造都江堰各级渠堰枢纽工程外,还提出渠化河道(府河)、开辟河港以发展灌区水运,新开河道引岷

---

① 谭徐明:《都江堰史》,中国水利水电出版社,2009,第 88 页。

② “都江堰稳固安澜各州县涸复田亩示片”,载《都江堰文献集成》编委会编:《都江堰文献集成·历史文献卷(先秦至清代)》,巴蜀书社,2007,第 621-624 页。

③ “陈廷杰请修大修都江堰”,载四川省水利厅、四川省都江堰管理局编:《都江堰水利词典》,科学出版社,2004,第 47 页;贾大泉主编:《四川通史·卷 7》,四川人民出版社,2010,第 374-375 页。

④ 四川省地方志编纂委员会编:《都江堰志》,四川辞书出版社,1993,第 269 页;“叠溪地震湖溃水毁堰”“张沅大修都江堰”,载四川省水利厅、四川省都江堰管理局编:《都江堰水利词典》,科学出版社,2004,第 48 页;贾大泉主编:《四川通史·卷 7》,四川人民出版社,2010,第 375 页。

江水入成都以改善城市供水等疏浚工程。1941年,为深入研究该计划,中央水利实验处与四川水利局在灌县建立水工试验室,开展相关研究,希望为都江堰改造计划提供工程参考。[①]

二、桑园围的修浚

桑园围[②]位于珠江三角洲西北部,依西江和北江而建,全长83.86千米,围内面积265.5平方千米,地跨今佛山市南海区西樵镇和九江镇与顺德区龙江镇和勒流镇,是珠江三角洲最重要的堤围。桑园围水利工程由堤围、渠涌、闸窦等组成。沿围的周边筑有堤围,以抵御洪水;围内沟渠河涌密布,有排水、灌溉、通航等多重功能;围堤上设有闸窦,以沟通围内外河道。[③]

虽然以堤围工程著称,但桑园围和疏浚也有着密切的关联。从沟渠河涌的开凿,到渠涌闸窦的维护,都离不开疏浚。此外,桑园围还是华南重要的桑基鱼塘区,正如古代卷曾指出的那样,基塘就是通过疏浚活动修筑的。基塘农业的兴盛带来当地缫丝和纺织产业的崛起,在近代民族工业发展史上写下了重要的一笔。

(一)岁修和管理制度

桑园围始建于北宋末年。相传宋徽宗时(1101—1125),广南路宪张朝栋路过九江,遇洪水暴发,百姓深受其害。返回省府之后,他便传集乡民,筹备修筑堤围,以御水患,同时上疏请示朝廷。朝廷委派工部尚书何执中主持工程。经过3年施工,沿着西江、北江筑起两道土堤。后来又在上游修筑吉赞横基,形成一个箕形的开口围。明洪武二十九年(1396)又堵塞倒流港,桑园围从此向闭口围转变。[④]

宋明时期,桑园围并无固定的管理机构。岁修以及日常维修,由堤围各段附近的村庄(堡)负责。遇到损坏过于严重,维修费用太大时,才由全围共同承担。只有吉赞横基的维修,一向都是由全围共担。但是,“西围不派东围,南、顺各不相派”,

① 四川省地方志编纂委员会编:《都江堰志》,四川辞书出版社,1993,第403页;谭徐明:《都江堰史》,中国水利水电出版社,2009,第98-99页。

② 2020年12月8日,已有900年历史的桑园围正式入选世界灌溉工程遗产名录。

③ 南方网:《线上展览:桑园围:水润岭南,沧海桑田》,(2020-12-08)[2021-01-27]. http://pc.nfapp. southcn.com/2631/4400831.html;张芳:《中国古代灌溉工程技术史》,山西教育出版社,2009,第202页。

④ 佛山市水电局等:《桑园围的发展过程和重大成就》,载中国水利学会水利史研究会编:《桑园围暨珠江三角洲水利史讨论会论文集》,广东科技出版社,1992,第7-16页。

向为成例,且延续数百年。①

清代初期,曾将广东重要堤围纳入官修范围,但因国家财政难以负担,遂改为官督民办,民力不足时,可向官款借贷。与此同时,士绅在基层社会的作用日益突出,广泛地介入地方水利事业的管理当中。② 乾隆五十九年(1794),西江洪水大涨,桑园围 20 余处被冲决,其中李村决口长达百余丈,难以堵塞。在籍翰林院编修温汝适向广东布政史建议全围通修,最终在南海、顺德两县士绅的通力合作,以及省府县各级官员的督办和协助下,南海县十一堡认捐 35 000 两、顺德三堡认捐 15 000 两,共筹集 50 000 两维修款,于当年冬季兴工,至次年夏季完工。这是桑园围自明洪武年间堵塞倒流港,时隔 400 多年后,再次全围通修。因乾隆五十九年,岁在甲寅,此次通修通常被称作甲寅通修。③ 甲寅通修中暂时设立的桑园围总局,后来多次重设,成为桑园围的专门管理机构,形成总局—堡—基主业户三层管理体制④。甲寅通修后决定编撰围志,以为后世岁修提供制度依据。这一传统被后世(直至民国)继承,而甲寅通修本身也成为后世岁修的范例。

嘉庆二十三年(1818),两广总督阮元奏准借帑生息作为桑园围岁修专款。有了岁修专款,桑园围的岁修有了可靠保证。⑤ 到晚清咸丰(1851—1861)、光绪(1875—1908)年间,这笔岁修专款虽曾多次被挪用充作军饷,“而先后请领岁修多次,或将提余息银照发,或在别项借给”。民国时期,桑园围士绅依照前清旧制请领岁修款,仍获批拨款。⑥

由于有官款作为岁修专款,桑园围在民间实践中形成的管理制度也得到官方支持。嘉庆二十四年(1819),海南县令发布桑园围管理章程,将甲寅通修形成的管理模式予以确认,规定岁修由众人选出的总理主持,各堡再选出两名绅士协助。道

---

①　明之纲辑:《桑园围总志》,载《中国水利史典》编委会编:《中国水利史典·珠江卷 1》,中国水利水电出版社,2015,第 13 页。

②　吴建新:《明清广东的农业与环境——以珠江三角洲为中心》,广东人民出版社,2012,第 268-274 页。

③　明之纲辑:《桑园围总志》,载《中国水利史典》编委会编:《中国水利史典·珠江卷 1》,中国水利水电出版社,2015,第 11-19 页。

④　南方网:《线上展览|桑园围:水润岭南,沧海桑田》,(2020-12-08)[2021-01-27]. http://pc.nfapp.southcn.com/2631/4400831.html.

⑤　蒋超、陈茂山:《历史上桑园围的水利管理》,载中国水利学会水利史研究会编:《桑园围暨珠江三角洲水利史讨论会论文集》,广东科技出版社,1992,第 44-50 页。

⑥　温肃、何炳堃纂修:《续桑园围志》,载《中国水利史典》编委会编:《中国水利史典·珠江卷 1》,中国水利水电出版社,2015,第 577 页。

光十四年(1834),桑园围士绅呈请南海县核定章程,重申东、西两堤由各基主业户就近管理、吉赞横基全围合修的原则。[①]

民国初年,桑园围东堤、西堤各设一个总所进行管理,总所之下又设分所,实行总局—总所—分所—基主业户四个层级的管理体制。[②] 民国二十六年(1937),根据广东省政府颁布的《广东各江基围董会组织大纲》,桑园围成立了围董会。围内每500人推选一位代表组成围民代表会,再由代表会选出围董会,负责桑园围的管理、维修、防汛等事务。[③]

(二)渠涌闸窦的修浚

珠江三角洲河网密布,里涌连大涌,大涌通外海。桑园围境内亦是如此,官山涌、九江涌、龙江涌等河道流过其中。在天然河道之外,出于排灌和航运的需要,以及商业经营的目的,围内宗族还争相开凿人工河涌,设置闸窦。围内现存具有历史价值的干涌61条,主要支涌43条,闸窦63座。[④]

河涌、闸窦沟通围内外水系,发挥着排泄洪水、防旱灌溉、通航往来等功能。因而,桑园围岁修在修筑堤围之外,疏浚和修理河涌、闸窦,也是必要的工作。甲寅大修中,“于窦穴之淤壤者,悉令该处绅业倡修,以为围中宣泄灌溉而疏之导之”[⑤]。嘉庆年间,官府曾指示扩宽闸窦,疏通渠涌;道光时,又令士绅业户,在应建闸窦之处,如旧有而被淤塌的,则尽快疏通筑复。道光十四年(1834),桑园围士绅拟定的章程中,特意提出“窦穴涌滘宜设法疏通”一条。[⑥] 但是,修筑闸窦、疏浚涌渠,向来由附近业户集资举办,“只以本方之银兴本方之利,不能动支公项,亦不能派及他方”。而每次大修时,总有人希图借全围公款来修浚,引发争论。为此,在道光二

①　何如铨纂修:《重辑桑园围志》,载《中国水利史典》编委会编:《中国水利史典·珠江卷1》,中国水利水电出版社,2015,第445-557页。

②　南方网:《线上展览|桑园围:水润岭南,沧海桑田》.(2020-12-08)[2021-01-27]. http://pc.nfapp.southcn.com/2631/4400831.html.

③　佛山市水电局等:《桑园围的发展过程和重大成就》,载中国水利学会水利史研究会编:《桑园围暨珠江三角洲水利史讨论会论文集》,广东科技出版社,1992,第7-16页。

④　南方网:《线上展览|桑园围:水润岭南,沧海桑田》.(2020-12-08)[2021-01-27]. http://pc.nfapp.southcn.com/2631/4400831.html;徐爽:《明清珠江三角洲基围水利管理机制研究:以西樵桑园围为中心》,广西师范大学出版社,2015,第117-123页。

⑤　明之纲辑:《桑园围总志》,载《中国水利史典》编委会编:《中国水利史典·珠江卷1》,中国水利水电出版社,2015,第271页。

⑥　何如铨纂修:《重辑桑园围志》,载《中国水利史典》编委会编:《中国水利史典·珠江卷1》,中国水利水电出版社,2015,第451页。

十四年(1844)甲辰岁修志中，又专辟"渠窦"一门，收录甲寅通修后官方就疏浚涌渠和修筑闸窦所做出的批示成案，重申基主业户负责渠窦修浚的章程，以杜纠纷。[①]

到清末民国，围内乡民临河建造房屋和墟市而侵占堵塞涌渠的现象频发，乡绅难以禁止，修浚制度被破坏。为此，甚至引发诉讼。1911 年，九江璜矶乡民趁时局混乱，为"桑墟利权"，将"该乡东著坊利济桥两处原有通行之官涌，任意堵塞"。致使围内洪水排泄不畅，上游各堡遭受洪灾之苦。于是，各堡联合控告，南海县知事查勘后，判令璜矶乡将堵塞的官涌重新开放。[②]

(三) 基塘农业与近代工业

桑园围地处围田区和沙田区的交界地带。明洪武年间，因桑园围下游的沙田围垦，造成桑园围尾闾水位抬升，出水口产生潮水倒灌，于是将位于九江的倒流港筑塞，形成闭口围。筑塞倒流港之后，虽然能阻挡潮水倒灌，但围内低洼的九江、龙江、龙山、甘竹等地则很容易发生涝灾。而桑园围上游在雨季因西樵山上的水流不能迅速宣泄，同样有涝灾。为治理涝灾，九江、龙江、龙山等地居民开始将低洼地深挖成鱼塘，在蓄涝的同时，发展淡水养殖业。又由于九江等地蚕桑业历史已久，鱼塘旁的基面上种植桑树，桑叶喂蚕，从而逐渐形成了桑基鱼塘的农业模式。[③]

桑基鱼塘带动了桑园围和珠江三角洲地区丝织业的繁荣。明代广东最大的棉纺业中心便位于珠三角，其中桑园围内西樵乡的丝织业最具规模，产品畅销国内，甚至远销东南亚，成为著名的蚕桑之乡和丝绸重镇。至民国年间，西樵共设有 18 家机房铺，有机台近 2 万台，从业人员达数万人。[④]

由于有纺织业的基础以及蚕丝的供应，桑园围诞生了近代最早的机器缫丝工厂——继昌隆缫丝厂。继昌隆缫丝厂也是近代中国最早的民族工业企业之一。其创办者陈启沅，是桑园围内南海简村人。陈启沅曾在南洋经商，在当地见到法国机

① 明之纲辑：《桑园围总志》，载《中国水利史典》编委会编：《中国水利史典·珠江卷1》，中国水利水电出版社，2015，第253页。

② 张智敏：《珠江三角洲水乡聚落桑园围研究》，2016年博士学位论文，华南理工大学，第148-152页。

③ 吴建新：《明初黎贞撰〈陈博民谷食祠记〉与桑园围的水利环境》，《古今农业》2018年第2期，第74-83页。

④ 南方网：《线上展览｜桑园围：水润岭南，沧海桑田》. (2020-12-08) [2021-01-27]. http://pc.nfapp.southcn.com/2631/4400831.html.

器缫丝,受到启发,决定回国创办机器缫丝厂。同治十一年(1872),他回到家乡简村,和兄长陈启枢共同投资 7 000 两白银开办缫丝厂,自任工厂司理。除一座锅炉是从外国进口的以外,其他工程设备均由陈启沅亲自设计、交广州陈伟泰机器店承造。最初招女工 300 人,均来自简村及附近村庄,最多时工人达 700 余人。继昌隆缫丝厂的创办,促进了珠江三角洲机器缫丝业的兴起。至 20 世纪初,顺德、南海已成为中国缫丝工业中心。[①]

　　为治理涝灾而开挖鱼塘,逐渐形成桑基鱼塘农业,从而带动纺织业发展,在近代出现第一家机器缫丝工厂。可以说,疏浚在一定程度上促进了近代纺织工业的发展。

---

①　广东省人民政府地方志办公室编:《广东印记(第 3 册)》,广东人民出版社,2018,第 153-154 页。

第二章
近代疏浚业的产生（1897—1937）

第一节　轮船航运的疏浚需求与新式疏浚机构的创立
（1897—1911）

一、海河工程局：从官督洋办到公益法人

（一）海河疏浚需求与海河工程局的成立

1860 年天津开埠之后，有 15 个国家陆续在天津设立领事，开辟租界的国家有 9 个，天津的对外贸易活动日益频繁。1861 年，清政府在天津设三口通商大臣。随着通商事务的扩大和洋务运动发展的需要，1870 年，北洋通商大臣由直隶总督李鸿章兼任，并负责处理外交、通商、海防、关税和兴办近代工业等各项事业。天津是北洋防务的枢纽，又加之濒临渤海，便于进口工业原料和机器设备，成为兴办近代军事工业的基地。李鸿章、盛宣怀等在此举办洋务，天津成为洋务运动北方大本营。据统计，从 1867—1885 年不到 20 年的时间内，洋务派在天津地区共兴办了 12 项近代企事业项目，其中近代工业 4 项，近代交通运输业 4 项，近代教育业 4 项，在当时都具有首创性。工业化与城市化的发展，贸易与航运的扩大，使淤塞不畅的海河不堪承受。加之光绪年间海河屡次泛滥成灾、河道淤堵阻塞航道，给沿岸百姓的生命财产造成极大损失，严重影响了以商船往来为主的交通航运业务，外国商民的利益也受到损害。

光绪十三年(1887)，天津海关税务司德璀琳(Gustav Detring)建议对海河进行裁弯取直等疏浚工程建设，直隶总督李鸿章曾上奏建立疏浚机构治理海河。次年，

德璀琳再次向李鸿章建议治理海河,并会同工程师林德(Albert de Linde)等人做出种种治理海河的勘探与规划,仍无果。

光绪十六年(1890)十月十九日,鉴于海河河道治理迫在眉睫,德璀琳给时任直隶总督的李鸿章写信,信中禀明了治理海河的紧迫性,并表示愿意协助进行治理。李鸿章赞同这一计划,上奏朝廷,却无下文。光绪十七年(1891)正月初八日,德璀琳获悉李鸿章派人查看海河河道,他立即联系李鸿章,希望一同前往。次年,德璀琳和林德在租界南端的挂甲寺一带,钉界标进行第一次裁弯取直计划的尝试,因占用耕地而遭到当地村民的反对,当盛宣怀与德璀琳、林德等人赶到时甚至遭到当地农民的袭击,计划因而再次夭折。

在德璀琳推动海河河道治理期间,海河河道状况恶劣不堪。光绪十六年(1890年)、光绪二十一年(1895),天津发生特大洪水,海河河道完全淤塞,百姓流离失所。海河淤塞造成了天津地区商业的萧条,不仅对清政府和洋务派创办的军用工业、民用工业和航运业造成严重损失,也直接危及租界和天津城乡的利益。

继李鸿章之后,王文韶请示设立专门的海河治理机构的奏议同样杳无音讯。光绪帝未批准设置该机构的重要原因,是无法给这个机构的成立提供资助。此时,天津各租界洋人的利益与海河治理直接相关,天津港进出口贸易中约80%由洋商经营[1];英、法、美各租界已经成为天津城市的主要组成部分,到20世纪之交,九国租界区域更相当于天津旧城的8倍。洋人提出中外合作筹集启动资金等系统融资方案,经费问题的解决才使得成立专门机构具备了可行性。

1897年,在直隶总督王文韶的协调下,各国驻天津公使团达成协议,由领事团团长、法国总领事杜士兰伯爵(Count de Chaylard)、英国领事宝士徒(H.B. Bristow)、天津海关税务司德璀琳和天津洋商总会主席克森士(Edmund Cousins)筹建海河工程局(Hai-Ho Conservancy Board),进行海河疏浚工作。光绪二十三年(1897),王文韶发布的启动海河治理的通告。标志着海河工程局建立。

1897年4月,地方政府尝试使用挖泥船进行疏浚,但是由于规模太小,成效不明显,为此地方政府意识到采取进一步措施的必要性,开始尝试与外国集团合作。实际上,总理衙门早就指示"期以中外合力,速筹办理"。光绪二十三年(1897)十一月,王文韶奏文中除说明治理海河的必要性外,明确提出洋人对于治理海河的建

---

[1] 《天津港史》编委会:《天津港史》,人民交通出版社,1986,第102页。

议、筹集经费的办法,表明能够克服资金等困难,疏浚海河具备可行性。是年 11 月,光绪帝终于朱批"知道了"(见图 2-1)。海河工程局获得了皇帝的批示。不久王文韶卸任离津,资金尚未到位。继任直隶总督荣禄落实了王文韶的筹款方案,总算下拨了 10 万两。1898 年 8 月,荣禄上奏,海河工程局的机构设置、疏浚方案、融资办法等都得到总理衙门的批准。皇帝朱批"钦此",最后批示同意。在 3 位洋务大员、连续三任直隶总督兼北洋大臣李鸿章、王文韶、荣禄(见图 2-2)前后 10 余午的不懈推动下,中国第一家现代化专业疏浚机构海河工程局终于成立并开工。

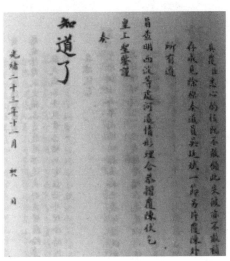

图 2-1　直隶总督王文韶奏文与光绪皇帝朱批

河道治理迫在眉睫,洋商虽奔走游说,但究竟如何治理、资金如何筹集等问题,一直困扰着清政府。尽管海河治理关系京津安全与直隶民生,但历次巨额赔款导致的财政拮据使得清廷无力顾及[①]。直到洋人反复倡议,并提出包括技术、融资和工程管理等方面在内的整体解决方案,系统性的疏浚工程才具备可行性,疏浚机构也进入了实质性的运营阶段。

[①]　第二次鸦片战争后,为了外国航运的便利,列强强制中国的船钞(即船税)用于助航设备之用,咸丰八年(1858),中英《通商章程善后条约》第十款约定,"任凭总理大臣邀请英人帮办税务并严查漏税,判定口界,派人指泊船只以及分设浮桩、号船、塔表、望楼等事",同时又约定,"其浮桩、号船、塔表、望楼等经费,在于船钞项下拨用"。

图 2-2　海河工程局成立与启动历经三任直隶总督兼北洋通商大臣：

李鸿章（左）、王文韶（中）、荣禄（右）

（二）海河工程局的初期组织形式

1. 官督洋办

在总理衙门的一再督促下，1897 年时任直隶总督王文韶经与各国领事、天津洋商总会、津海关税务司等会商，组建海河工程局，英文名 Hai-Ho Conservancy Commission，一些中文文献译为海河管理委员会或海河工程委员会。海河工程局由各利益相关方共同组成，最初成员具体包括：由首席领事、领事团、外商轮船公司、各国租界、洋商总会代表组成委员会（Hai-Ho Conservancy Commission）；由海关道、领事团首席领事、海关税务司及顾问林德组成执行机构进行日常工作。建立初期，海河工程局的组织较为松散，这些成员几乎没有见过面。日常事务主要由林德组织安排，又聘请其为工程司全权办理具体工程。1898 年，作为总办的津海关道李岷琛与林德签订合同，王文韶在 1897 年 4 月的公告里，明确说明工程全权交由工程师负责，"受雇者必须服从工程师，否则立即开除"。

洋务运动的企业与机构有官办、官督商办、绅领商办、民办等形式，最初的海河工程局或可称为官督洋办，洋人不仅在发起、资金筹集等方面发挥了重要作用，而且具体管理全权由林德负责。但是这一组织架构被义和团运动和八国联军所终结。

2. 都统衙门接管

1900 年，天津成为义和团运动的中心，"奉旨灭洋"使得海河工程局业务停顿,已有工程也遭到破坏。八国联军由天津侵入北京,在天津建立了临时性殖民管理机构——暂行管理津郡城厢内外地方事务都统衙门（The Tientsin Provisional Government,简称都统衙门）,声明天津一切公共事务均由都统衙门议决并负责维持。海河的疏浚工作自然被认定为公共事务而交由都统衙门管理。1901 年春,都统衙门设立由 3 名外国军官沃嘎克将军、阿拉伯西上校与鲍尔上校组成的海河管理委员会,以代行全部职责。然而由于领事团、清政府使团、八国联军、洋商总会之间的利益冲突,都统衙门未能有效掌控海河工程局,一切工作也都暂缓进行。

1901 年 5 月,经各利益相关方协调,海河工程局宣布重新改组领导层。董事会由 1 名都统衙门代表、1 名领事团代表、1 名天津海关税务司构成。此外还有若干位顾问性质的咨询委员,包括各租界领事代表（每租界 1 人）、天津洋商总会主席 1 人、轮船公司代表 1 人。

在此阶段,海河工程局从中国政府掌控的工程机构转变为国际管理机构,其管理层综合了各国利益,同时整治海河也符合中国利益。天津都统衙门为维护各国利益,令其派驻的海河管理人员着力"清除官方色彩"。这表明海河工程局已经初步脱离政府,逐步开始向国际管理的公益法人方向发展。

3. 公益法人

1902 年,经由清政府与八国使团交涉,各国于当年 8 月交还天津地方管理权力。时任直隶总督袁世凯与英国领事商讨后,决定由天津海关道台唐绍仪[①]取代原都统衙门代表任海河工程局董事会董事。此时董事会组成变更为：1 名津海关道台、1 名领事团代表、1 名津海关税务司。同时,咨询委员仍由各租界领事代表、天津洋商总会主席、轮船公司代表构成。此外,董事会增设名誉司库一职,"以在天津商业中素有名望者充之",该职长期把持在洋商会长和英国工部局主席手中。

咨询委员以及名誉司库有权列席董事会会议并参与讨论、提出建议,但主要决策权力仍掌握在津海关道台、领事团代表、津海关税务司 3 人手中。因此,从严格意义上讲,此时的咨询委员不属于董事会范畴。至于名誉司库,该职位属于纯粹名誉职位,严格意义上既不属于董事会,也不属于咨询委员。但由于其长期为洋商会

---

① 唐绍仪,清朝第一批留美幼童。回国后随袁世凯驻朝鲜,深得其赏识与信任。袁世凯任直隶总督兼北洋商务大臣时,唐被任命为天津海关道。中华民国成立后,唐绍仪任第一任总理。

长或英国工部局主席担任，具有重要影响力，因此，海河工程局历年年报均将名誉司库作为董事会名誉董事进行记录。辛亥革命后，海关道台更名为津海关监督，另有天津洋商总会会长、轮船公司代表等两人列席董事会。此时，咨询委员则仅由各租界领事代表组成。

董事会另设置董事会秘书长 1 人，负责落实董事会决议，管理局内行政事务。以海河工程局 1931 年发生的工会罢工请愿事件为例。时任海河工程局董事会秘书长甘博乐代表董事会直接同工会进行交涉以及函件往来，向董事会实时汇报交涉情况，同时向天津市政府、天津海关监督等有关部门请求援助等。可见秘书长主要负有以下职能：第一，执行董事会决议；第二，由董事会授权以董事会名义发布文件；第三，由董事会授权以董事会名义进行外界公关。

在此阶段，海河工程局管理委员会各方利益逐步走向融合，中国政府、轮船公司与租界商人群体、海关税务司、各国领事等几大群体在疏浚海河、保障通航的方向上达成了共识。由此海河工程局真正成了具有国际合作特征、代表各方利益的公益法人。

二、 黄浦江航运的疏浚需求与浚浦局的成立

（一）雏形阶段：国际公约背景下的机构筹备[①]

光绪二十七年（1901），《辛丑条约》第 11 款及其附件约定设立"黄浦河道局"。条约中规定了机构组成，明确了该组织包括中外各方政府、江海关代表、租界市政、民间商业机构代表等，称得上是集合了众多利益相关方的力量；规定了这些人员在组织中的位置、功能和作用；并对疏浚费用的财政预算、资金来源等各方面进行了详细的说明和约定。[②] 此外，还规定了详细的业务内容和范围[③]，也对违章处罚与

[①]　浚浦局的创立与沿革，老档案中有大量史料，Provisional Agreement for the Administration of the Whangpoo Conservancy with Supplementary Article，Appendices 1：Article XI of the Peace Protocol，Appendices 2：Agreement Regarding the establishment of a board of Conservancy for the Whangpoo River at Shanghai，WPC Vol.3；开浚黄浦江及上级派员设局，WPC Vol.1；关于疏浚黄浦江归中国自办的改订条款案，WPC Vol.2；浚浦局沿革概略，WPC Vol.10。

[②]　Appendices 1：Article XI of the Peace Protocol（Signed at Peking on the 7th September，1901），WPC Vol.10。

[③]　规定中诸如"所有挖河、修缮码头等工，以及各浮码头、浮房，应由该局允准，方能修建，该局亦可随意不允"；"所有灯浮、浮标、标记、标灯以及地上设立保护船只安行河道之具，除灯楼之外，均由该局任信安置"；"上海引水一切事务，由该局经管"；"凡改善保全黄浦各工所应用之地，该局有取舍之权"等权限已经超出疏浚浦江的业务范围，见《辛丑条约》。

诉讼的司法权等多方面事宜做出相关说明。

从条约规定中可以看出，浚浦局的机构设置是建立在"公益法人"的框架下，而不是纯粹的"国有企业"框架。首先，在设置"黄浦河道局"的条约中，规定是专司"经管整理改善水道各工"，详细规定了机构的人员组成，明确这是集各相关方利益的组织：不仅包括中国的地方政府官员"上海道"和"江海关税务司"，还包括各国领事中的"公举两员"，租界代表包括"公共租界工部局1员"和"法租界工部局1员"（后改名为公董局），代表民间商界利益的上海通商总局"公举2员"及年吨数超过5万的洋商商行公举2员。此外还有商业利益较重的国家代表，即每年进出船只吨数超过20万吨的国家派1人，共同组设该局。

其次，出资方的出资比例与额度，为中国政府与外国利益相关方同比例共同承担。条约规定，工程预算疏浚耗费每年46万两银，其中一半由中国政府给予，另一半由"外国各干涉者（Foreign Interest）"出资。在英文版的条约中，用的是"Foreign Interest"一词，贴切地说明了外国出资方是"外方利益相关者"。有关资金来源的具体款项和细节，在附件第三十条做出规定，尤其强调了中国政府每年给的津贴，是按照1:1的比例配给，与外国（Foreign Interest）每年给的金额相同①。但是，按照条约规定，由清政府出资的一半经费，由政府每年拨付23万两，而另一半由外国利益方出资的那部分，则从租界的房地产税、黄浦江两岸的土地税以及进出口货物的关税及附加税项下支付。进而，在第三十一条规定了负责征收工作的主管单位②，各项税款，按类别分别由工部局、各国领事、上海道，以及海关分别征收。尤其值得注意的是，在第十九条中规定所有筹集到的资金，全由该局出入，充分说明该机构的经济独立性与自主权。

---

① "该局进款开列于后：甲、法国租界及公共租界各地产房屋，按照估价每年值千抽一。乙、黄浦两岸，自江南制造总局之下界向港口（其名为滦华港）作一直线，自该线起至黄浦入扬子江处为止之各地产，亦按甲字征抽。此地估价，亦按第二十八条所述由举派人断定。丙、非中国式样船只，吨数逾一百五十吨者，进出上海、吴淞及黄浦之各地口岸，均按每吨抽钞银五分。非中国式样船只，不足一百五十吨者，抽四分之一以上所言之钞银。每船无论进出次数，均每四个月抽收一次税。非中国式样之船，在扬子江中行驶，专为取领江照行至吴淞者，免抽以上所有之钞银，惟往来之时，不得在吴淞有商贾之行，仅能取水购食而已。丁、凡在上海、吴淞及黄浦之口岸报海关之货，均按估价值千抽一"，见《辛丑条约》附件十七。

② "甲字课由各该工部局征收；乙字课在中国驻有钦差领事之国民，由各该领事征收；中国人民及在中国无钦差领事之国民，由上海道征收；丙、丁两字钞课，由新海关征收。"各项收入收缴权分配给不同利益相关方；甚至规定"该局每年进款总数，付还兴工借款本利及养已竣之工，并办理一切事务诸费，有所不敷，则可将船钞、地产，无论有无房间及商货各饷课，一律均匀添增，以至足抵需用之数。其第三十条戊字中国国家津贴，亦一律比增"，见《辛丑条约》。

最后,洋商是税收的直接来源和主要征税对象,税收主要来自租界洋人的地产税和贸易往来的轮船公司。他们也是疏浚航道最直接的受益者,他们呈请疏浚,呼吁筹资,推动疏浚。海关附加税的征税对象不包括"中国式样船只",即帆船不交税。这是合乎逻辑的,因帆船吃水浅,其航行无须疏浚河道。疏浚附加税的征收终于在得到中国政府和外国领事等多方批准后,写进国际条约,以契约形式存在。

如上所述,按照《辛丑条约》规定的浚浦局资金来源是由中外共同筹集,这与海河工程局如出一辙。而海河工程局资金是由中外双方共同筹集,其启动资金由直隶拨款和英国工部局发行公债两部分组成,之后长期从"中外共治"的海关附加税中获得稳定的经费来源。

然而,这个貌似周全的筹资方案,在清政府看来,洋人因承担一半费用,所以可能"偷窥和攫取"治理黄浦江的大权,于是采取暂时拖延的态度,没有立即督办。外国利益相关方希望通过签订《辛丑条约》强制创立疏浚机构、开展黄埔疏浚的计划未能顺利进行。此后,清政府出于国家安全的考虑,大包大揽地自认全资疏浚,且清政府认为,这样就可以维护中国治理黄浦河道的主权,所以竭力打破已经签订的国际条约,改将浚浦疏浚的经费全部从中国政府国库支出。

(二)创立阶段:修订条款,成立机构

鉴于疏浚的公共属性,中国政府竭力维持其主导地位。即使签订了《辛丑条约》,并未得到中方实质性的推进。利益相关方反复磋商后,对修浚黄浦河道的条款作出修订。1905年,修订的条款中规定,清政府"自承其工并认全费",还在第九条强调了"河工全费由国家承出",且声明不会采用征税的方法筹资;为了让外国利益方对出资方的财力和信用放心,还特意用当时丰厚的鸦片税,为清政府出资的可靠性做背书。浚浦工程局宣告成立(见图2-3)。

按照修订条约,浚浦局的组织成员来自江海关道与江海关税务司①。机构的督办和帮办都由中国政府任命,上海道兼任江海关道。袁树勋于次年知照税务司

___

①　南洋大臣奏折抄件中载:"旋据上海道袁树勋,于光绪三十一年十二月初一日,设立浚浦总局会同税务司料理一切。"局关于开浚黄浦江及上级派员设局的情况,WPC Vol.1;"修浚黄浦河道拟为中国自办",关于疏浚黄浦江归中国自办的改订条款案,WPC Vol.2。

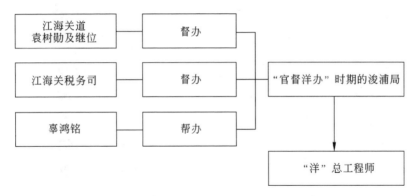

图 2-3　"官督洋办"时期浚浦局的组织构成

的文称："本道同奉派各员遵分别办理。"[1]自光绪三十一年（1905）起,先后有袁树勋、瑞澄、梁如浩、蔡乃煜、刘燕翼等道台管理,至清王朝覆灭[2]。首任帮办辜鸿铭[3]是两江总督张之洞幕僚,曾长期留学英国、德国。此外,"稽核""文案""委员"等文职,均由清政府候补道台、知州、县丞、训导担任。

按照条约规定,海关税务司与道台具同等权力。江海关税务司[4]虽为洋人,但作为中国政府官员,被赋予了非常高且多方面的权限,包括码头泊船等,均在其管辖范围内。清政府聘用的洋人,在有利益冲突的时候,还是会考虑利益权衡。

清政府"独认全费"开办浚浦,承担百分之百的疏浚成本,同时委托洋总工程师全权管理机构运营。技术与设备、人事与管理等方面的工作,也均由外籍人员掌管。荷兰人奈克受中国政府聘用,担任总营造师,即总工程师[5],相当于首席执行官（Chief Executive Officer,CEO）,不限于技术,而是统管全局运营,且每季度要向

---

① 清廷任命海关道监督各海关,民国时期称海关监督。浚浦局老档案资料显示的历任道台及其任职年限：袁树勋（1905—1906）、瑞澄（1906—1907）、梁如浩（1907—1908）、蔡乃煜（1908—1910）、刘燕翼（1910—1911）,WPC Vol. 10。

② 《上海航道局局史》,2010,第 14 页。

③ 《上海航道局局史》提到辜鸿铭。1905 年,浚浦局成立之时,辜鸿铭任帮办。浚浦局成立时,明确说明,由上海道和税务司掌管大权督办疏浚;而辜鸿铭是海关道和税务司的"帮办"。在相关文献中,"监督""会办"等称谓说的都是辜鸿铭。根据浚浦局原始档案,其头衔是"Assistant Commissioner",顾名思义,就是助理,辜鸿铭在浚浦局中位置很微妙。奈克离任,也与他有些关系。

④ 历任海关税务司及其任职年限：Mr. H. E. Hobson（1905—1910）, H. F. Merrill（1910—1912）,WPC Vol. 10。

⑤ 1905 年,奈克签订的聘用合同上写明"现派委奈克充当总营造司,应遵照下列各节将所有修筑黄浦河道一切工程妥善办理",总营造司、总工程司即总工程师一职。这与海河工程局的"工程司"一样,都是官衔,是一个有级别有实权的机构负责人。《国之润——天津航道局 120 年发展史》,清华大学出版社,2017,第 26 页。

领事呈交财务报告和工程报告。同时,"工程师""总监工""工程秘书"等专业技术职位均聘用外籍专业人员担任。既避免了政府官员不专业的指指点点,又保证了专业技术和人才的充分运用,保证了中国疏浚业可以在国际高水平的技术层面上开展业务。

(三)过渡期的机构调整

清末时期,黄浦江浚治的两项主要工程是筑吴淞导流堤与开辟高桥新航道。至两项重大工程基本完成时,总费用达到白银 682 万两以上,加上政府特别补助用款 30 万两,合计约 720 万两,但黄浦江全线导治远未完成。清政府所筹 20 年的工程经费,在 4 年中几乎用尽,无力继续治浦,新航道挖掘被迫停工。

于是,浚浦局改为善后养工局(Whangpoo Conservancy Maintenance Board),疏浚事务暂时搁浅。1911 年 8—9 月间,改订新章时,适逢政局变换,清政府垮台,正在进行的工程宣告暂停,奈克计划的大规模疏浚工程陷于瘫痪状态。彼时,奈克任职期满回国,于是浚浦局紧缩编制,节省开支,改为善后养工局,由道台、江海关税务司、巡工司等 3 名局员掌管机构,后又增设外务部官员①,另聘瑞典工程师海德生(A. V. Heidenstam)担任洋总工程师一职,承担善后养工及继续治理黄浦的任务。但政府财政日趋困难,无力继续支撑疏浚。此外,商业欺诈案使得浚浦局疏浚事务正常开展更为困难。

第二节　新式疏浚机构治理模式的演变(1912—1937)

一、民国时期海河工程局的治理模式及相关挑战

海河工程局的机构治理模式是在清末奠定的,1912—1937 年,海河工程局延续了此前的治理模式。海河工程局的最高决策机关是董事会,具有人事任免权和重大事项决策权。在人事任免方面,董事会有权决定总工程师及重要技术人员的任免,而基层员工和非技术岗位则由总工程师及以下管理人员决定。在重大事项决策时,总工程师、秘书长、董事等均有提案权,相应提案交董事会讨论后,方可决

---

① 善后养工局局员包括江海关道刘燕翼(1910—1911)、外务部 Wen Tsung Yao(1912)、江海关税务司 H. F. Merrill (1910—1912), WPC Vol. 10。

定是否施行。"按照该局定章,局中一切事宜必须由董事部会议通过方能执行。例如行政事宜则由秘书长提出议案,或由董事建议;至工程事宜则由总工程师提出议案,请由董事部议决施行。"①海河工程局的董事会经常开会,就海河工程局的经营情况、人事安排和工程规划进行探讨,1902—1945 年,海河工程局共召开了 442 次董事会会议。现存最早的董事会记录始于 1906 年 3 月 22 日召开的第 140 次董事会会议,当年召开了 21 次会议。1945 年 6 月 25 日召开的第 442 次董事会会议是海河工程局历史上最后一次董事会会议②(见图 2-4)。

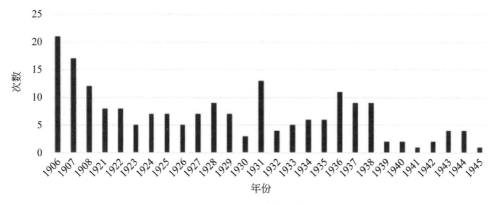

图 2-4　海河工程局董事会会议记录

海河工程局决策层既有董事会,又有咨询委员会襄赞,还曾经有海河参事会仲裁;具体管理则由总工程师全权负责。董事会和咨询委员会(及参事会)涵盖各方利益群体的代表,包括领事团代表、清政府代表、洋商代表、海关代表、司库等。因此,海河工程局不论从诞生、决策,还是从治理模式上,都体现出各方利益群体的合作博弈的特色。这既是海河工程局自身性质的体现,同时又支撑起海河工程局的具体运行机制(见图 2-5)。

海河工程局时期,其借助于"中西合璧"的背景和优势,在人才的使用上中西兼顾,具体表现为管理层和技术人员多雇佣西方人员,而基层工人团队则主要由华工构成。

在管理层方面,海河工程局的董事会构成中,除了海关道台(监督)外,其余人员均为外国人。在具体的业务执行部门,实行总工程师负责制,在其下设置 4 个部

---

① 《改组海河工程局及救济海河办法之节略》,第 675-677 页。
② 董事会记录以英文记录,1942 年 4 月 17 日召开的第 432 次董事会会议开始以日文记录,直至最后。

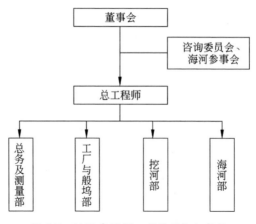

图 2-5 1912 年海河工程局的组织架构

门,包括总务部及测量部、工厂与船坞部、挖河部和海河部。不仅总工程师全部由外国人担当,而且在各部门中偏技术的职位也基本是洋人,如电报员、挖泥副监督和大沽沙监督、副监督等职位。

外籍职工拥有长期的工作经验,在技术与管理上注入了新鲜血液与活力,在海河工程局的发展史上做出了不可磨灭的贡献。直至新中国成立后,由于时代、体制因素限制,这些有技术的员工纷纷选择了离开。

在人力资源规划方面,海河工程局体现出长远发展的规划眼光。海河工程局成立之初,业务范围仅限于建闸和疏浚,随后相继增加吹填、破冰、护岸等诸多业务板块。业务扩张带来的是高技术人才的强烈需求,海河工程局为此从西方引进了大批工程师与技术工人,建设起一支强大的技术队伍,较好地完成了各项业务。在员工招聘与配置方面,海河工程局对技术人才的招聘与配置较为重视。与此相对,工程局对体力劳动工人的招聘和配置则较为随意。

相比于纯粹的营利性企业,海河工程局的宗旨是进行符合社会公共利益的航道疏浚,而不是单纯地追求最大化利润。这一点决定了海河工程局不会像普通的营利性企业一般。海河工程局为了航道的畅通,为了防治海河泛滥的洪灾,长年奋斗在河道疏浚的第一线,这也意味着海河工程局的广大职工必然经历着常人难以想象的艰苦工作。海河工程局历来存在华洋工人待遇不均等问题,这种薪酬福利待遇的差别体现在三个方面:其一,基本工资差别,同一岗位洋人基本工资均高于华人基本工资;其二,福利待遇差别,洋人普遍有各种各样的津贴,而华人很难享受此种额外福利;其三,休假制度差别,洋人每 3 年有 9 个月带薪休假,而华人连基本的周末休假都没有。虽然广大工人和海河工程局职工会本着顾全大局的原则,任劳任怨,不畏艰苦,保障了海河工程局的稳定生产,但长期以来,这种华洋工人待遇不平等的状况在工人群体中积累了较深的内部矛盾。

1929 年 10 月 13 日,"天津海河工程局职工会"经总工会批准正式成立。这是海河工程局工会的开端。海河工程局职工会甫一成立,即有 600 余名工人成为会员。职工会建立之后,积极参与和响应天津市各种工人运动,很快发展成为天津市工会的重要组成部分。此外,职工会为维护工人合法权益、保障工程局业务顺利进行也做出了卓越的贡献。在海河工程局的历史上,为了争取工人的正当利益,一共进行过两次罢工,分别是 1931 年的罢工和 1946 年的罢工。

1930 年的金价暴涨和大批裁员引爆了海河工程局大罢工的火药桶。1930 年,国际金价暴涨,加之政府额外征税,带来一系列物价上升,以白银为单位的固定工资购买力严重下降。为此,海河工程局管理层做出决议,给工程局所有外国员工增加 12.5% 的临时补助费,而中国员工的工资则丝毫没有增加。这使得原本就不合理的华洋工人待遇差异达到了令人无法接受的地步。1930 年 5 月,海河工程局总工程师哈德尔出于节省成本的目的,作出大批裁减华人员工的决议,这项裁员决议使得 65 名中国工人失去工作,剩余的工人也都人人自危。

工程局管理层对工人权利的漠视与践踏使得海河工程局职工会意识到,必须行使权利,维护广大工人的合法利益,抗议华洋待遇差异。由此,经过职工会骨干数月的商议及征求工人意见,职工会于 1931 年 4 月 9 日正式向董事会提交了《海河工程局职工会要求函》。

这份代表了员工正当利益诉求的请愿书并未引起海河工程局董事会足够的重视。董事会经过简单商议,认为工人的请求"毫无根据",遂以强硬态度拒绝了工人的要求。董事会的强硬措辞使得全体职工愤愤不平。但是出于尊重董事会、和平维权的考虑,职工会仍然通过正规渠道,再次向董事会递交了关于《复天津市海河工程局职工会函》的分辨书。收到职工会的分辨函之后,海河工程局董事会非但没有丝毫让步,反而恼羞成怒,面对职工会百般狡辩并加以威胁恫吓,同时列举历年来加薪的政策以表明董事会对职工的优待,斥职工会正当要求为得寸进尺。董事会的强硬态度激发了工人的反抗情绪。职工会随即宣布领导海河工程局成员罢工抵制。罢工浪潮使得董事会如坐针毡,遂致信天津海关监督韩麟生与天津市政府、市社会局、市公安局等单位,请求上述政府机关居间调解。

随后,天津市社会局、市公安局对两方再三调解。海河工程局董事会始做出让步,同意包括加薪在内的部分请求。但是,董事会利用加薪的机会打击职工会组织,离间工人团结。海河工程局实际加薪的标准不是工作的好坏和成绩的优劣,而是与职工会关系的远近。此举一出,工人们纷纷拒绝加薪,并准备继续罢工抵抗。不料董事会调来4名荷枪实弹的警察施加震慑,并威胁如不领取加薪则扣除上月薪水。此举彻底激怒了全体工人,终将罢工运动推向了高潮。

1931年6月5日,海河工程局职工会发表了《天津市海河工程局职工会宣言》,宣言揭露了海河工程局董事会对华人员工的待遇歧视和离间职工会团结的种种行为,在随后的新闻发布会上更展示了董事会扣发薪水、破坏工人团结的证据。9日,"天津市各界援助海河职工怠工后援会"召开成立大会,"后援会"不仅从道义上声援海河工程局工人,而且多方筹款资助,又从救国基金会中两次拨款给海河工程局职工会。天津电车、电话、恒源、邮务等工会积极进行经济支援,胶济铁路工人也来电捐款,津浦全路总工会通知各段事务所全体募捐资助,支援海河工程局工人斗争。

经过反复斗争,董事会满足了工人的部分要求,并重新核定了海河工程局职工的薪酬。除上调基本工资外,董事会新设"服务资格酬劳金",对部分职位服务满3年却不能晋升的工人,给予服务资格酬劳金。此外,因改组降级的职工,若服务满3年且成绩优良,也可以发给服务资格酬劳金。已经发给服务资格酬劳金的职工,恢复原职时继续领取,升一级时减为一半,升两级时不再领取。

在董事会做出让步的条件下,职工会领导工人于6月29日开始复工。应当认识到,职工会的成立是职工民主权利进步的产物。职工会作为工人阶层利益共同体,具有维护职工正当权益、监督管理层工作、保障生产有序进行等作用。罢工是职工会为维护工人权益的正当武器。虽然此次罢工事件的处置结果未满足工人的全部要求,华洋待遇差异依旧存在。但是海河工程局职工会的坚决斗争有力地震慑了管理层中歧视华人的势力,维护了华人员工的正当权利,为其他地区职工会树立了斗争的榜样,有力地呼应了天津市乃至华北地区的工人运动,具有进步意义。

二、 民国时期浚浦局的治理模式

（一）组织机构设置：董事局与顾问局

1912 年,浚浦章程第六条规定,浚浦局拥有人员聘用与管理的自主权,不再由中国政府"自行选择工程师",并"委派其承办工程",而是机构"自主聘用管理",赋予了浚浦局很强的自主管理权利。此外,利益相关方组成的顾问局,也对机构进行监管。

1912 年 4 月 4 日,由上海洋商会陈条,各国领事认可,经中国政府同意后制定《办理浚浦局暂行章程》,浚浦局重组。1916 年 1 月 19 日,又补充了登记和出售涨滩公地的条款。章程中不仅写明了浚浦局的隶属关系,还详细规定了其财政自主权与独立性,以及人力资源管理自主性,其实就是回归 1901 年条约的筹划（见图 2-6）。

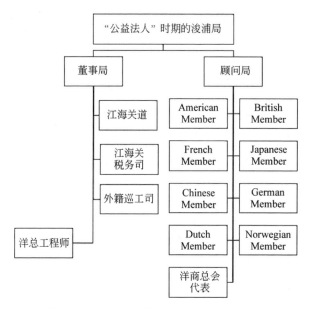

图 2-6　浚浦局"公益法人"时期的组织机构

重组后的浚浦局,隶属中央外交部管辖,后由外交部和财政部管辖。组织机构设立董事局,由 3 人组成,包括江海关监督(历届上海道兼任江海关道,后改为上海通商交涉使)、江海关税务司、外籍官员巡工司(又称河泊司,后改理船厅、再后改港务长)共同执行局长职权①。值得注意的是,海河工程局有领事团代表列席董事局,但是为了避嫌,外国领事团及其代表并没有进入浚浦局董事局,而是吸收进入顾问局,协同治理疏浚建设。

浚浦局董事局中,民国初期首任官员是中国通商交涉使陈贻范(Ivan Chen)、外籍税务司墨贤理(H. F. Merrill)与外籍理船厅卡尔逊(Wm. Carlson)②。浚浦章程第二条中写明,浚浦局长由中央政府委派,且这 3 位领导人的职权高低是平等的,若意见不统一,则少数服从多数。自成立起至上海解放,历届江海关中外籍税务司均兼任浚浦局董事局成员,是主要领导之一。浚浦局机构下设稽核局务、检核文案、提调委员、收支委员、差遣委员等,文职人员基本都为中国职员。

浚浦局与海河工程局的董事局均定期召开董事局会议,常就经营情况、人事安排③和工程规划等各项工作,集体开会,商讨局务大事。1912 年 4 月 30 日,浚浦局董事局召开首次董事局会议④,至 1949 年间,共召开 691 次董事局会议⑤,并在会议纪要中详细记录了会议议题和内容。较海河工程局于 1902—1945 年间共 442 次董事局会议,还要多近 250 次。所不同的是,在日本占领时期,即 1937 年下半年至 1945 年,浚浦局很少召开董事局会议,而同期,海河工程局召开了 28 次董事局会议。1912—1932 年间,浚浦局的董事局会议最为密集,之后骤减,每年仅召开董事局会议不足 10 次,直到 1945 年再次改组(见图 2-7)。

日本占领时期,海河工程局董事局中的日籍人员名单明显地逐渐增多。在 1938 年 3 月召开的第 419 次董事局会议上,堀内取代 Affleck 成为外国领事团首席领事,之后直至 1945 年,领事团代表一直由日本人把持。1945 年 7 月 26 日,受战争影响,疏浚工作被迫停止⑥。1945 年 8 月,日本投降。9 月 30 日,"天津市党政接收委员会"成立,接收和清查天津市敌伪财产,天津市工务局局长杨豹灵受命接手了海河工程局,成为首任局长。由此,董事局制度转变为以局长为首的机关制,

---

① 《上海航道局局史》,2010 年,第 30 页。
② 《上海航道局局史》,2010 年,第 33 页。
③ 关于高级职员的任用与职务问题,见 WPC Vol.88。
④ Messrs Ivan Chen, H. F. Merrill, Wm. Carlson, H. von Heidenstam, Engineer-in-chief, and Secretary K.D.Ting 出席了首次董事局会议,Minutes of 1ˢᵗ Board Meeting, WPC。
⑤ 根据 1912—1950 年间浚浦董事局议档案统计,Board Meeting Minutes (1912—1950), WPC Vol.25-36。
⑥ 参事会采取少数服从多数的决议机制,监督执行海河工程局关于征船税用于疏浚大沽沙航道的有关方针,商议海河河道疏浚工程的方针、方法和手段。1908—1911 年,海河参事会相继举办了 7 次会议,其中 4 次和冬季破冰通航有关,3 次和码头、泊位的租借与建造有关。《海河工程局年报》,1945 年,HHC。

其性质也由公益法人转变为政府事业单位。

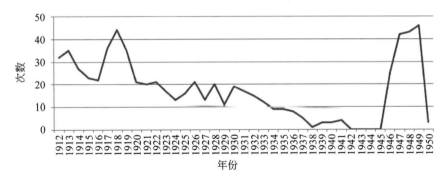

图 2-7　浚浦局董事局会议每年召开次数(1912—1949)

资料来源：Meeting Minutes of WCC board,1912—1949.

从海河工程局和浚浦局的案例中可以看到,在相关法律法规制度尚不健全的环境下,近代疏浚机构由中外多个利益相关方组成,这种组织形式没有股东。在组织层面,董事局拥有至高的权力,对机构有最高管理权与控制权。在这种制度模式下,董事局成员的选择就会是个至关重要的大问题。如果某一个利益相关方权力过大,就有可能会滥用资源,或分散组织对其基本目标的注意力,顾问局监督机制存在的科学性也就在于此。

浚浦局依照浚浦章程第十条,成立顾问局(Consultative Board),设委员 6 人,包括最多进出口吨数五国中各 1 人,洋商总会 1 人。各国领事是浚浦局顾问局的重要成员,主要包括美国、英国、法国、日本、德国、荷兰、挪威等国家的领事代表。其中,美、英、法、日一直占有重要席位,德国在 1912—1917 年占有一席、荷兰在1920—1929 年占有一席、挪威在 1929—1949 年占有一席。

顾问局具有支持功能和服务功能,可以有效地整合多方资源,协助疏浚机构开展各项工作。此外,顾问局还具有监督管理的职能,具有多权合一的监督机制。

(二)洋总工程师的行政管理职能

海河工程局和浚浦局都是众多利益相关方合作的产物,因此必须对多方负责,建立公开公平的管理制度,形成公开透明的汇报方式,包括定期发布月度和年度报告、采用公开招投标制度,以及聘用有资质的第三方进行独立审计。这些方面的制度化和规范化建设,都体现了两局在运行上的管理水平。

1. 项目与采购管理[①]

总工程师是机构的高级雇员,代表利益相关方的共同利益,负责机构运营和全面管理。总工程师统管全局,其职权范围几乎包揽生产决策[②]、技术革新、置办设备、人力资源、财务税务、投资理财、签署文件、发布公告[③]、宣传联络[④]等管理的各方面。在总工程师的领导下,海河工程局设置了总务及测量部、工厂与船坞部、挖河部、海河部等四大部门分工协作[⑤];浚浦局则在总工程师的领导下设帮办师等专业部门[⑥]和技术岗位,几乎全部是外籍员工[⑦]。

在采购管理方面,海河工程局和浚浦局均采用公开透明的方式。例如,1905年改订条款中,关于机器设备采购指明了用招投标的方式,进行机器设备采购或者分包合同,且价低者得。1912年改组后的浚浦局,在章程里明确了依然沿用这种招投标的方法。具体实施时,不仅公示招投标信息,而且由董事局会议集体议标,并将得标结果公布于众。[⑧] 改组后的浚浦局亦是同等操作模式。无论采购设备和材料的种类和型号,还是采购额度,全过程都采取公开、公平、公正的方式进行议标和公布中标企业[⑨]。例如,1930年4月,在 New Hull and Derrick for pontoon No.3

---

① 合同裏件及投标函件,WPC Vol.62;人事任免、工程管理、船舶器材招标,WPC Vol.130;关于职员任免、升降、船只机具、泥场挑筑招标,建造第二艘"建设"轮招标等事项的通告,WPC Vol.173。

② 总工程师关于"复兴"号保险、疏浚工作进展与计划、"建设"轮进坞修理、升科费用摊派等通告,WPC Vol.187;总工程师关于"建设","复兴"轮挖泥船建造事项的通告,WPC Vol.188。

③ 老档案中有大量公告,包括总工程师办公室通告,WPC Vol.211;浚浦局公告(第302-357号),WPC Vol.245;总工程师关于职工动态、港务调查、升科填土、泥土处理、财务的通告(一),WPC Vol.141;总工程师关于职工动态、港务调查、升科填土、泥土处理、财务的通告(二),WPC Vol.142;关于"建设"轮被日本劫去,"复兴"轮保险,职工要求加薪等的通告,WPC Vol.196。

④ 浚浦局与外交部江苏交涉公署往来文件及总工程师通告,WPC Vol.6;总工程师关于接待顾问局工程师来华的活动安排与外单位的来往函件,WPC Vol.89;WPC Vol.90;总工程师与美、德、日等国领事馆的来往函件,WPC Vol.91;总工程师关于批准职工请假、辞职、撤免等函,WPC Vol.105;总工程师关于疏浚、吹泥、财务、土地升科等通告,WPC Vol.114;总工程师关于疏浚、填筑计划、滩地升科等通告,WPC Vol.125;浚浦局关于职工的委任、加薪、升级等文件,WPC Vol.127;关于职工年终升迁加薪、总工程师的保荐、局长的批准决定及薪级的规定等函件,WPC Vol.152。

⑤ 天津航道局编:《天津航道局局史》,人民交通出版社,2000,第8页。

⑥ 浚浦局则在总工程师的领导下设帮办师、主任工程师、总监工、总管工、工程秘书、副测量师等,局洋员服务记录簿,WPC Vol.68,p.14。

⑦ 《上海航道局局史》,2010,第15页。

⑧ 招标书包括建设背景、平面图要求、负载说明、构桥材料要求、设计方案,以及关于建桥位置平面图等六部分内容;招标书发布后,著名的德商世昌洋行和英商仁记洋行等17家前来投标,收到设计方案多达31种。葛尼尔为对万国桥建设工程投标审查报告事致安格联呈文。天津市档案馆、天津海关编译.《津海关秘档解译——天津近代历史记录》,中国海关出版社,2006,第123页。

⑨ 浚浦局关于招投标有明文规定,详见招标通则,以及投标通则,浚浦局沿革概略,WPC Vol.10。

的招标中,收到 New Engineering & Shipbldg. Works, Ltd, Kiangnan Dock & Engineering Works, Shanghai Dock & Engineering Co., Ltd., Kiousin Shipbldg. & Engineering Works 等 4 家投标单位的投标文件①。在 New 350 cu. yds. Steel Mud Barge No.13 的招标过程中,共有 8 家企业参与投标竞标②。在 1929 年 Wrough-Iron 材料招投标过程中,共有 3 家企业 7 种规格的材料参与投标竞标。董事局对投标企业的产品进行了议标,包括材料的尺寸、价格、质量、供货期等方面的指标。最终总工程师拍板决定采购200 条不同规格的材料,总价为 4 000 两上海银。③浚浦局不仅对采购设备和材料进行招投标,而且对变卖废旧设备和材料,也采取公开招投标的形式进行,④浚浦局还拒绝内部议标和人情交易的行为。⑤ 再以万国桥为例,1924 年,海河工程局发布了英、法双语的"在海河上建桥的招标书(1924 年)"。同年 5 月 1 日董事局开标,宣布选定 Scherzer Rolling Lift Bridge 的投标方案,实施后,1927 年 10 月 18 日建成通车。万国桥(现解放桥,见图 2-8)在1927—1936 年间,除了当时的冬季封航时间外,几乎天天开启,且至今仍在使用。

2. 人力资源管理

人力资源管理是机构管理的重要方面。浚浦局采用公开招聘的方式进行人才选拔⑥,对应聘人员的简历和资历严格审核后,进行面试,最后经董事局决议。确认录用者后,由总工程师签署聘用合同⑦。严格的用人制度与近代海关人事制度

① Plant: New Hull and derrick for pontoon No.3，Minutes of 433th Board Meeting，WPC.
② Plant tender: New 350 cu. yds. Steel Mud Barge No. 13，Minutes of 326th Board Meeting，WPC.
③ Tenders for stores，Minutes of 418th Board Meeting，WPC.
④ 1929 年第 421 次董事局会议记录上,记载了出售 Scrap Iron & Old Chains 议标过程,8 家企业对 19 种材料投标的价格和单位。这帮助公司将闲置废旧设备材料变废为宝,取得市场价值,换回合理流动资金,冲抵原始采购成本,取得营业外收入。Plant: Slae of Scrap Iron & Old Chains，Minutes of 421th Board Meeting，WPC.
⑤ 浚浦局第 325 次董事会会议记录上详细描述了采购新驳船(Tow-boat)的招标、投标和议标过程。共有 11 家投标企业参与竞标,董事会审核了投标书,公布了投标价格,并讨论了 R.B.Mauchan 先生递交的 Kiangnan Dock & Engineering Works 得标的"Note"。董事局指出,该公司价格并不占优势,此举亦不合常规,遂把标授予价格最低的 The New Engineering & Ship-building Works，Ld。Minutes of 325th Board Meeting，WPC.
⑥ 浚浦局关于招考工程师、船员、轮机员的函件,WPC Vol.118;关于"建设"轮机舱间高级船员的招聘及报名名单(一),第 150 页;关于"建设"轮机舱间高级船员的招聘及报名名单(二),WPC Vol.151。
⑦ Approved Staff: Student Mochanical Engineer, Dredging Dept.; Apprentice, Hydrometrio Dept; Electric Welder, Chang Hu Pung Workshop; Staff Recreation Ground; Minutes of 485th Board Meeting, WPC;基层向总工程师报告有关职工录用及工资等函件,WPC Vol.76;关于高级船员任用、工资补贴等的通告,WPC Vol.182。

有异曲同工之处。①　正式聘用的员工,除每月底发放工资酬劳外,还有退休待遇和福利,这也是机构激励体系的一部分。员工服务满 1 年后,如离职,就按照每服务一年,给 1 个月零 5/7 的薪俸;不满两年且已满一年半者,按两年给予酬劳金补贴。满 5 年,则给等于一年薪俸金额作为离职补贴等待遇;员工每月薪额的 6％纳入养老储金,浚浦局同时补贴 10％,共计 16％,由保管委员代存银行员工定期复利存款账户。此外,还有病假、医疗、退休、抚恤等多方面的员工福利制度。②

图 2-8　万国桥(现解放桥)

浚浦局在人力资源管理方面,明确责权利,以制度制人,如属办事不力,或作弊情事,无论中国人还是洋人,一律严肃处理③。1905 年的改订条款,对总工程师的不谨慎、不称职行为,有明确制裁方案④。1898 年聘用林德的合同与 1905 年聘用奈克的合同中,也均明确写着惩罚措施:"林德倘有误公,及有不合等事,均可由总

①　近代海关人事制度是赫德以英国文官制度为蓝本建立起来的。文松:《近代中国海关洋员概略:以五任总税务司为主》,中国海关出版社,2006,第 32 页;员工录用的程序与高标准,与近代海关的洋员录用相似;近代海关的"推荐—考试"制度体现机会均等,是海关选拔最佳人才的有效途径。李虎:《中国近代海关的洋员录用制度(1854—1911 年)》,《历史教学》,2006,第 23-27 页;凡是新人应聘,就算持有赫德本人的介绍信,都须通过严格考试和考核等流程,对各方面素质评审并与其他应聘者公平竞争后,方择优录取,且赫德会亲自审定录用与否。进入海关后,赫德把新人划分级别,规定薪酬标准,并定期考核。余林:《试论赫德对中国近代海关制度的革新》,《宜宾学院学报》,2007 年,第 45-48 页。

②　浚浦局局令以及员工福利等,WPC Vol.50-60;船舶及工厂总管麦克法伦职称的委任、回国请假、病假、医疗、辞职等函,WPC Vol.184;关于裁员、退休、抚恤、养老金等事项的函件,WPC Vol.310。

③　浚浦局对外籍人员欧特尼,夏瑞福舞弊控告一案调查处理的情况,WPC Vol.183。

④　"如此项工程办得不见谨慎俭固之处,各国领事官大半可告关道暨税务司转语工程师设法改良,或仍办理不善,各国领事官亦可请关道暨税务司将工程师撤退另行选择,委派仍照第二款规定办理,如江海关道暨税务司不允照办各国领事官即可申请以上所指各国驻京大臣核办",见 1905 年修订条款。

会办查明立即开除"；"倘奈克有不遵合同内所载应尽义务之情事，中国政府尽可备函辞退，注销合同。"事实上，也是严格执行的。历任总工程师中，对不称职的，严肃处理，绝不留情，甚至解约。[①]

3. 财务和审计管理[②]

信息披露作为一项重要的公司制度起源于西方国家，并伴随着西方公司制度的引进而发展起来。审计信息和会计控制通过建立公开透明的信息网络，收集处理传递信息，以取信于社会和利益相关方，且利益相关方应享有信息获得权和使用权。海河工程局和浚浦局都是众多利益相关方合作的产物，因此必须对多方负责。向各相关方汇报实现公开透明的方式，包括定期发布月度、年度报告以及聘用有资质的第三方进行独立审计。

翻检史料，海河工程局的档案有 2 000 多卷。浚浦局 1949 年前的老档案主要包括 376 卷文书、上千卷技术档案和诸多出版物，90％以上是英文文献，这体现出两局机构运行的规范性和公开透明性，且从 19 世纪末开始，公开透明这一原则的贯彻，就已经制度化。海河工程局董事局通过年报的方式，向中国政府、纳税人，以及其他利益相关方汇报与说明海河治理情况。年报最初是用英文，后来"为公众明了海河事务起见"，所有文件都改成中英文双语[③]，主要包括董事局、顾问局等机构人员构成和变动、财务报表[④]及审计[⑤]、业务开展和工作计划等日常运营等信息。

浚浦局的会计报告包括会计报表和财务情况说明等文件。会计报表主要包括资产负债表、业务活动表（支出表）等。资产负债表反映在一定时点上占有和使用的经济资源、债务、净资产情况等，是重要报表。支出表反映一定时期内收入、支出及结余等整体情况。此外，还有预算表，帮助了解未来资金需求的规模和时间，有利于合理分配有限的资源，便于组织内部沟通，为决策和评估提供依据。浚浦局采

---

① 奈克工程师等职员关于监工员的职责、职员任免、工程进展情况等事呈局的函件，WPC Vol.69；浚浦局职工服务规则及办事通则，WPC. Vol.131；浚浦局服务规程及办事通则，WPC Vol.10。

② 财产分析表 WPC Vol.178-180；财务年报，WPC Vol.229；财务季报与审核表，WPC Vol.231-232。

③ 1936 年 5 月 5 日，海关监督林世则对海河工程局提出四点建议，第一点"为公众明了海河事务起见，所有关系文书应以中英文字行之"，HHC Vol.9，p. 283；现存最早正式刊出的中文年报是 1928 年海河工程局年报，自 1940 年开始，总工程师报告附日文版本，1942 年和 1943 年年报以日文记录，但是总工程师报告仍然以英日双语记录。

④ 浚浦局也借鉴了近代海关的财务制度。近代海关会计制度是仿照英国财政部的国库制度，吸收西方会计制度而制定的。文松：《近代中国海关洋员概略：以五任总税务司为主》，中国海关出版社，2006，第 84 页。

⑤ 海河工程局自 1933 年开始采取复式记账法，每年提供资产负债表和收支平衡表。

用的是项目预算法,即将现有的资源按比例分配给不同的项目,并将预算过程与评估过程紧密结合(见图 2-9)。

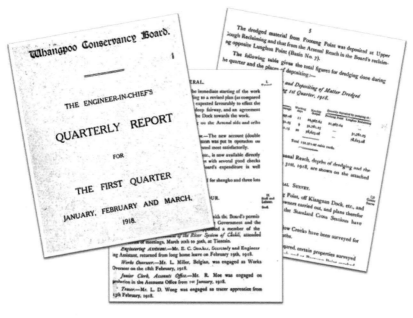

图 2-9　总工程师季度报告

　　两局的总工程师通过"总工程师报告",将工程规划和实施情况与董事局及顾问局等多方沟通。现存海河工程局总工程师报告共 1 683 份,仅 1927 年就有 29 份。浚浦局总工程师则在每个季度向董事局递交"总工程师季度报告 Engineering in Chief Quarter Report(1917—1945)",详细记录了当期生产设备、技术人力资源、工程进度、各艘疏浚船只的疏浚量、疏浚装备与技术团队的人员设备发展变化、水文测绘的数据和图纸等测绘信息和工程信息;为董事局和顾问局了解工程进度,知晓技术与人员动态,为未来的工程投资与决策提供了宝贵的第一手资料。

　　本着对利益相关各方负责的态度和责任,海河工程局和浚浦局都很重视审计工作。海河工程局有第三方会计机构,包括 W. H. Henderson C. A 和 Thomson Brothers Stedman 等事务所,定期审计。在浚浦局的董事局会议记录中,也记载了浚浦局定期审计的情况。1922 年,董事局沿用上年审计事务所进行审计,费用为每年 800 两,另有 100 两给审计师本人,作为审计财务报表等具体表格的劳务报酬。自 1925 年起,涨到每年 1 200 两。1930 年,Messrs. Loer、Bingham Mattews

作为审计师对浚浦局进行审计，[1]体现了两局运行机制的规范化管理。及时、准确、可靠的信息有助于使用者准确地对机构的财务状况、业绩和经营活动进行判断。

三、 辽河工程局及其疏浚工程

（一）辽河航运的发展与河道疏浚需求的增加

辽河流域是东北人口最集中、经济最发达的区域，因而开埠之前的辽河航运已经有相当规模。随着《天津条约》与《北京条约》的签订，营口港 1861 年 4 月正式开埠，辽河流域的航运迎来了快速发展阶段。营口开埠后辽河流域航运业的国际化程度迅速提高。如图 2-10 所示，1862 年驶入营口港的外轮仅有 86 艘，1864 年即增加到 302 艘，总吨位也从 2.7 万吨增加到 8.2 万吨，1880 年进一步增加到 16 万吨的水平。[2]

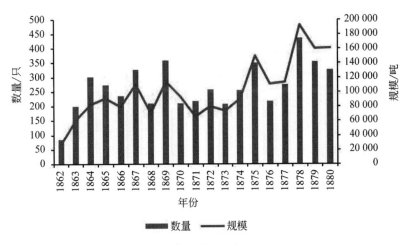

图 2-10 营口外船进口统计(1862—1880)

在这个过程中，布匹、棉花、绸缎、瓷器、铁、糖等商品运至东北，东北的大豆、豆饼、粮食、人参等产品的外运规模也都大大地增加了，营口港的贸易额也在不断攀升。根据《中国旧海关史料》的统计数据，1887 年，营口港的贸易总额已突破

---

① 董事局会议关于审计人员的酬劳待遇讨论，Annual Audit，Minutes of 300th Board Meeting，WPC；Annual Audit and Appointment of Auditors for 1925，Minutes of 260th Board Meeting，WPC；Annual Audit，Minutes of 429th Board Meeting，WPC。

② 聂宝璋：《中国近代航运史资料》，上海人民出版社，1983，第 393 页。

1 000 万两,1905 年达到鼎盛,增至 6 198.6 万两。东北与国内其他地区,以及与世界的联系都更加紧密起来(见图 2-11)。

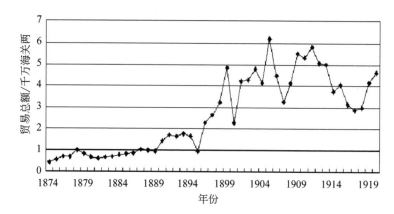

图 2-11　营口进出口贸易总额趋势(1874—1920)

资料来源:根据吴松弟《港口—腹地与北方的经济变迁》(齐鲁书社,2005,第 83 页)所载《中国旧海关史料》牛庄关历年数据制作。

贸易规模的迅速扩张对水运建设提出了更高的要求,辽河流域的码头建设与航道疏浚使得辽河的航线不断拓展。1877 年,距离营口港 1 038 里水路的昌图通江码头建成;1904 年,距离营口港 1 448 里水路的昌图三江口码头建成,辽河的水运达到了历史顶点,河面上的各种船只在 2 万艘以上。[①] 不久,郑家屯开设码头,辽河干流航线正式形成从营口出发,途经巨流河、三面船、马蓬沟、通江口、三江口至郑家屯等码头的水运大通道,全长约 720 公里。此外,如图 2-12 所示,辽河的水运体系中还有诸多支流,如到营口港的浑河航线和太子河航线,航线长均约 200 公里(见图 2-12)[②]。

辽河航线在营口开埠之后不断发展,初步形成了以干流航线为主体的航运网络,扩大了辽河航运的辐射范围。但受到辽河自身所处的地理环境及水文特征的影响,辽河航道仍然存在一些影响通航的问题。一方面,作为辽河主要源头之一的西辽河源出内蒙古自治区,为内陆干旱少雨地区,土质较为疏松,导致与东辽河相汇时携带大量泥沙,容易造成干流河道的泥沙淤积,河床抬高。另一方面,辽河干流河道曲折多弯,易于淤塞改道。此外,随着明清以来关内移民逐渐增多,大规模的垦荒使辽河水土流失急剧加速,导致河床淤浅,流路散乱,河床摆

[①]　侯峻、曲晓璠:《近代辽河航运与沿岸城镇的兴起》,《社会科学战线》1998 年第 6 期,第 184-190 页。

[②]　金颖:《中国东北地区水利开发史研究(1840—1945)》.中国社会科学出版社,2012,第 42 页。

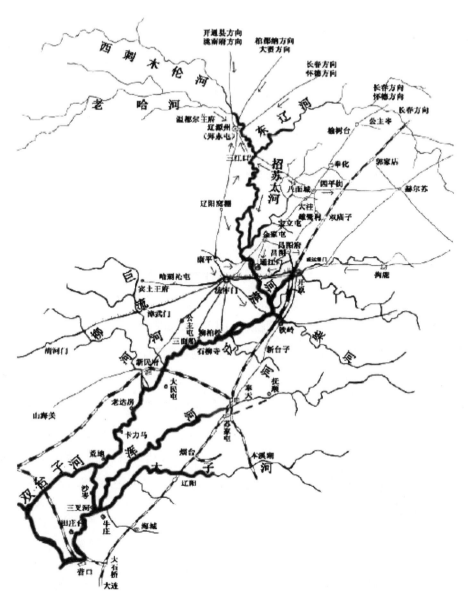

图 2-12　辽河航运示意图

动,水灾频发,也严重威胁到辽河的正常通航。加上 1894 年甲午战争、1904 年
日俄战争都以东北地区为战场,严重破坏了东北地区的社会秩序,辽河航运也遭
受巨大打击。到 1904 年,辽河干流营口至通江口一带形成了 162 个浅滩,辽河
航运陷入困境。

（二）辽河工程局的成立

为修浚辽河海口等处，1911 年 7 月 17 日，营口海关道与驻营口各国领事商议，决定成立修浚辽河海口等处工程局，即辽河工程局，并拟定了该局章程。辽河工程局章程共有 17 条，对修浚辽河工程的具体内容、所需人员、款项筹集等方面做出了详细规定。关于工程分工问题，该章程规定将修浚辽河工程分为上、下游两个方案实行。上游工程，由清政府负责，对河道进行疏浚，以保障船只航行无阻。下游工程则由辽河工程局全权办理，分为两部分：一是挖深海口拦江沙，疏浚河口浅滩；二是保护鸭岛工事，使其不被冲毁。

关于工程经费问题，有就地筹款、政府拨款和加抽新钞关税三个来源。该章程规定，将抽收进出口货款及船吨捐，向银行抵押借款。同时，"由营口海关税款项下拨大洋十一万元"作为上游治理工程经费，"新关加收进出口洋土货捐及船吨捐"用于下游疏浚工程，其余部分"由钞关加收各项货船吨捐"。[①]

章程内规定工程局聘任英国工程师秀思为总工程司，即总工程师，并对局内所需其他人员做出了详细说明。

但由于整个辽河疏浚工程浩大、需费太多，清政府本已无力兴办，不久后辛亥革命爆发，清王朝覆灭，因此该章程始终没有得到中国政府方面的签署。但辽河工程局在事实上已经成为一个拥有组织章程和人员以及资金齐备的实体，因而就开始了组织冷家口工程的修建。所指定的方案中，除冷家口工程动工外，都还没有来得及实施，辽河的疏浚治理成了民国的任务。

（三）有心无力：辽河主要航道的治理

清末，水势分流、航道淤塞不畅等问题严重影响着辽河航运。为了解决这些问题，清政府聘请英国工程师秀思查勘辽河航道，制定了一系列的解决方案。但由于清末政局动荡及政府财力不足等原因，清政府在辽河航道治理方面力有不逮，很多有利于重振辽河航运的治理方案没有实施，因此未能挽回辽河航运的颓势。在清政府主持下，实际开展的工程主要有两项，一个是通江口河段的治理工程，另外一个是双台子冷家口工程。

---

①　荣厚：《修浚辽河报告书（前编）》. 辽沈道尹公署编印，1915，第 13 页。

1. 通江口治理工程

光绪三十四年（1908），辽河下游海城县三家子、石佛寺、青天嘴段淤塞，上游通江口段由于洪水冲决，泥沙淤积，河流改道东徙，使通江口码头离河日远。清政府东三省总督徐世昌奏请拨款疏浚辽河海城县境段；对通江口河段则采取裁弯取直，改挖新河，并于上游修筑顺水堤，引水西流，以保证通江口码头通航。这项工程保障了辽河上的船只正常航行，对辽河航运的重振起到了一定的作用。

2. 双台子冷家口工程

咸丰十一年（1861），辽河发生水灾，于右岸冷家口（今唐家窝铺附近）决口，形成双台子河。由于双台子河分流，辽河水量骤减，河道淤浅，不利航运，这就是冷家口问题的由来。同治十二年（1873），盘山县曾将该处堵塞，使双台子河断流。但由于辽河干流水势不能分流，导致下游连年泛滥。光绪二十二年（1896），盛京将军依克唐阿采纳了刘春烺的建议，挖开冷家口堵口，使辽河水再次从双台子河分流入海。这一做法虽然使得辽河水患减轻，却又造成了主流水势日浅，影响了辽河航运。

为保证辽河航运，并治理水患，清政府聘请英国工程师秀思为浚辽主事，对辽河水利进行反复勘测。考虑工程的实际需要，以及地方民意等因素，清政府经过反复权衡利弊，在宣统元年（1909）确定在冷家口修筑滚水堤坝并建筑水闸，随后进入施工阶段。1911 年，堵口工程已经过半，仅剩一口尚未堵住，但此时地方遭受水患，百姓归咎于冷口筑堤之故。1912 年 10 月，盘山县民杨小亭等，纠众数千人各持铁锹拥至工地，将新筑堤身拆毁，并将秸秆木料焚烧一空。于是，冷家口工程被迫停工，听候处理，至此，历时 3 年的冷家口工程仍未完工。

进入民国后，这一问题仍未得到解决。1912 年，省县议会成立，冷家口工程一案交由省县议会和营口商会、驻营领事团共同商议。虽几经讨论，但由于分歧较大，致使冷家口工程终成悬案。

（四）辽河工程局的治理模式

1. 辽河工程局章程的确定

辽河工程局在 1911 年 7 月即已拟定基本章程，在该章程上书押的有锦新营口道周、日本领事太田喜平、美领事克恩德、俄领事体德满、荷兰领事与挪威副领事法马、驻奉德领事韩根斯、代理瑞典副领事喀乐斯。但一方面清政府未及批准此项章程其便在辛亥革命中覆灭,且营口地方官员对该章程存在异议;另一方面,各国的利益要求并不一致,也都对工程局的章程提出了各自的要求。

经过 3 年的多方博弈,1914 年终于完成对辽河工程局章程的修改,新修之章程较原章程之改动主要有以下几处:

(1) 原定局名为"营口辽河工程局",新章程改为"营口辽河海口工程局"。

(2) 第七条中所述聘用总工程司一件现改为"第六条所指两项工程,应由该局自行酌定,聘用相当之工程司一人,开办时须将一切工程详细绘图估价,呈由该局核准然后动工,此项工程司其用人权限、办事责任、工程年限、薪费数目,均由该局与之另立合同并取妥实担保,禀请东三省督宪核准实行,倘以后该工程司有不按合同行事及其他不当之行为,可由该局辞退,另聘工程司接续办理完竣,如原雇之秀思,亦有担保确认能负此项工程完全之责任,经该局核定聘用时,其办事权限仍照此条办理,但原有薪水仍请东三省督宪发给,该局不另开支"。

(3) 删除原章程之第十二条(上、下游两项工程)"由总工程司一手经办"之说。

(4) 章程分汉文、洋文各一份,但原章程未决定如果有疑问究竟应以哪一份为正义,新章程则规定"如有文词辩论之虞,应以汉文作为正义"。

可以看到,新的章程变化主要体现在:限定了工程局所涉及的范围由"辽河"缩减至"辽河海口";同时强调了中国方面的权限,如合同、人事等问题需要"禀请东三省督宪";缩减了洋总工程师的权限;章程以中文为准,也有利于中方伸张权益。因此,新章程得到了中国袁世凯政府当局的批准,同时各国驻华外交团也予以承认。1914 年 7 月 9 日,此项章程签字生效,至此,营口辽河海口工程局终属正式成立。

2. 辽河工程局的机构设置

辽河工程局的机构设置依据《营口辽河海口工程局章程》而设,应任人员包括营口海关道为督办,营口海关税务司为会办兼书记官,日本、美国、英国、荷兰、挪威、德国、瑞典七国的驻营口领事官为局员,来自营口的西洋、日本以及华商总商会各公举一代表为局员,由此 12 人组成辽河工程局的主要管理层。辽河工程局还设有一会议处,为权力机构,除督办、会办外的所有局员,均为会议处议员,共计 10人。当会议处遇到票数相等的情况时,则以督办所定之法为取舍。在决策权的分配方面,辽河工程局规定在决策局中各大小事务时,每位局员仅有一票,因而各项决定均是各方面合作协商的产物,并无一方占据绝对主导。此外,辽河工程局还设有办事处,为办事机构,办事员由督办、会办兼书记官,以及其他局员中按西、中、东三方各举代表1人组成。

在辽河工程局中,督办总摄全局事务。督办在名义上的权力极大,但据资料显示,督办的这一最终裁定权始终未得使用。事实上,辽河工程局督办均是由其他正式官员兼职代理,第一和第二任督办荣厚和史纪常的正式官职均为奉天辽沈道道尹;奉天辽沈道尹裁撤后,辽河工程局督办改由营口市政筹备处处长暂时兼仕,此时的第三和第四任督办分别为佟兆元和史靖寰;1930年,改由辽宁建设厅厅长彭济君兼任辽河工程局督办,后刘鹤龄接任辽宁省建设厅长一职时也就同时兼任辽河工程局督办,这二人分别是第五、第六任督办。正因为其兼职的性质,督办并不从工程局领过薪水,只有办事经费若干。并且兼职的督办并不能常在局内办公,只有在需要的时候才会赶往营口参与议事,因此日常事务实际上均归会办处理。

在辽河工程局中,会办实际上主持全局事务。会办负责处理日常事务,遇有小事即可自决,重大事情则须召开工程局执委会议或全局大会,而会议决策程序则是每位职员均限一票,会办多与驻营各国代表在利益上趋于一致,因而督办的意见往往无法顺利体现。从辽河工程局历次会议之记录中可以看出,"督办"一词出现的频数为233次,而"会办"一词出现的频数则为329次,两者相差近100次。更为主要的是,通过历次会议记录可以明显看出,只要会办提出议题,督办都表示赞同,可见会办实际上的主要管理者地位。辽河工程局开办20年间,共经历两任会办,分别是狄思德和克勒纳。

辽河工程局还设有工程司,实行总工程师负责制,由工程师总管工程各项事宜。章程中规定"各项单据均由总工程司核对无讹,签字为凭,方能支发,若有用款未经核准者,惟总工程司是问"。辽河工程局成立之初即聘用英人技师秀思为总工程司,开办上游及下游工程,1918年1月秀思去世,工程局工程曾一度中断。后改为上、下游各聘用一工程司;以司专责,上游委任日本人冈崎文吉为上游总工程司;而下游则委任英国人福绥德为下游总工程司,福绥德于辽河工程局工作10年有余后决定辞职回国。几经周折,工程局又从英国聘得包安士为下游总工程司,此人于1930年6月16日正式接任。而日本方面接任冈崎文吉为上游总工程司的则是长冈哲成。

需要说明的是,辽河工程局分上游与下游两处,以鸭岛为界划分,章程规定上游款项由清政府拨付,主要负责河流的疏浚与堤岸的保护,归中国政府自行管理;

而下游工程局亦称海口工程局,以新关所加之税为抵押向银行借款为资金,由辽河工程局全权负责。起初,上、下游工程分而治之,中国方面也力争上游工程局之主导权,而外人起初也并不愿接手上游事宜,因其只关心营口之商业利益,故章程中有"修浚辽河上游工程应归中国政府自行管理,概与现在设立之工程局毫无干涉"之说。但随着日本势力在辽东地区的扩大,日本方面开始垂涎上游工程局,先是以日本人长冈哲成为上游总工程司,以便控制,并且与英国人单方决定,上游工程局全归日本方面负责,而下游工程局全归英国方面负责,并不把中国之内政考虑在内。1930 年 10 月 8 日召开的第 34 次全局会议更是决定将上、下两游工程局合并为一处,全归辽河工程局统一调度,至此工程局归为一处,全归外人管理。

3. 辽河工程局的资金来源

辽河工程局的资金主要有政府拨款、船捐税收入、银行借款三个来源。在辽河工程局开办之初,中国政府就已经承诺"由营口海关税款项下拨大洋一十万元为开办经费",该款项存于奉天辽沈道道尹处。此外,辽河上游工程局自开办之初即属中方自行管理,因而政府方面除拨付开办经费外,在工程局因购买大型机器、船只、设备而财力不足时,也会依申请核准下拨部分款项。

关税是辽河工程局的重要经费来源。依照辽河工程局章程,由钞关加收船吨捐,以为上游工程局之经费;新关加收进出口洋土货捐,作为下游工程局之经费。其中,新关进口洋货每百两税银收 2 两,而土货新加的捐税实际要高于洋货 1~2 倍。此外,辽河船捐本为辽河工程筹款所收,但每年的收入不过数千元,实际上既对工程用款上的帮助微乎其微,又加重了沿岸船商的负担。商船老板曾多次请愿停收此项捐款,在 1929 年,正值新开河工程竣工之际,辽河工程局决定停收此项捐税。

辽河工程局章程第十三条已经说明,允许以所收捐税向银行做抵押贷款,因此银行借款也是重要的经费来源。事实上,辽河工程局在成立之前,就由奉锦山海兵备道出面向营口大清分银行订立抵押借款合同。在抵押借款之外,遇有款项不足之时,仍会求助于各家银行。如辽河工程局欲购置大型挖泥船以清理河道,因经费不足,向东三省官银号与中国银行两家共借款大洋 30 万元,成功购买了清淤工程所急需的挖泥船。

第三节　主要河流疏浚及相关机构（1897—1937）[①]

我国疏浚治水的光辉历史，显示了古代中国人民的勤劳与智慧。当西方科学技术传来，又有张謇、李仪祉、竺可桢等人组织大地测量、气象观测、水文测验，实施勘测、规划和设计，促进国家建设了诸多现代水利工程。此外，政府在南京设立河海工程专门学校培养人才，设立中央水工试验所开展水利科学研究，标志着我国近代水利的发端。这些工程与机构中，疏浚与水利相交融。

1906 年 2 月，海关总署任命英国人奚里满（H.E. Hillman）为长江巡江工司（后称巡江事务长），其总部驻九江，这是长江第一个专职航道管理机构。长江巡江工司作为海务巡工司的派出机构，行政上受所在地九江关税务司领导，负责当时已设标河段的航道管理及维护工作（河段上起汉口以上金口礁引导灯桩，下至通州姚港立标），包括检查助航标志、航道测量等。长江巡江工司的设立为以后建立半独立的专职航道管理机构打下了基础。

民国初年，全国的水利行政分散，全国水利局开始统一全国水政，但并未实现事权专一。1927 年，南京国民政府成立，水利更分属不同部、会多头管理。1931 年大水，全国舆论呼吁水政统一管理。1932 年 7 月，国民党高层人士向"中央政治会议"提议统一水利行政，改变"以中央机关而言，内政部有主管水利之名，而农田水利属实业部、航路疏浚属交通部、治理黄埔属外交部，导淮、治黄及广东治河又均设有专会，直属国府。以各省而言，同一黄河也，冀鲁豫各设河务局；同一运河也，冀鲁苏各设工程局；同一永定河也，主管机关有华北水利委员会、河北永定河河务局、整理海河委员会，其下游复有海河工程局；同一扬子江下游也，吴淞汉口段由扬子江水道整理委员会规划，通州至海口则由海道测量局施测，最近神滩之疏浚，更由上海浚浦局主持。系统既形庞杂，职权自难专一，水利经费多靡于机关开支，水利设施更无从通盘规划……"的状况。

1933 年 10 月，"中央政治会议"决定由行政院拟定具体办法。行政院因其事关经济建设，转送全国经济委员会办理。1934 年 1 月，第四届"中央执行委员会"第四次全体会议召开，有委员以有利于集中事权、集中人才、集中经费为由，再次提

① 夏茂粹：《民国时期的国家水政》，《档案与史学》1999 年第 1 期，第 65-66 页；曹必宏：《南京国民政府时期中央主管水利机关概述》，《民国档案》1990 年第 4 期，第 125-127 页。

出统一全国水政,获得大会原则通过,并决定相关事宜由"中央政治会议"议决。由此,这项事关水利管理大局和全国性水利科研机构创设的议案加速了落实。1934年2月,"中央政治会议"第394次会议,综合统一水政各案,做出了由全国经济委员会拟定统一全国水政办法的决议。1934年7月2日召开的第413次会议,修改通过了《统一水利行政及事业办法纲要》。在此基础上行政院与全国经济委员会(常简称为全经会,该会筹备时隶属于行政院,1933年正式成立后,改为国民政府直辖,与行政院并列)会商,正式决定全国经济委员会为管理全国水利事业的总机关。1934年7月14日,第415次会议修正通过了《统一水利行政事业进行办法》,后由国民政府主席、行政院长、立法院长共同签署发布。1934年11—12月,全国经济委员会按照上述办法办理了下属机构如导淮委员会、黄河水利委员会、华北水利委员会等机构的交接手续,规定1935年1月正式实施。原名中央水工试验所的南京水利科学研究院就是在这一过程中成立的。

一、 中央水工试验所

在全国舆论呼吁全国水政统一的同时,水利界有识之士和专业组织要求成立全国性水利科研机构的呼声也日益高涨。如1929年12月,江西省水利局局长欧阳彦谟在内政部民政会议上提出设立中央水工试验所的提案;1931年2月,汪胡桢提出"设立水工试验所以改进水利工程"的提案;同年3月,沙玉清在《大公报》上发表《水工研究所设立之必要》一文;同年8月,中国水利工程学会第一届年会通过了"呈请设立中央水功试验馆文"。作为官方的回应,全国经济委员会在统一全国水利行政和事业的过程中,于1933年10月7日新成立全国经济委员会水利处,水利处提出的《全国经济委员会水利处暂行组织条例》中的第十三条首倡"水利处为研究水利工程,得设置水工试验所"[①]。

1934年9月13日,全国经济委员会决定,改组原导淮委员会、广东治河委员会、黄河水利委员会、扬子江水利委员会、华北水利委员会等为各流域水利机构,同时在南京设立中央水工试验所(简称中试所,下同,见图2-13),隶属于全国经济委员会,英文名称"China Central Hydraulic Research Institute",要求将其建设成为全国水利科学研究中心,掌理水工试验、研究水利改进事宜,为水利规划设计与工程实施提供科学依据。同时成立中央水工试验所筹备委员会。作为全国经济委员

①② 陈椿庭:《水利水电科研工作发展历程》,载《中国水力发电史料选编》,第398页。

会常务委员的孔祥熙于 1937 年 2 月撰写了《全国经济委员会战前水利建设概况》一文，其中记载了"二十三年依统一水利行政办法，创设水工试验所"，并分别介绍了中央水工试验所的水工模型试验、航空测量、整理水利文献等工作。

图 2-13　中央水工试验所规划图

自 1934 年起，南京水利科学研究院的科研工作从未间断。此时，中央水工试验所还聘用了荷兰籍水工试验专家万和佛氏（N.H.van den Heuvel）担任顾问工程师，各项工作开局颇为顺利。在此前后，中央大学、清华大学、交通大学、武汉大学等院校也在校内建立了水利科研机构，但因日本帝国主义发动侵略战争和受经费困扰等原因，这些机构又纷纷下马。其中中央大学、清华大学等院校的机构，最终走上与抗战时期及时内迁的中央水工试验所合作的道路。

起初，中央水工试验所以水工模型试验为主，水利界和史学界都曾经把它的成立时间，认定为其对外正式办公、开展水工模型试验的 1935 年 2 月 20 日。白寿彝的《中国通史》第十二卷第二十二册载有，"1935 年 2 月，全国经济委员会水利处借用中央大学内'临时水工试验室'创办了中央水工试验所。1937 年后，中央水工试验所迁往重庆"。1935 年 10 月 31 日，全国经济委员会水利处呈全国经济委员会的报告称：中央水工试验所于本年 2 月 20 日成立，开始对外办公。台湾"中央研究院近代史研究所档案馆"在馆藏说明中注明所存中央水工试验所的历史档案，也是从 1935 年 2 月开始的。

关于中央水工试验所成立的时间，中国第二历史档案馆作为全国性民国档案收藏与研究的中心，已有权威性考证。1994 年 6 月，由中国档案出版社出版并向国内外发行的《中国档案馆指南丛书——中国第二历史档案馆指南》（卷首注明：

International Council on Archives Guide to the Sources of Asian History, published under auspices of UNESCO by the Second Historical Archives of China)一书中设专条介绍说:"1935 年 1 月中央水工试验所成立,1942 年 1 月更名为中央水利实验处,先后隶属于全国经济委员会、经济部、水利委员会和水利部,负责管理水工、土工试验,水文测验和其它有关水利基本设施与研究事项。该所先后设有试验、研究、水文、测绘、制造、编译、文书、事务等组,并在各地设有水工试验室(所)、水利测量队和水文测站。馆藏档案共 1 343 卷……"中央水工试验所成立时间的不同主张,反映了历史上对一个机构的成立究竟是以上级批准筹备为准,还是以正式成立任命领导人为准,或者以开始运作(如学校开学上课)为准,在认识上并不一致,具体机构在操作上(如庆典安排)更会有许多不同。

中央水工试验所被批准成立后,选定南京清凉山附近伏龙山麓之收兵桥,拓地 23 亩,建立试验大厅。筹措征地建设期间,为适应全国各地对水利科学研究的急需,1935 年 2 月,中试所向中央大学借用空地设立了"临时水工试验室"。试验室长 36 米,宽 16 米,有玻璃水槽、木槽、水循环设备,以及测速仪、潮汐仪等,其试验用的仪器多为自制,并配有摄影室及金工间、木工间等。1935 年 12 月建成,当月开始试验研究。

建所初,全国经济委员会水利处成立水利文献编纂委员会,郑肇经任总编,南社耆宿姚鹓雏、水利史教授武同举等参与。中央水工试验所下属的整理水利文献室作为它的实体,是中试所最早开展工作的部门之一。水利史学者赵世遄、1929 年提出开发三峡计划的内务部技术官员陈湛恩,以及吴钊、冯雄、康志章、朱更翱等知名人士陆续加盟,原来由全国经济委员会水利处主持开办的整理水利文献工作得以继续。

1936 年 1 月,中试所拨巨款购置容克式航测飞机,最新式的蔡司长短焦距航测仪、纠正仪、多倍投影制图仪等,并与前陆地测量总局洽商合组水利航空测量队,1937 年 1 月开始工作。1938 年,由于抗战等原因,队伍奉令结束,飞机被航委会征用。1941 年得以恢复工作。

1937 年 11 月 18 日,中央水工试验所西迁重庆,早于国民政府迁都重庆(11 月 20 日)两天,初设办事处于川盐银行,后迁于上清寺。1938 年 1 月,全国经济委员会水利部分划归经济部接管。中央水工试验所于同年 3 月改由经济部领导,先后与其他单位合作建立了下属的磐溪水工试验室、石门水工试验室、昆明水工试验室、武功水工试验室、灌县水工试验室等 5 个水工试验室,以及土工试验室、河工实验区、水工仪器制造工厂等。

二、 中国第一水工试验所[①]

1931 年 8 月,现代水利的奠基人李仪祉在中国水利工程学会第一届年会上提出设立国立中央水工试验馆的提案。1933 年,李仪祉出任黄河水利委员会,以下简称"黄委会"委员长。1933 年 9 月 15 日,华北水利委员会召开第十八次委员会议,李仪祉认为,黄河、华北、导淮三委员会主治河流,区域既多相连,利害均属与共,凡有事务,似应切实合作,俾应机宜。黄委会、华北水利委员会、导淮委员会三水利机构的合作取得了多方面的成果,最主要的是创建了中国第一水工试验所。水工试验是近代兴起的一项水利新技术。1895 年,德国水工专家恩格斯首创水工试验所后,该项技术逐步在欧美推广。1933 年 10 月 1 日,中国第一水工试验所在天津成立,这是中国第一个现代水利科研机构,是中国水利水电科学研究院的前身。它的成立标志着现代水利科学研究在中国落地生根。中国第一水工试验所的建成,关键在于华北水利委员会的首倡以及黄委会的及时加入和经费支持。导淮委员会等单位的加入对该所的成立和运作也起了重要作用。

(一)水工试验——现代水利科学研究的起源

17 世纪,欧洲资本主义工业革命使社会生产力获得了极大的提高,规模宏大的水利工程奇迹般突然在欧洲大陆出现。经典流体力学理论已经不能支持江河治理和大型工程建设的需要。1875 年,法国学者法格(L.J.Fargue,1827—1910 年)为整治波尔多市(Bordeaux)的加龙河(Garonne R.),进行了最早的物理模型试验,这是水平向比例为 1∶100 的河流动床试验,模型河岸固定,河底铺沙,没有比尺变态和时间变态。1885 年,英国学者雷诺(O.Reynolds,1842—1912 年)进行了利物浦市(Liverpool)墨塞(Mersey)河口潮汐影响试验,采用了水平、垂直向比尺相差约 3 倍变态模型,用操纵漂浮筒产生的水位变幅模拟潮汐,以研究潮汐对河口水流的影

---

① 周魁一、程鹏举:《我国水工实验的创建》,《水利水电科学研究院科学研究论文集》,第 31 集,水利电力出版社,1985—1990;《中国第一水工试验所筹备经过》(1934 年 5 月);水利水电科学研究院档案馆藏试验报告目录表;张伟兵:《中国第一水工试验所的成立及早期相关史实》,《中国科技史杂志》2016 年第 37(03)期,第 373-382 页;魏大卫:《中国第一水工试验所探源》,《河北工业大学学报(社会科学版)》2013 年第 5(02)期,第 1-8 页。

响。1891 年，德国德累斯顿（Dresden）工科大学教授恩格斯（Hubert Engels，1854—1945 年）设立了世界第一个水工试验室，在玻璃水槽内进行水工模型试验。1913 年，恩格斯建成规模大得多的河工试验室，在此进行了几十年的关于河道整治的试验，其中包括中国政府委托的黄河河工模型试验，至此，德国已有 6 所水工试验室。

20 世纪初，欧洲水利科学研究快速发展。水工试验以其出色的应用价值获得世人重视，很快从德国传播到世界各地。欧洲各国是接受水工试验最快的国家，随后，亚洲、美洲也有一些国家开始设立水工程研究机构和水工试验室。20 世纪 20 年代后期，从德国留学返国的中国学者大力呼吁设立中国水利科学研究机构。1928 年 9 月，华北水利委员会成立。

当时在德国但泽工业大学（Danzig，今波兰格但斯克）专修水利的李仪祉当选为委员长，他和委员李书田在第一次委员大会上提出筹建河工试验场的提议，获得全体委员一致通过。但这个提议一度被搁置。在全国内政会议上，汪胡桢再次提出设立水工试验所以改进水利工程的提案。

1932 年 6—10 月，应中国政府救济水灾委员会之请，恩格斯在德国开展了黄河束窄堤距模型试验，以研究明代潘季驯著名的"束水攻沙"理论付诸工程实施的可能性。中国第一水工试验所在经历种种曲折之后，终于与欧美各国同一时间设立水工试验室。试验所设董事会，董事来自各流域委员会和国内最有影响的水利机构，以及当时国内著名的水利专家。李仪祉任董事长，李书田任副董事长兼会计，徐世大任秘书。工作人员少且精，除所长李赋都和总务干事韩少苏从事管理外，只有工程师刘崇质和马修文等数人。

（二）中国第一水工试验所的诞生及演变

华北水利委员会成立于 1928 年，委员长李仪祉"以科学方法设计水利建设之新式机关"为机构的宗旨，主持《永定河治本计划》，提出了设立"河工试验室"的建议。李仪祉撰文指出试验与工程设计的关系："辅助研求精当，水工设计最经济最确实之方法，专以模型试验各项水利工程计划之适宜与否，以免理想未周，实施以后，效用未如所期，工款不免有须耗之虞。"1933 年 10 月 1 日，中国第一水工试验所成立后，李仪祉将水工试验首先应用于永定河水利规划研究中。

中国第一水工试验所于 1935 年 11 月完工,位于天津黄纬路河北省立工学院内。于孙中山诞辰纪念日 11 月 12 日举行落成典礼,同时进行官厅水库大坝消力池的第一次放水试验。中国水利工程学会会长李仪祉专程前往主持落成典礼。中国第一水工试验所的落成和第一放水试验是现代水利科研具有里程碑意义的事件。当时最有影响的《申报》《晨报》等以"全国唯一设备、东亚独步""全国唯一水利实验机关"等标题,向社会报道了这一消息。

中国第一水工试验所成立于非常时期,经费拮据。但投资力度不减,其主要试验仪器由德国购进,水泵等购自英国。在不到两年的时间里建立了河流及其他明渠流试验水槽和工程模型,可从事有压管流试验、校正流速仪设备以及地基土压力测量等。

三、 全国水利局、华北水利委员会与顺直水利局[①]

华北水利委员会由北洋政府建立的顺直水利委员会改组而来。国民政府在二次北伐成功后,于 1928 年 10 月将顺直水利委员会改为华北水利委员会,负责华北地区的水利建设。

全国水利局系 1914 年 1 月 8 日由北洋政府设立,直隶于国务院,掌理全国水利并沿岸垦辟事务。全国水利局设总裁 1 人,总理局务,监督指挥所属各职员;副总裁 1 人,协理局务,总裁有事时代理其职。此外,又设视察 2 人,佥事 2~6 人,主事 8~12 人,技正 2~6 人,技士 10~16 人,分掌事务,因技术上之必要,得酌聘顾问员。各地方分设水利分局,得设局长分理之。

1917 年,天津地区暴发了特大洪涝灾害。1918 年,国家政府顺应实际,成立了顺直水利委员会,办公地点在天津,意欲统一天津地区的水政,力求避免天津地区再次出现特大洪涝灾害。其会长、会员、技士、会计等,多有从全国水利局直接委派充任而来的。但是,顺直水利委员会对天津地区的水利建设收效甚微。

---

① 有关全国水利局、华北水利委员会与顺直水利局、参考了如下文献。李建强:《华北水利委员会研究(1928—1937)》,2011;李赫:《华北水利委员会与天津水利建设的现代化研究(1928—1937)》,天津师范大学,2019;侯林:《留学生与华北水利委员会(1928—1937)》,《兰台世界》2013 年第 22 期,第 31-32 页;刘玉梅:《民国时期永定河的泛滥与治理》,《河北工程大学学报(社会科学版)》2010 年第 27(04) 期,第 10-14 页;《近代水利科学家李仪祉生平述略》,《陕西水利》1992 年第 2 期,第 3-4 页。

1928年,顺直水利委员会改组为华北水利委员会,以协调更大范围内的水利建设问题,著名水利专家李仪祉任委员会主席。1929年,明确华北各河湖流域及沿海区域为其管辖范围。1933年修订后的《内政部华北水利委员会章程》再次重申了其工作范围,确定了防洪工程、灌溉工程、航运工程、水力工程和其他水利工程5项任务。抗日战争爆发后,华北水利委员会迁至重庆,各项工作被迫停止,至此名存实亡。其主要贡献在于:①开展了水文测验、地形测量等基础工作,并在天津筹建了我国第一个水工试验室;②编制了《顺直河道治本计划报告书》和《永定河治本计划》;③整治了海河水系各河,主要完成了天津南大堤修筑、天津三岔口裁弯取直、新开河整治、北运河回归故道、青龙湾减河整治、海河放淤等工程。

华北水利委员会从组织内部进行改革,规范职权与责任,开创了从小区域单一治水向大流域系统治水的转变,领导权实现由"官员"向"专家"治水的嬗变。华北水利委员会在继承顺直水利委员会部分水利制度和方法的基础上,扩大水利观测范围和设立水利测量站;引进先进而科学的水利观测设备与仪器;制定流域内统一的水标观测方法,推动了天津水利建设的现代化发展。

华北水利委员会是以科学方法进行水利建设的新式水利行政机构,其组织结构实现了制度化、科层化。华北水利委员会建立了规范的工作管理和人事管理制度,保障了机构有效运转。其在华北的水利事业主要体现在水利测量与查勘、水利工程计划、水利工程实施三个方面,对华北河道、地形、水文、气象进行了测量,编制了大量水利工程计划,兴建了一批新式水利工程;进而引进西方先进水利科技并运用到水利建设中,转变了水利工程建设方式,培养了一批水利人才以及开展水利科学研究。

由于受到各种因素的制约,华北水利委员会的许多规划未能实施。但从整体来看,这一时期经过华北水利委员会的努力,华北水利事业有了较大的发展。

《华北水利月刊》(见图2-14)以阐扬水利工程学术、报告该会的业务及经济状况为宗旨,内容包括:各种水利工程学术论著及译述,有关水利的政府法令,华北水利各项规划,公文函件往来,业务报告与会议纪要,经费收支报告,调查报告及调查记录,国内外水利新闻,杂录等。李仪祉在首期旨趣中写道,中华民国建设委员会派员接收顺直水利委员会,改组为华北水利委员会,隶属于中央。

《华北水利月刊》多次记载水利疏浚工程,例如,载于1929年第2卷第1期的

图 2-14　华北水利委员会主办的《华北水利月刊》第一期第一卷

《疏浚卫河计划书》《洣河浚治及其利用》，载于 1932 年第 5 卷第 7～8 期的《鲁建厅积极疏浚小清河》《导淮会计书疏浚张福河》，载于 1935 年第 8 卷第 9～10 期的《疏浚永定河三角淀北泓简易计划》《疏浚永定河三角淀中泓低水河槽及修筑中泓南堤工程计划》，载于 1935 年第 8 卷第 11～12 期的《呈全国经济委员会呈送疏浚永定河三角淀中泓低水河槽及修筑中泓南堤工程计划图表估单预算等仰祈钧鉴核奋令遵由》等。此外，还有《华北之水文》等期刊，也记载了华北水文动态。

在华北水利委员会的主导下，中国第一水工实验所成立。这是中国近代水利建设的里程碑事件。虽然中国第一水工实验所成立后被炸毁，但是其存续期间开展的试验项目和制订的试验计划，为日后天津水利治理的现代化发挥了独特的作用。华北水利委员会从海河全局出发，以天津为着力点，寻觅海河上下游水利一同治理。这区别于海河工程局、整理海河委员会、河务局、天津港务处等水利组织只针对天津河流区划一隅的水利治理方法。同时,华北水利委员会针对天津的水利治理问题,制定与实施了一系列水利治理规划,为天津地区水利建设的现代化做出了突出的贡献,产生了积极而又深远的影响。

四、淮河疏浚专门机构

导淮历史长达百年,经历数代。自清咸丰五年黄河改道北流山东入海,"导淮"的呼声便不绝于耳。清同治六年(1867),两江总督曾国藩创办导淮局。清光绪七年(1881),两江总督刘坤一执掌导淮局。1913年,北洋政府设立导淮局(次年改为全国水利局),拟定导淮计划并对淮河进行测量,但终因军阀混战,财力匮乏,遂于1926年停办。1929年6月20日,蒋介石召开导淮委员会(以下简称导委)第一次会议,并于7月1日在南京宣布成立导委。导委直属国民政府,掌理导治淮河一切事务,由国民政府特派或简派委员长、副委员长、常务委员、委员若干人组成,蒋介石兼任委员长。1935年7月,导委改隶全国经济委员会;1938年1月,改隶经济部;1941年9月,改隶水利委员会;1947年7月,又改隶水利部,更名为淮河水利工程总局。之后又改组为治淮委员会(以下简称淮委)。随着政府体制的变化,导委、淮委的隶属关系也在发生变化,专门负责治淮疏浚工作的疏浚机构也随之分分合合,历尽沉浮。

导委拥有淮河一号、淮河二号(见图2-15),这两艘抓斗式挖泥船是用减免"庚子赔款"的钱在英国建造的,1936年在上海移交给导委,当时负责接收的人员是赵仲灵工程师。导委将这两艘挖泥船及在上海购置的淮河三号抓斗式挖泥船组成机械疏浚队,赵仲灵任队长,但尚未开始正常工作,抗日战争爆发,导淮工作全部中断。

图2-15 英国制造的抓扬式挖泥船——淮河二号(1936年移交导淮委员会)

五、长江疏浚及长江水利委员会

　　总体而言,长江流域财力比北方强,航运需求也多,因此疏浚的工程规模稍大,情况也好一些。在此分为北洋政府和南京国民政府两部分,分别叙述。兹先介绍北洋时期长江上游川江第一次大规模炸礁事。

　　长江上游的川江,素以滩险流急著称于世。清末全民国初年,川江轮船运输业兴起,此段航道的槽宽、水深、曲弯半径及助航设施等越来越不能满足轮船的要求,急需整治。长江上游的川江素以川江(川路)轮船有限公司虽是中国人自己官商合办,其船长、大副等技术人员却多是聘请外国人(如英国人蒲兰田等,见图2-16),对川江航道条件提出符合近代轮船运输需求的改进建议,实始于外人。为尽快建立川江航道专门管理机构,加强长江上游的航政建设,1914年11月29日,时任海关副巡江工司的米禄司(S. Y. Mills)在蒲兰田(S. C. Plant)的协助下,乘坐蒲驾驶的"蜀亨"轮由宜昌上驶重庆,12月5日返回宜昌,对川江水道及其航运情况进行系统考察,其成果是《扬子江宜渝段考察报告》。同样由外国人主持的旧海关总署据此,决定在长江上游设置主管本段航道建设和管理事务的长江上游巡江工司。米禄司在报告中提出的川江航道建设意见就包括对危险较大的险滩,诸如红石子、崆岭滩、火焰石等12处险滩进行炸滩。[1] 在1915年海关总税务司安格联发布的第49号机要通令中,又一次提到了"由能胜任之工程司疏浚、消除航行危险物"。但是,海关总税务司自己并未从事这些工作。真正开展此项工作的,是当时的北京政府陆军部专设机构。[2]

　　1914年11月,川路轮船公司经理刘声元联合川江、瑞庆两公司,筹款2 000两,于1915年2月获交通部批准整治川江崆岭等滩,同年5月,呈请陆军部将川江整治作为军用航道工程(实际未严格区分军用或民用),收归官办。1916年4月,陆军部设立"修浚宜渝险滩事务处",委任刘声元为处长,负责全部施工事宜。11月,川江险滩以兴办军事交通名义进行整治,由陆军、财政、交通三部办理,川军工程队施工,经费概算20万元。1916年12月至1917年9月,宜渝段险滩第一期整治工程告竣,历时10个月,共整治大小险滩14处,水陆(岸)共炸石2.24万立方米,航道最低水深为8英尺(合2.44米),对轮船航行于川江甚为有利。

---

① 蔡勤禹等:《中国灾害志(民国卷)》,中国社会出版社,2019,第451-456页。
② 李鹏:《近代长江上游巡江工司与川江内河航政建设》,《长江文明》2018年第2期,第63-74页。

图 2-16　蒲兰田

资料来源：Gretchen Mae Fitkin. The Great River, Shanghai：North-China Daily News & Herald Ltd., Kelly & Walsh, Ltd., 1922, p114.

因川江滩险众多，整治工程浩大，非短期内所能完成，各方又于 1931 年 7 月 10 日，由海关、地方机构及航商代表共同成立了专门机构"崆岭打滩委员会"，一应事务基本由海关负责（重庆关）。经费依照上海、烟台等埠浚浦办法于当年 7 月 15 日开始征收，当年年底开始整治崆岭。

除此之外，北京政府时期，长江下游因远离统治中心，得到的关注较少。在长江下游方面，1918 年，江南水利局委任陈恩梓为吴淞江水利工程局局长，主持修浚吴淞江。工程分为 4 段：自小沙渡至梵王渡铁路为西段，小沙渡至义袋角为中段，义袋角至新闸桥为东段，新闸桥至外白渡桥为末段。前 3 段计划工程总长 9 313 米，合计土方 15.3 万立方米，经费 18.38 万元，1923 年工程告一段落。1924 年 8 月，新闸桥至外白渡桥段开工，工程长 3 000 米，用 4 艘挖泥机船分段进行，1926 年 5 月竣工，计挖土方 12.8 万余立方米。

长江水利委员会的前身是扬子江水利委员会。1921 年 12 月，扬子江水道讨论会成立，隶属内务部。1928 年 5 月，国民政府改组扬子江水道讨论会为扬子江水道整理委员会，隶属交通部。1935 年 4 月，国民政府将扬子江水道整理委员会、太湖流域水利委员会、湘鄂湖江水文站合并改组为扬子江水利委员会，隶属全国经济委员会并创办了季刊（见图 2-17）。1941 年，行政院首次成立水利行政专设机构——水利委员会，扬子江水利委员会改隶其管理。1947 年 5 月，水利委员会改组为水利部；6 月，扬子江水利委员会改名长江水利工程总局，隶属水利部。此建制一直延续到新中国成立。1949 年 12 月，中国共产党领导的新政权开始组建长江水利委员会。1950 年 2 月，长江水利委员会成立。[①]

图 2-17　扬子江水利委员会季刊

在太湖方面，民国建立以后，上海浚浦局、江南水利局、太湖流域水利工程处及太湖流域水利委员会等，曾提出"治理吴淞江初步计划""治理娄江初步计划"以及"太湖流域水利计划及实施大纲"等，但限于时局动荡和经费短绌，多为空文。1934年，南京国民政府统一水利行政，太湖水系治理由扬子江水利委员会接办，成为长江流域治理的重要工程之一，终于有一些实质性的疏浚工作，但规模都很小。1934年，在全国经济委员会的组织筹划下，交通部与江浙两省政府、上海市政府等各方代表共同商讨治理吴淞江办法，并达成疏浚吴淞江治理决议。如截掉盘龙港至虞

---

① 　彭清、阮景雯：《长江水利委员会初创记忆拾零》，《武汉文史资料》2018 年第 003 期，第 4-9 页；杨蕊：《长江水利工程总局研究》，河北师范大学，2013 年。

姬墩间的 3 处河湾,不仅可以极大地缩短航运里程,还更有利于江水下泄。该工程自 1935 年 3 月始至同年 10 月竣工,历时 8 个月,共用经费 12 万余元。至此,吴淞江水利问题终于得到解决。

1934 年,江苏省制定了"水利建设计划纲要",其中太湖流域主要工程包括:疏浚吴淞江;疏浚通江各港:疏通镇武、宣运河;整治丹阳练湖;疏浚赤山湖;在六合、溧阳、常熟、青浦等县浚河开塘。

1935 年,江苏省政府调整了 1934 年的治理规划,缩小了主河干道的疏浚数量,增加了各县负责的治理项目,并重新拟定工赈浚河计划。第一,疏浚镇武运河、宜溧运河、赤山湖等江南主要河道。第二,疏浚挖深各县河塘。在溧阳、宜兴、句容等 35 个县同时开展浚河开塘工程。此次工赈浚河共疏浚干河 340 立方米,出土 700 万立方米,征集工夫 7 万人,江南 27 个县共疏浚河道 80 余条,开塘 10 余口。这次治理工程极大地缓解了江南水利的失浚局面,"灌溉交通,均已深受其利"。

六、 黄河疏浚需求与黄河水利委员会[①]

纵观中国历史,历代都将治黄作为重要国务,设置治水机构。汉以后,国家还派专官负责。但历代河防,体制不一,时而合治,时而分治。通常在国家统一时取合治,在政治动荡、国家分裂之时,因无暇顾及治黄,乃采取分治模式。甚至统一朝代的不同时期也会采取不同的治黄模式,清王朝在治黄方面就经历了一个由合治到分治的历史过程。

晚清至北洋政府时期,黄河下游河防实行分治体制,河患屡生。清朝沿袭前代旧例,在朝廷设立工部,掌天下百工政令。河工虽隶属于工部,但河道总督直接受命于朝廷,工部不能干涉。河道总督以下,设文、武两套机构:文职机构设管河道、河厅、汛、堡,武职机构设河标、河营。文职司核算钱粮、购备河工料物,武职负责河防修守。两者职责也互有连带,期在互相牵制。文职管河道,设道员,以下河厅,由同知、通判充任,再下汛、堡由州同、州判、县丞、主簿、巡检充任。武职河标设参将、游击,河营由守备或协备统领,以下又有千总、把总、外委各武官。[②]

咸丰五年(1855),黄河从河南兰阳(今兰考县)铜瓦厢决口改道,兰阳以下故道断流。时值清政府镇压太平天国运动,无力顾及堵口,任河北流。咸丰十年

---

① 胡中升:《国民政府黄河水利委员会研究》.南京大学,2014。

② 黄河志总编辑室编:《黄河河政志》,河南人民出版社,1996,第 20 页。

（1860），第二次鸦片战争结束，清政府再次败于英、法，除战争耗费外，还要支付巨额的战争赔款。内外战争的消耗使清政府财政窘迫不堪，根本没有余力堵塞铜瓦厢决口。黄河改道虽冲断运河，影响漕运，但此时南北海运已通，堵塞决口、恢复漕运对于清廷已经不像过去那么重要。故在第二次鸦片战争结束的当年，清政府索性下令将"江南河道总督一职裁撤。沿河各道、厅、营、汛亦同时裁撤"[①]。次年，清政府将河东河道总督移驻开封，负责黄河事务。为减少人员开支，减轻财政负担，光绪五年（1879），清政府又有裁撤河东河道总督，将河务交豫、鲁两省巡抚兼理之议。经过多年争论，至光绪二十四年（1898）七月，清政府曾一度将河东河道总督裁撤。但是除减少河道总督 1 人外，其他人员并未减少，当年九月遂又恢复。至光绪二十八年（1902），清政府又将河东河道总督裁撤，将其应办事宜交由河南省巡抚兼办，黄河治理由合治走向分治。

实际上，在河东河道总督裁撤之前，黄河治理就开始走上分治模式。黄河自铜瓦厢决口北流后，直隶和山东已各自谋划对策。黄河改道后流经直隶濮阳、长垣和东明三县，治黄关系到直隶的切身利益。光绪元年（1875），直隶总督联合山东巡抚会奏，"以东南皆膏腴之地，国家财赋所出，关系国计民生甚巨，宜筑官堤束水，报可。即筑官堤六十里，设局营以修守之"。[②] 同年，直隶设东明河防同知，调大名漳河同知为东明河防同知，汛期调练军上堤防守。光绪六年（1880），大名府管河同知移驻东明高村，次年招募河兵成立河防营，并以大顺广兵备道兼管河道水利事宜，后复调练军管理黄河。北岸长垣、濮阳两县新修堤埝由地方自行修守。山东方面，铜瓦厢改道后，新河两岸初无堤埝。筑堤后，于光绪十年（1884）奏请在省城设立河防总局，由巡抚总领，负责办理河帑及岁修防守事宜，并于上、中、下游设立分局及 11 个河防营。光绪十七年（1891），山东巡抚奏请委派三游总办、会办各一员办理河务，成为定制。由此可见，黄河自铜瓦厢决口后，虽还设有河东河道总督，但下游河防已经各自为政了。民国初期至黄委会建立前，中国并没有一个统一的治黄机构，黄河下游的治理仍然由下游三省各自负责，延续了清末的分治状态。

1912 年，中华民国临时中央政府实行官制改革，各省总督、巡抚一律改称都督，黄河下游河务遂由豫、鲁两省巡抚及直隶总督兼办改为由河南、山东、直隶三省

---

① 黄河水利委员会黄河志总编辑室编：《黄河大事记》（增订本），黄河水利出版社，2001，第 123 页。

② 张含英：《黄河志·水利工程》（3），国立编译馆，1936，第 293 页。

都督兼管。由此各省治黄机构的设置、名称、组织系统等极不一致。1912 年 2 月,河南设开归陈许郑道和彰卫怀道,并维持清末的厅、汛、堡及河营等机构;次年 2 月,河南省改开归陈许郑道为豫东观察使,改彰卫怀道为豫北观察使,黄河河务由两观察使分别监理。3 月 19 日,又设立河南河防局,以马振濂为局长,总领河南黄、沁两河河务。5 月,将黄河南、北两岸所属的河厅改为两个分局、6 个支局及 8 个河防营,将管河的同知、通判改为分、支局长,都司、守备、协备改为河防营长。[①] 1914 年 1 月,河南河防局成立工程队。局长马振濂第二次改组支局和营的编制,组成十支局、十营。旋奉部令,"河工以工程为重,不应与营制牵混"[②]。河防局乃将下属 10 个河防分局和 10 个河防营改为 9 个分局、2 个工程队及 7 个支队。4 月,继任河南河防局局长吕耀卿将各支局改作分局,并增设阳封分局和阳封支队。沁河仍为民修民守,但沁工所受河防局的节制。1919 年,河南河防局改为河南河务局,各支队长改称工巡长。沁河改归官守,改沁工所为东、西两沁河分局,由河务局直接管辖。1929 年 9 月,河南河务局又改为整理黄河委员会。次年 4 月,复改称河南河务局。河务局下设总务、工程、财政三科,局下沿河分设上南、下南、上北、下北、东沁、西沁 6 个分局,分局下共设 23 汛。在山东省,1912 年官制改革时,将清代所设的河防总局裁撤,三游总办改称河防局长,会办、提调改称分局长。1918 年,山东省议会决议河务改组办法,将三游河防局裁撤,成立山东河务局,统辖三游河务,兼理中游工防事宜,上、下游各设河务分局。河务局设总务、计核、工程三科及秘书、总稽查各 1 人,工程科附设测量队,并在齐河、泺口各设料场 1 所。1928 年,山东河务局再次进行机构调整。

总之,自民国政府成立至黄委会成立前,豫、鲁两省治黄机构名称屡次更易。河南治黄最初由清末延续下来的道负责,后改为河防局、河务局、整理黄河委员会,最后又改为河务局管理;山东先撤销河防总局,改三游总办为河防局长,负责山东河务,1919 年设立河务局。此外,两省治黄机构的组织结构也不同,比如,同为河务局,其内部的设置不同、结构层级不同。1930 年,山东河务局实行的是局—总段—分段—汛四级制结构,而河南河务局是局—分局—汛三级制结构。两省河务局主管机关也不尽相同,山东河务局由该省政府直辖,河南河务局并非始终由省府直辖,"河务局长一职本系简任,直辖于本省最高行政长官,对于各厅向皆平行,自

---

① 黄河水利委员会编:《民国黄河大事记》,黄河水利出版社,2004,第 5 页。
② 刘于礼主编:《河南黄河大事记(1840—1985)》,河南河务局,1993,第 39 页。

张局长祥鹤到任,因与民政厅长鹿钟麟有旧属关系,行文用呈。又奉省政府指令,规定民政厅为直辖上级官署,此后遂沿为例,至十八年九月改组为整理黄河委员会时,始复旧式,不属民政厅管辖"①。

早在清末,就有人提出统一治黄的建议。1898年,陪同李鸿章考察黄河的比利时工程师卢发尔在《勘河情形报告》中认为,在详测全河、了解河情之后,"犹须各省黄河通归一官节制,方能一律保护,永无后患"②。北洋政府延续清末的河防分治体制,在治黄及河政管理方面没有太多作为。1918年,北洋政府内务部拟定《划一河务局暂行办法》,呈请大总统核准施行。该办法将直隶、河南及山东三省的治黄机构名称统一为河务局,规定各河务局管理所辖区域内治水工程及一切河务。次年,该办法陆续在各省施行,但黄河下游分省治理体制并未改变。此间,黄河不断决口,河患频仍。

洋务运动期间,针对频仍河患,部分河务官员采用西方近代治河技术治理黄河,取得一定的绩效。由于通商航行的需要,列强对中国的一些河道港湾进行了勘测和疏浚,加之一些西方人出于各种目的对黄河进行的"考察",从而使近代水利技术逐步在治黄中得以运用。晚清时期,引进西方水利技术治黄仅处于起步阶段,民国时期,水利新技术的应用逐步扩展开来。

黄河河工中最早使用的机械是挖泥船。光绪九年(1883),陈士杰奏言:"下游淤塞,水流不畅,疏通海口,当与修筑长堤相辅而行。查铁门关以下节节生淤,阻滞已非一日,臣拟派长龙舢板七号,并新造浚河船三十号,购到小轮船一号,各带混江龙、铁篦子前往铁门关一带逐段试刷。"③

光绪十五年(1889),山东巡抚张曜托外商订购的两只法国制铁管挖泥船运到黄河口,在黄河铁门关以下河口段试用。该船由法国厂商制造,吃水1.4米。由于当时河口段黄河水深不过尺余,挖泥船经常搁浅,效果不佳。光绪十七年(1891),改用轮船拖带传统疏浚机混江龙,可谓新旧合璧的疏浚机械。④ 民国政府成立后,黄河下游开始使用抽水机和虹吸管,用于灌溉和放淤。

国民政府成立后,国民党很快在形式上统一了中国,为统一治黄提供了必要条件。1929年1月16日,中政会第171次会议决定设立黄委会,并通过了该会组织

① 陈汝珍等编:《豫河三志》卷1,河南河务局印,1931,第1页。
② 《卢发尔勘河情形原稿》,载梁启超《李鸿章传》,中国城市出版社,2010,第260页。
③ 山东河务局黄河志编撰办公室:《山东黄河大事记(1946—984)》(内部资料),1985,第321页。
④ 水利水电科学研究院《中国水利史稿》编写组:《中国水利史稿》(下册),水利电力出版社,1989,第374页。

条例及委员人选。国民政府第 16 次国务会议嗣后通过并公布了《黄河水利委员会组织条例》及委员名单,特派冯玉祥、马福祥、吴稚晖、张静江、孙科、赵戴文、孔祥熙、宋子文、王瑚、李仪祉、李晋、薛笃弼、刘治洲、陈仪、阎锡山、李石曾为黄委会委员,以冯玉祥等为黄委会委员长,马福祥、王瑚为副委员长。由于缺乏经费,黄委会的筹建并不顺利。

黄河流域水旱灾害频发,而流域性治黄机关——黄委会却迟迟不能建立,极不适应治黄的现实需要。鉴于此,1933 年 4 月,中政会第 353 次会议决议,"黄河水利,关系重要,黄河水利委员会应从速组织成立,会址设于洛阳,原任委员长朱庆澜现有他种任务,请改任李仪祉为委员长、王应榆为副委员长,加派许心武、陈泮岭、李培基为委员,该委员会组织法,交立法院参照导淮委员会组织法拟订,决议通过"[1]。中政会第 357 次会议,以黄委会组织法尚未公布,乃令将所有测量、设计工作尽先着手进行,并通过办法四项,分交主管机关办理。5 月 31 日,中政会第 359 次会议议决黄委会改设于西安。6 月 28 日,国民政府制定《黄河水利委员会组织法》,规定黄委会直隶于国民政府,掌理黄河及渭河、北洛河等支流一切兴利、防患、施工事务。7 月,国民政府任命沿黄九省及苏、皖两省建设厅长为黄委会当然委员。次月中旬,黄河发生大洪水。

黄委会是治黄历史上第一个流域性水利机构,它的成立使黄河及其支流流域有了统一的治水机关,标志着黄河下游实施多年的河防分治体制的结束与黄河河政的初步统一。近代以来,西方水利技术传入中国,并在治黄中得到运用,使中国传统的治黄事业出现转机。在这一过程中,早期的水利"海归"们将所学带入中国,并在治黄中加以运用。

依据黄委会组织规模的变化情况及机构的完善程度,可将其发展分为两个时期:在黄委会初创时期(1929—1936 年),因经费不足,黄委会组织规模不大,委员会内部仅设置总务处和工务处两机关,没有常设的直属机构。1929 年 1 月,国民政府制定并公布了《黄河水利委员会组织条例》,规定"黄河水利委员会直隶国民政府,掌理黄河全部及其支流测量、疏浚、灌溉及一切防患、筹款、施工事务"[2],设委员长、副委员长各 1 人,委员若干人,委员会下设总务、工务、财务三处。但是,如前所述,因当时"因经费无着",该会当时并未成立。

---

① 《中央政治会议黄河水利会改任委员长》,《申报》1933 年 4 月 20 日,第 6 版。
② 《黄河水利委员会组织条例》,《交通公报法规》第 15 号,1929 年 2 月。

1933 年 6 月 28 日，国民政府公布《黄河水利委员会组织法》，规定"黄河水利委员会直隶于国民政府"，"设委员长一人，副委员长一人，特派；委员十一人至十九人，简派。委员长因不能执行职务时，由副委员长代理之"①。该法还规定，委员会下设立总务和工务两处。与 1929 年的组织条例相比，此次组织法的一大进步是取消了黄委会的"筹款"职能。黄委会作为治黄管理与专业技术机构，是一个具有行政性质的事业机关，由其承担治黄筹款任务，显然有些不太适当。不过，在黄委会内部机构设置中，撤销了原来组织条例中规定设置的财务处，将其主要职掌归入总务处，如此既精简了机构，又节省了开支。

黄委会为实施导渭工作，曾建立直属机构——导渭工程处。1933 年 4 月召开的中政会第 359 次会议，曾决定以导渭为治黄第一期工作。为完成这一任务，1929 年 9 月 20 日，黄委会委员长李仪祉命孙绍宗筹备导渭工程处。10 月 1 日，导渭工程处在西安正式成立，设处长 1 人，由黄委会委员长兼任。1935 年 2 月，导渭工程处被裁撤。

1934 年，国民党中政会第 413 次会议修正通过《统一水利行政及事业办法纲要》，交行政院与经委会会拟施行办法，后于中政会第 415 次会议决议修正通过《统一水利行政事业进行办法》，决定以全国经济委员会为水利行政总机关，包括黄委会在内的各流域水利机关，皆由经委会接管。国民政府遂于次年修正黄委会组织法。②

1934—1935 年黄河接连决口，灾害严重。因河政在黄委会初创阶段未能真正统一，1935 年 11 月，国民党四届六中全会通过了统一黄河水利行政组织案。翌年 10 月，中政会决议通过《统一黄河修防办法纲要》，规定"黄河治本工程及大堤修防事宜，统由黄委会秉承经委会主持办理，沿河各省政府主席兼任黄委会当然委员，协助黄委会办理各该省有关黄河河务事宜"；"黄河治本工程，由黄委会原设工务处掌握之，修防事宜由该会设河防处负责办理"；"现有各省河务局由黄委会接收，另就黄河形势分三大段，各设修防处，各修防处设主任一人，负责修守"。③

在黄委会的组织系统中，委员会是最高权力机构，下设总务处、工务处和河防处三机关，简称为"一委三处"。该会外部下设有直属单位，主要有河南修防处、河北河务局（河北修防处）、山东修防处、黄河上游工程处（黄河上游修防林垦处）、水文总局等。此外，该会还有一些临时设立的直属机构，如导渭工程处、林垦设计委

---

① 《黄河水利委员会组织法》，载立法院秘书处：《立法专刊》，第 9 辑，1934 年 2 月。
② 《黄河水利委员会组织法》，《外交部公报》，第 8 卷第 7 号，1935 年 7 月。
③ 黄河水利委员会编：《民国黄河大事记》，黄河水利出版社，2004，第 107 页。

员会等。

　　中国近代著名的水利专家李仪祉是黄委会第一位委员长,也是对治黄事业做出开拓性贡献的一位委员长。他两度留学德国,1915 年学成归国后,受张謇邀请,执教于南京河海工程专门学校,在该校掌教达 7 年之久。1922 年下半年,回到陕西,任该省水利局长兼渭北水利工程局总工程师,拟建引泾工程,并筹划兴修陕南和陕北水利。在担任陕西水利局局长的同时,李仪祉还先后兼任过陕西省教育局长、西北大学校长和陕西建设厅厅长等职。因陕西时局动荡、治水经费难筹,引泾工程无法施工,1927 年李仪祉离开陕西,先后就任上海港务局长、南京第四中山大学教授和重庆市政府工程师等职。1928 年,顺直水利委员会改组为华北水利委员会,李仪祉出任该会委员长。1929 年,任导淮委员会委员兼总工程师。1930 年,在主陕的杨虎城将军邀请下,李仪祉返任陕西省建设厅厅长兼省府委员,与北平华洋义赈会合作,复实施引泾工程。1931 年,李仪祉兼任国民政府水灾救济委员会委员兼总工程师;同年,中国水利工程学会成立,他被推举为会长。1932 年泾惠渠完成,他辞去建设厅厅长职务,专任陕西水利局局长。1933 年后,他又先后任黄委会委员长、经委会水利委员会常委、扬子江水利委员会顾问工程师等职。

　　1935 年 10 月,中政会批准李仪祉辞职,同时决议由副委员长孔祥榕代理委员长职务。次年 5 月,孔祥榕被正式任命为黄委会委员长,成为该会第二任委员长。1941 年 7 月,黄委会委员长孔祥榕任上病故,国民政府乃派万晋代理委员长职务。万晋代理委员长仅 1 个月,1941 年 8 月,国民政府特派张含英为黄委会委员长。张含英担任此职两年,是李仪祉后又一位为治黄做出重要贡献的黄委会委员长。1943 年 8 月,张含英被免职,国民政府特派赵守钰担任黄委会委员长,他是国民政府的最后一位黄委会委员长(赵被免职后,黄委会改组为黄河水利工程局)。

七、 珠江地区航道的治理与发展

　　近代前期,珠江流域引进新技术主要是修建一些规模很小的灌溉工程(如云南宜良县、弥勒县和广东乐昌县的一些灌溉面积很小的灌渠系统)。真正系统地治理珠江是民国以后,因为珠江下游水灾加剧,屡次威胁广州城的安全,广东省这才请示北洋军阀政府后,主要依靠自己的力量于 1914 年设置了一个治河处。1915—1919 年,广东治河处最主要的工作是在珠江各干支流进行西洋方法的水文测量并编制水文实测报告（见图 2-18）。

图 2-18　英皇家海军、帝国水文部等绘珠江西江三水段航道图(1861—1927)

资料来源：澳大利亚国家图书馆：MAP Braga Collection Col./2

1920 年和此后一段时期,治河处聘请了上海浚浦局总工程师海德生、瑞典人柯威廉等进行局部的施工计划和实际的动工兴修。除了筑堤坝防水、建现代化的水闸节制洪水和排涝以外,确实也有疏浚广州航道、陈村河道、韩江上下游河道并建筑黄埔港、汕头各处码头的计划,但因预算太多,实际上不可能实行。真正实行的计划,是比较传统的筑堤防洪工作,航道疏浚只是小规模进行,主要有韩江上游凿除险滩工程(完工)、疏浚陈村附近航道(部分完工)、疏浚韩江进出口水道(大部分未完工)和东西溪开河计划(绝大部分未完工)。

1923—1937 年全面抗战爆发前,治河处对珠江北支沙面至黄埔港一小段(即珠江前航道)又进行了整治工作。与疏浚有关的主要是炸礁和挖沙。共计炸礁13 100 立方米,疏浚挖沙 385 000 立方米,主航道疏浚至最低水位时水深 4.6 米,黄埔港外大沙头、暗涌应保持在 3 米水深以下。此项工程经费共 967 万港币。至于1917 年测绘并打算施工(实际因经费不足拖延到 1935 年 3 月至次年 1 月第二次测绘结束后于 1936 年 4 月才动工)的珠江后航道,也在全面抗战爆发前基本完工(1937 年以后的收尾工程交给黄埔开埠公署续办)。此项工程规模更小,共计用经费 281 万港币,主要是改良圆岗沙北岸航道、大石浅沙、大尾湾上下航道、广州内港界水道。陈村河道项目施工密集的时期为 1933 年,主要是疏浚古坝、半浦老鼠岗等地,其余计划疏浚地点实际因经费不足,没有完工。

1936 年 10 月,珠江水利局成立。此时该局主要注重的是修建防止水潦(洪灾)的堤坝而不是疏浚。原计划中与疏浚有关的是甘竹滩炸礁工程,实际未执行。全面抗战爆发后,珠江水利局制订了许多徒具形式的计划。实际实施的都是一些规模很小的灌溉工程。如梅县梅西渠、昌乐西坑、仁化渐溪、曲江枫湾水、台山县禾雀陂、马坝中陂等。唯一一座库容 120 万立方米的(在当时已经算大型水库)老狱水库从 1944 年兴修以后,断续施工到 1948 年年初才完工,但当年 5 月就被山洪冲垮了。珠江水利局真正取得较大成效的工作成果出现在广西,主要是桂系控制的广西省政府向中国、中央、交通、中国农民四大银行借款,与珠江水利局兴修农田水利。两期借款共法币 1 250 万元,扩大灌溉面积 110 万亩左右。至于战时航道疏浚,主要是为了国防需要。在资源委员会、国防委员会、国防部等统筹下,国民政府长江水利委员会组织了湘桂水道工程处;华北水利委员会则组建柳江工程处;珠江水利局改为负责办理左右江、韩江上游、黎溪航道疏浚,也负责派测量队设计红水河、红河、贺江整治计划,实际没有多大效果。

抗战胜利后,东莞明伦堂主持过怀德水库的兴修,但解放前输水隧洞一直没打通,并无效益。联合国善后救济总署向珠江水利局转交了一些器材和粮食,这也不是用于疏浚,而是修复堤坝和给灾民发救济粮。1947 年夏季珠江洪灾以后,宋子文等组织了广东省堤防工程委员会负责堵塞决口和修复堤防。1948 年 7 月至次年 1 月 16 日,珠江水利工程总局主持清理了 1840 年为鸦片战争国防需求沉入水中和修建起来的排桩石坝,又将沥滘航道疏浚到 3.49 米深,这是珠江流域在解放前的最后一次有限疏浚。①

在上游广西,1933 年,民国广西省政府组织成立了广西省治河委员会,统筹规划全省河道整治工作。左江疏浚委员会同时成立,专门负责左江河道的疏炸整治工作。次年 4 月,广西省政府成立了广西水利工程处,隶属于省农林局,专司全省水利工作。1935 年 2 月,水利工程处并入新成立的技术室,有关水利工程的勘测、设计、管理等事务,均归技术室办理。1936 年 1 月,撤销技术室,有关水利事务,复并入建设厅分科办理。1935 年 7 月,广西省政府还组织设置了农村水利勘测队,制定工作标准,将全省划分为 8 个勘测区,全面开展全省农田水利工程勘测工作。

八、 其他疏浚的相关机构

(一)运河工程局与整理运河讨论会

大运河北起北京,南达杭州,长 1 700 公里,贯通冀、鲁、苏、浙四省,为人工所成之最长水道,对于南北运输,尤为重要。

北洋政府时期,沿运河各省设立有运河局,从事运河治理。1918 年,督办运河工程总局于天津设立,山东济宁则设立分局。该局根据与美国广益公司订立之运河金币借款合同,专办河北、山东两省运河工程事宜。后因借款用罄,1922 年以后即停顿。1920 年,复就江苏筹浚运河工程局,改组为督办江苏运河工程局,1927 年以后,仍归省办。浙江亦设运工局。运河沿岸四省虽各设有机关,而各分界域,乏通盘筹划之规模,致河身淤淀日甚,航运几废。

由华北水利委员会发起并商同导淮委员会、黄委会、太湖流域水利委员会,商定征求沿运河四省建设厅意见,合组讨论会,并议定办法,其名称即整理运河讨论会。由四水利委员会与四省建设厅共同合作,并由各机关每月各拨国币 100 元,为

---

① 　蔡勤禹等:《中国灾害志(民国卷)》,中国社会出版社,2019,第 451-456 页。

合聘总工程师一人之薪俸及其他应需费用,其专司搜集资料,调查研究,并统筹设计,且各段测量、绘图、设计等,均由合作机关随时派员协助办理。

(二)西湖工程局/工巡局

民国建立后,地方当局很重视对西湖的疏浚和管理。1917 年,西湖浚湖局改为西湖工程局,隶属于省会工程局,开始采用机器来疏浚淤泥。但由于浙省政局不稳,财力匮乏,这一时期西湖治理基本废弛,"仅稍加整理而已"。西湖淤塞严重,水位极低,特别是里西湖和长桥一带全是芦草,外西湖的游船航道也需立竹竿做标记方可通行。直至 1927 年杭州建市后,"庶政革新,建设事业,尤有突飞猛进之势",西湖工程局裁撤,疏浚西湖事宜由省会工程局和市政府工务科负责,设有经常浚湖工人 30 余名,机器挖泥船 2 艘,捞草机船 2 艘,小船 18 艘,每日约可挖湖泥及捞除水草各 110 立方米。鉴于市财政拮据,从 1936 年起,在征工服役工事中,列入浚湖工作,以加强疏浚效率。

(三)浙西水利议事会

民国时期,浙江全省水政趋于统一。民国四年(1915)成立浙江水利委员会。民国十七年(1928)成立的浙江省水利局,先后颁布了堤防岁修、闸坝抢修、修复堰塘沟渠、乡镇水利分会章程等规章制度,由各县政府建设科分管水利,配备水利技术人员 1~2 人负责规划设计、督查水利工作专区和县两级水利,先后由道台、行政督察专员公署下属的建设部门和县公署、县政府设置的实业科、建设科兼管。地方上依不同需要成立了一些民间的或官民合办的水利组织,辅助官府处理水利事务。它们的主要职责是筹集水利经费、审核工程预算、建议水利计划、实施项目审议和监察等。社会水利组织主要有三种形式:一是按流域划分,跨县跨专区联合组建的水利议事会、参事会。如民国五年(1916)成立的浙西水利议事会[①],1927 年以后,各县公署改称县政府,设秘书、民政、财政、教育、建设等科,水利归建设科执掌;1931 年,成立按流域组织的 5 个区水利议事会负责瓯江、飞云江、鳌江三水系的水力开发,因经费困难,翌年停止活动。此外,如抗战胜利后组建的各江河流域水利参事会等。二是官府出面组织的各县和乡镇水利委员会、水利协会或水利分会。三是民间的各种小型工程水利董事会。1937 年,日本侵华战争全面爆发,浙西各

---

① 丽水市莲都区志编纂委员会:《丽水市莲都区志(上)》,方志出版社,2018,第 317-318 页。

县先后沦陷,省府各机关内迁处州。次年,裁撤省水利局,并入省农业改进所,莫定森任所长。所内设农田水利股及农田水利工程队,办理后方各县农田水利事宜,掌理农田灌溉、排水工程之测勘与实施,调解农田水利纠纷,预防水旱灾工程之调查与计划,兼及水文测量、统计、气象观测,等等,驻地松阳城关太保庙。1940 年,改组农田水利股为农田水利科,改组农田水利工程队为农田水利工程处。此后,水利由省农业改进所直接领导,农田水利股负责实施。1947 年,浙江省颁布乡镇水利协会章程,各县先后成立乡镇水利协会。

（四）山东南运湖河疏浚事宜筹办处

1855 年,黄河夺路大清河入海,截断和淤塞了运河。自清光绪末年漕运停止,鲁境运河无人过问,年久失修,任其淤塞,航运之利尽失。民国初年,南运河自十里铺（黄河南岸）至安山一段,长 30 公里,受黄河侵淤,船只不通;安山至济宁一段,长80 公里,因戴村坝年久失修,石工渗漏,水源缺乏,除七、八月涨水期间外,均不能通航;济宁至南阳镇一段长约 50 公里,河漕渐深,尚可通行小船;南阳镇以南,湖泊相连,航运渐开。北运河清光绪年间基本废弃。

民国以来,曾于 1914 年设山东南运湖河疏浚事宜筹办处,旧址在济宁塘子街,潘馥任总办,兼办山东水利。该机构进行了一些勘测规划工作,内部出版过一册《山东南运湖河疏浚事宜筹办处第一届报告》,存世量很少。1924 年,山东南运湖河疏浚事宜筹办处改组为运河工程局,负责督导水文测验,孔令榕任局长。其办公地点由济宁迁至济南,隶属于山东省建设厅。北伐战争开始后,停办。1930 年恢复,继续进行了一些勘测、规划设计和有限的治理工程,如整理泗河、修理戴村坝、疏浚北运河计划和试验性的工程等。

1934—1935 年,山东地方、南京国民政府黄河水利委员会等协同办理重新疏浚陶城埠至临清段运河、引黄济运等,一度通航,未能持久。1938 年日寇侵占聊城,黄河以北至临清运河遂再次成为废河。

（五）闽江工程局

民国时期,福州航运业的发展得益于闽江航道整治和港口码头设施完善。1919 年 6 月,闽海关成立修浚闽江工程总局,为海关直属下级机构,专事疏浚闽江南台至马尾一段河道。其经费出自海关附加之浚河捐。同时成立工程处,开始整治闽江下游航道。1928年6月,修浚闽江工程总局收归省有,继续进行航道疏浚。1932年,修浚闽江工程总局改称福建省政府修浚闽江工程局,不久又改名为"闽江工程委员会",除继续修浚台马段河道外,兼办南北港工程。至此,经过10余年时间的整治,闽江下游长期以来泥沙淤积、退潮时江港不通得以改变。抗日战争开始后,闽江航道疏浚工作停止。

(六)韩江治河处

1921年,潮汕地方一些工商界人士及地方官员鉴于韩江河道淤塞、水旱患频繁,倡议组织治河机构。当年6月6日,各界代表300多人在汕头总商会召开筹备会,成立疏浚韩江筹办处。9月15日,筹办处改名为"韩江治河处",并呈请广东省长公署备案;10月15日,经省署批准并发给印章;11月15日,宣布正式成立,成为潮汕地方第一个专设治水机构。治河处性质属于官方支持的民办机构,其决策机关为评议会,设评议员30人,成员由筹备会推举产生,大部分为当地政界和海内外商界知名人士,如李锐渊(潮阳县长)、王雨若(汕头市政厅长)、陈秉元(省议会议员)等。治河处总理方养秋、协理廖鹤洲也由筹备会选举产生。治河处内设总务、文牍、财政、工务四股,并设驻潮州办事处,共聘用职员40多人,其中工程技术人员约占1/4。

1921年11月15日,韩江疏浚治理动工,不久即完工。共计开挖了赤涝新河400米,挖深潮阳后溪6 666米,凿除和炸掉梅河马口滩、晒未滩、丈八门等处礁石等,又在韩江下游秀才、崎坎、鲤鱼、鳌头、蓬头、石厝、赤涝、东溪浦、口厝等地实施了裁弯取直工程,共用经费20万银元。

韩江治河处成立后即组织力量对韩江下游堤围河道进行全面勘查,随后又派员前往上游进行查勘,还先后聘请英、荷工程师白励志、柯仑阵、胡礼氏等前来指导拟定整治韩江规划。根据勘查结果,治河处首先安排培修下游多处堤围,接着即集中力量对汕头航运要道梅溪和蓬洞运河进行整治疏浚。以后,又派员前往韩江上游测量河道和指导修筑梅县竹桐坝、羊角乡等地堤围,招工爆凿上游几处石滩。此外,治河处还派员到潮汕沿海各县查勘,拟定整治韩江东、西溪出口河道,饶平黄冈城改良河道,疏浚潮阳后溪、澄海莲阳溪、潮安浮洋水道和开凿揭阳金坑引水等工程计划书10多份(其中有几项已由当地组织施工,也有一些只有计划书而绝大部分没有完工的),为开拓潮汕水利事业做了不少工作,甚得社会好评。

治河处经费的主要来源是在韩江湘子桥上、下游向过往盐船抽取盐捐,于1922年3月开征。本地盐商每100公斤收0.6元,外地盐商减半,每年收入十二三万元,除去人员薪金和行政管理费用,有七八万元用于治河工程。此外,治河处还发行过省善后公债进行募款,共发出债票8.8万多元,实际只收到2.86万元,其余都被办理债票的县财政所动用。韩江治河处成立8年后,1929年9月被广东治河委员会接管,变成官办治水机构广东治河委员会潮梅分会。方瑞麟任分会主席,谢松南、陈元英为委员,内设工务、总务、财务三科。至1932年7月,分会领导班子改组,由罗翼群、翟俊千、方瑞麟任常务委员。嗣后,方瑞麟辞职,由陈耀坦接任。分会经费仍来源于盐捐,至1932年6月停止征收,共收入40万元,以后由省拨给。

潮梅分会成立后,继承治河处未竟事业,除继续整治梅溪外,还组织疏浚澄海新港河道,开凿大埔、梅县河道石滩,修筑各县属堤坝10余处。因行政经费开支比治河处增加,分会实际用于治河工程的仅占1/4左右,因此举办工程不多,后期全靠省拨给经费,兴办事业更少。

1936年10月,省治河会改为广东水利局,潮梅分会也相应地改为广东水利局潮梅办事处。1937年10月,广东水利局改称珠江水利局,隶属于全国经济委员会领导。12月,珠江水利局在汕头设驻汕办事处,编制10人,其中技术员3人,主任黄国梁。其职守主要是技术指导和协助解决地方水利纠纷事宜。1938年8月,汕头沦陷,驻汕办事处撤往梅县,工作实际处于瘫痪状态,直到1945年8月日寇投降始返回汕头,恢复工作。越年因省另派出韩江工程队到汕并主持复堤工作,办事处职能相应缩小,只负责联系地方围董会和处理一些水政工作而已。至1947年春,为避免机构重叠,珠江局遂决定将驻汕办事处撤销,人员并入韩江工程队,只留下主任一人作为珠江局派驻汕头专员,负责协助工程队开展工作。至此,驻汕办事处遂为韩江工程所代替。

韩江工程队是抗战胜利后珠江水利工程总局派驻韩江流域的工程技术队伍(同时成立的还有东江、西江、珠江3个工程队),编制32人,由李梦生任队长,于1946年3月进驻潮安,其主要职责是从事工程勘测设计、施工,同时配合地方做好堤防防汛、岁修工作。当时,联合国救济总署拨给广东省一批救济物资(主要是大米),帮助各地修复受战争和灾害破坏的设施,广东省为此成立复堤委员会。韩江工程队首要任务是修复堤围,工程经费由复堤委员会拨给,因此,同时挂"广东省复堤委员会韩江监理区"招牌,由队长兼任监理区主任,一套人马、两块牌子,两个机构①。

(七) 小清河治理工程局

小清河治理的正规管理机构始建于民国时期。1921 年,小清河上游出现淤积。为防止雨季泛滥,政府决定发行"利济奖券"来筹集治理小清河的资金,最终筹集资金约 12 万元。1922 年,北洋政府决定成立小清河工赈局,用筹集的款项来疏浚小清河上游。疏浚工程结束之后,小清河工赈局裁撤。因此,小清河工赈局只能说是为了治理小清河临时设立的一个管理机构,不是完全意义上的小清河治理的常设管理机构。1926 年,山东设立小清河疏浚工程局,自沿河十县筹款对小清河进行局部治理。1928 年,北伐军进军济南组建山东省政府后,由山东省建设厅呈报省政府,建议重新成立小清河工程局,负责治理小清河及其支流、湖泊,开发水利,修建闸坝,水文测量等,并下设总务科、工务科。这一小清河治理机构直到1937 年日本全面侵华后,山东省政府被迫南迁而停止运作。

1938 年,日本扶植的山东省伪政权建立小清河管理处,其职责和民国时期的小清河工程局相当。小清河航运在日本侵华期间也成为日本掠夺中国资源的重要河道和工具,主要是掠夺华北所产的盐。1940 年,小清河航运由日本直接控制的华北交通株式会社管辖。在这个时期,小清河管理的目的更是集中为日本掠夺资源服务,其治理微乎其微。

1946 年年初,济南铁路局下设水运处,参照日本占领时期兼管小清河船舶的做法,在济南北关火车站建立济南营业所北关分所,对小清河支流西泺河靠近北关车站的太平湾进出船只进行管理。与此同时,山东省水利局呈请省政府批准,在山东省水利局下设小清河航运管理处,对小清河航运事物进行管理。但由于经费紧缺等原因,直到国民党败退台湾,也未见有具体治理措施。甚至到 1949 年中华人民共和国成立时,小清河依旧保持着清光绪时期整治后的模样。真正属于人民的小清河治理工程局,是 1955 年在中国共产党的领导下成立的。其虽然不改旧称,但性质已经彻底改变②。

(八) 宁波南塘河疏浚工程筹备委员会与宁波湖工局

南塘河是沟通鄞县城区与西南乡的主要通道,也与宁波西南各乡农业生产和

---

① 汕头市水利电力局:《汕头市水利志》,广东科技出版社,1994,第 336-337 页。
② 路延捷:《小清河航运史话》,济南出版社,2008,第 96-101 页。

居民生活密切相关。因年久失修，导致洪水灾害频发，民众深受其苦，因此急盼整治疏通，但鄞县政府对南塘河整治并不热心。在此情况下，当地人士范翊够、冯丙然等先后倡议疏浚南塘河。冯丙然派技术人员详细测量启文桥到天乐亭之间的河道淤积和损坏情况，为南塘河浚治工程做前期准备。1924 年 4 月，成立疏浚南塘河工程筹备委员会，推举张传保为主要负责人，制定投标章程和施工细则。

南塘河疏浚工程从 1924 年 5 月开工，1928 年 3 月全部完工，历时近 4 年之久。该项工程从鄞江镇潭开始到鄞城长春门止，全长 20 多公里，工程耗资银元 16 万元。南塘河疏治完工后，又因南濠河为南塘河末段，属于交通要冲，而且南濠河同样因年久失修而淤塞，于是又集资清理南濠河，在江河间开凿沟道排泄污水。这次对南濠河的疏浚，除清理河道淤泥之外，又用石块砌筑河堤，并在河边建筑凉亭。南濠河修浚工程历时两年，修治费用 2.6 万余元，鄞县政府未曾拨款，主要靠民众捐助。这一时期宁波市区除浚治南塘河、南濠河之外，还有对位处横街头至西门鄮西桥间的中塘河的浚治。1926 年，由宁波当地私人捐献银元和收取沿河田亩捐总计 7 万元作为疏浚中塘河的资本，对全长 13.2 公里的中塘河进行疏浚。经过数年努力，中塘河不仅得到疏浚拓深，而且整砌了从集士港至望春桥两岸 7 公里长的石坎，1931 年中塘河浚治完工。

20 世纪 30 年代是宁波河道疏浚的高潮期，除中塘河得到疏浚外，1930 年还有风岙市河道、朱桑河道、芦浦江、仲夏河道、马家堰河道、牛尾漕河道、陆家漕河道、惠明桥河道以及钱河等 10 余处河道得到疏浚。1931 年有王家漕河道、五港下西河等 10 余条河道得到疏浚。1932—1933 年，又有鹤山河道、石龙漕河道以及竹家庄河道等 20 余处河道得到疏浚。

抗战胜利后，宁波地区疏浚河道工程的数量虽然大为减少，但仍有部分河湖得到浚治，较为典型的浚治工程为：1946 年为改造仲夏畈，新开河道 2 条；1947 年继续疏浚西塘河，并修沿江旧堰闸，疏浚南塘河支流，清理它山堰积沙等。这些工程，各有民间集资、协调机构。

清光绪十八年（1892），因东钱湖淤积，由鄞县人张祖衔发起疏浚，但事未成而卒，而后由其弟子忻锦崖继承先师遗志，奔走呼号，历 20 年之久，直至民国二年（1913）由镇海富商陈协中捐以巨资，于青山寺成立湖工局，先浚梅湖，后及全湖，历时 3 年。[1]

---

① 乐承耀：《宁波农业史》，宁波出版社，2013，第 313-316 页。

第三章
抗战时期疏浚业状况及战后接管与机构改制
（1937—1949）

第一节　抗战时期疏浚机构的运营变化（1937—1945）

一、日本占据海河工程局

《马关条约》签订后，日本在天津设立了治外法权的专管租界，成为日本在中国设立最早、规模最大的一块租界地。天津日租界为日本航运业的发展以及日本对华贸易的增长奠定了基础。1937年卢沟桥事变，7月30日天津沦陷，海河工程局陷入瘫痪。然而，为了及时解决水害，海河工程局迅速恢复了工作。日本军方也因此意识到海河工程局的重要性，在其董事会和其他部门逐渐安插日方人员，取得了海河工程局的控制权。受太平洋战争与恶性通货膨胀影响，日据时期海河工程局的业务和财政情况日益艰难，特别是日本军事当局经常根据自身需要干预工程局的人事安排、工程规划，随意将船舶设备投入军事运输，极大地干扰了海河工程局的正常经营。虽如此，不论是董事会治理模式的延续、总工程师独立性的保证、公债偿还的继续，还是海河工程局"公益法人"性质的保留，都体现出相当的延续性。总体来说，日本对海河工程局经营管理的影响应该是破坏与继承并存。从1937年天津被日本占领到1945年日本投降，海河工程局进入日据时期，这段时期各种天灾人祸不断，海河工程局在困境中艰难运行。

（一）人事调动

日据时期，海河工程局的组织架构与之前没有太多的变化，仍是由外国领事团首席领事、天津海关税务司代表、天津海关监督、天津洋商总会会长、轮船公司代表等 5 人组成。但是，为了有效控制海河工程局，使之更好地为日本方面服务，董事会中的日籍人员名额逐渐增多。在 1938 年 3 月 3 日召开的第 419 次董事会会议上，堀内取代英国人 Affleck 成为外国领事团首席领事，之后一直到 1945 年，领事团代表一直由日本人所把持。同年，日本人三角和矢彦泽先后担任轮船公司代表。1937 年，日本人控制海河工程局后，迅速启用温世珍取代孙维栋成为天津海关监督。温世珍曾经在北洋政府供职，北洋政府垮台后其与日本特务土肥原勾结，并发动了 1931 年 6 月的天津暴乱，"七·七事变"前夕又担任了平、津两地和冀东一带的军事情报工作。天津沦陷后，他被日本人扶持成为天津市长，并于 1937—1939 年充任天津海关监督。1940 年之后，这一职位先后由亲日分子郭立志和秦中行担当。

1941 年 12 月 8 日，太平洋战争爆发。次年 4 月 17 日召开的第 432 次董事会明确指出，将英国籍天津海关税务司代表和天津洋商总会会长逐出董事会，并且进一步将其他部门中的英国人逐出，形成一个由日本人和中国人构成的新委员会。因此，天津海关税务司代表 Myers 在 1942 年被黑泽取代，并先后由日本人黑泽、石井、小山田担当，原轮船公司代表 Peacock 被驱赶后则由于没有合适人选而闲置。之后，1943 年 1 月 12 日召开的第 434 次董事会提出，之后的董事会代表由之前的 5 名减少为 3 名，原来的天津洋商总会会长代表因太平洋战争而撤销，而闲置 1 年的轮船公司代表也不再设，故而之后的董事会管理以外国领事团首席领事（董事长）、天津海关税务司代表和天津海关监督为主，完全成为日本人的天下。

除了董事会外，在直接与业务相关的四个部门，即总务及测量部、工厂与船坞部、挖河部以及海河部等部门，日籍人员的数量也逐渐增加，从打字员、电报员、会计到各部门的监督、副监督等职位都有日籍人员。特别是在太平洋战争爆发后，海河工程局中的日籍员工增加明显。在任命日籍员工的过程中，也曾受到过其他董事会成员质疑，但是通常日籍领事团首席领事的意见最终占上风。以秘书长的任命为例，原秘书长 Campbell 于 1940 年准备辞职，对于接任者领事团首席武藤和海关代表 Myers 有异议，武藤推荐 D.K.K 天津公司的主任三角为秘书长，而 Myers 则认为曾经担任过秘书长、现为 Campbell 副手的 Evans 更合适。最终武藤的提案占了上风，在第 430 次董事会会议上三角被任命为新的秘书长，而 Evans 继续为三角的秘书。相对于其他部门,总工程师则一直由崔哈德担当,直到日据时期结束,日本工程师始终没有取代崔哈德的地位,仅在 1938 年由日本领事馆推荐日本内务省工程师柳泽在海河工程局供职,且提供给柳泽工程师与崔哈德相当的工资水平。总工程师这样重要的职位一直由崔哈德担任,体现了海河工程局"技术至上"的原则,也在一定程度上保证了海河工程局业务开展的一贯性和稳定性。

(二)业务开展

日据时期,海河工程局的主要工作仍然是破冰、疏浚、填埋、裁弯取直、管理万国桥的开关,以及日常调查和对堤坝与河岸的维护等。不论是对于挖泥船还是破冰船,煤炭都是非常重要的资源,而日据时期,特别是太平洋战争后,缺少煤炭成为制约海河工程局业务正常开展的关键因素。同时,1937 年和 1939 年两次大洪水,也给海河工程局业务的正常开展造成了很大的阻力。

日据时期,除了个别年份以外,冬季的天气状况大多不错,破冰工作难度并不大。海河工程局所使用的破冰船全部由江南造船所建造,在处理冰凌时,有 6 艘船在海河与大沽沙航道巡航,遇到小的冰凌将其撞碎让其随着潮水流动流出大沽沙航道,遇到较大的冰凌则爬上冰块通过船头船尾依次抬高切碎冰块。除此之外,破冰船还有拖船的功能,帮助拖拽船舶防止船只被冰卡住。如果船只不幸被困,破冰船还有及时解救船上人员、为其输送食物或燃料的功能。最后破冰船还承担了冬季导航和进行及时播报冰况的职能。海河工程局对冰况的广播通常从 12 月开始,直到 2 月底冰凌全部消失才结束。1936 年年末至 1938 年年初,天气温暖,加上 1937 年的洪水将冰块冲入海中,没有形成冰堆堵塞河湾。1938 年到 1941 年年初,天气温暖,虽然形成了冰凌,但是并未对航道形成太大的破坏,破冰工作持续了一月余就结束了。日据时期,冰况较为不好的年份是 1941 年年底到 1942 年年初,气温骤降导致海河河道形成了很多冰块,潮水下降冰块又不能被冲到海里,1941 年 12 月 29 日就开始了冰况预报,直到 1942 年 2 月 24 日才结束。1942 年和 1943 年,冬天又较为温暖,冰凌没有对河道形成太大的危害,特别是 1942 年年末到 1943 年年初,天气异常温暖,破冰船只进行了一个月的破冰工作就结束了。1944 年年底至 1945 年年初,是日本统治的最后一年冬天,当年冬季气温骤降,破冰形势变得非常严峻,冰块聚集在河湾处,阻碍了船舶的通行。由于缺乏煤炭,破冰船无法正常作业,加上为了缓解收入压力,"通凌"号、"飞凌"号和"没凌"号 3 艘破冰船先后外借,冰况直到 1945 年 2 月 26 日才逐渐好转。1945 年,"通凌"号破冰船触雷沉船。

对海河工程局来说,最重要的任务是疏浚河道,通常一年至少有 3/4 的时间在进行疏浚,即"一季破冰,三季疏浚"。疏浚工作通常在海河和大沽沙航道进行。大沽沙航道的疏浚工作主要是由耙吸式疏浚船"快利"号进行施工,1937—1943 年,"快利"号平均年工作小时数为 1 953 小时,疏浚数量达到近 21 万立方米。日本为满足军事侵略的运输需要,加速对大沽沙航道的疏浚工作,1938 年,日方也增派链斗式挖泥船"第一阪神丸"和"野回丸"参与疏浚,但是进展缓慢。为此海河工程局于 1940 年花费 380 万元向日本日立造船所定制一台新耙吸船"浚利"号,并于 1943 年 8 月开始参与到大沽沙的疏浚工作中。由于效率的提高,"浚利"号在 1943 年只工作了 738 个小时,疏浚量就达到了 18.5 万立方米。从 1943 年开始,煤炭资源供应紧张,"快利"号和"浚利"号的疏浚能力受到影响,工作小时数骤减。在海河航道,工程局则利用链斗式疏浚船,包括"北河"号、"西河"号、"高林"号和"新河"号,进行疏浚工作。日据期间,共计疏浚 328 万立方米,1937—1943 年,平均每年疏浚 43.2 万立方米。1944 年和 1945 年,由于严重缺少煤炭资源,疏浚工程受到很大的影响,1944 年疏浚 21.6 万立方米,而到 1945 年剧减至 4.5 万立方米。日据期间,除了 1945 年外,从海河挖出的泥土中 95%～100% 被用于吹填洼地。吹填的范围既包括天津市内的使馆区、马场道、湖北路、西湖饭店,也包括特别三区池、塘沽和大直沽等地。对于接受委托进行吹填的情况,海河工程局通常对此收取费用,因此吹填也成为海河工程局的一项重要收入来源。

万国桥对于日本租界非常重要,大桥开启时 2 000 吨以下的海轮可以直接进入日本租界,对于租界的经济发展有着重要作用,在建成之前,日本政府就投资了 110.2 万元建造钢筋混凝土码头。万国桥自 1927 年 11 月建成以来一共开启 2 500 次,平均一年 250 次左右,日本控制海河工程局后,万国桥开启数量明显增加,仅 1937 年一年内,就开启了 442 次,1938 年更是增加到 998 次。不仅如此,工程局专门设置了一笔维持万国桥正常运转的经费,每年检查桥体的状态,进行维修和养护工作。从 1937 年 17 221 元增至 1941 年 91 869 元,1942 年和 1943 年由于经费不足,万国桥维持费降至 35 752 元。日本统治的最后两年,由于财政紧缩,材料严重不足,便无法再维持桥体的维修工作。

为了防止水流对堤坝的冲击作用,早在工程局建立之初就注重对堤坝的保护工作。在比利时租界河岸用柳条排维护堤坝,并在坟地裁弯处植柳树。日本统治后,仍然有柳苗厂土地资产共计 4 000 余元。而花费在柳树种植上的支出,则从日据初期的 927.13 元增至 1945 年的将近 6 000 元。其最初是将柳条捆成柳把子,围绕在护岸原有的木桩上,并逐年更换木桩和柳把子。1940 年,只使用了 6 930 捆柳把子,到 1942 年由于缺少经费,则不再使用木桩,而是直接用柳把子保护河堤,一共制作了 36 130 捆柳把子,其中有 1 600 捆直接代替了木桩加固堤坝。该年的护岸支出也达到顶峰,约为 2.3 万元。到日据的最后一年,财政严重缺乏,已经无力修补堤坝了。

(三) 经营状况

从 1937 年日据时期开始,到 1945 年结束,海河工程局总共召开了 31 次董事会会议,仅 1938 年一年就召开了 9 次之多。每次的董事会会议都详细讨论工程局经营所遇到的问题及解决办法。在每年的董事会会议中,一般有一次主要讨论上年的财务情况和下年的预算问题,1943 年之前,一般是在 3～4 月份,之后则安排在 6 月份。为了控制海河工程局的财政,日本方面充分利用了在津的横滨正金银行。1893 年,横滨正金银行在上海设分行,以后又陆续在大连、北京、青岛、天津等地开设分支行。横滨正金银行本来是经营国际汇兑和存放款业务的普通国际汇兑银行,然而,随着日本对中国侵略的加深,横滨正金银行成为日本方面有利的金融控制手段,配合日本侵华的国策,在东北和华北扩展金融势力。早在北洋政府时期,横滨正金银行就在包括天津、上海、青岛和汉口等地发行过正金钞票,企图扰乱中国金融市场。日本占领天津之后,日本方面逐步接管了中国海关,并要求将天津海关的关税存放于横滨正金银行。1938 年 5 月 2 日,在东京签订的《关于中国海关的协定》规定,"日本占领区各海关所征一切关税、附加税及其他捐税,应以税务司名义存入正金银行"。由于海河工程局的主要收入来自关税收入,日本银行实际上控制了海河工程局的收入来源。不仅如此,海河工程局的存款也被逐渐转移到横滨正金银行。1939 年,海河工程局存放在横滨正金银行的存款有 129 万,存在汇丰银行的存款为 281 万。自 1940 年开始发生逆转,存放在横滨正金银行的款项增至 187 万,汇丰银行的存款降为 154 万;到了 1941 年,存放在横滨正金银行的存款已经达到近 300 万。太平洋战争之后,海河工程局已经不再把存款存放在汇丰银行,海河工程局的所有资金被存放在横滨正金银行。通过对关税和存款的控制,日本将海河工程局的财政牢牢把握在自己手中。

之后,日本进一步控制了海河工程局的财政决策权。关于财务事宜,之前通常由天津海关税务司代表、名誉会计和秘书长做最终决定。1941年,太平洋战争爆发之后,英籍员工被驱逐出海河工程局,英国籍名誉会计Peacock被迫离职,由于海关税务司代表和名誉会计都是日本人,海河工程局的财政决策权实际上被日本人所把持。1944年,第438次董事会会议决定,今后财政事宜由天津海关税务司代表一人做最终决定。总起来看,在日据时期,受接连不断的战争及国民政府滥发纸币造成恶性通货膨胀影响,海河工程局的财务状况一直比较艰难,虽然通过与各方的交涉获得了一些新的收入,但是这些新增收入并不足以抵消大额的支出。

二、 战时的浚浦局

抗日战争开始后,浦江两岸战乱频发,浚浦局的船舶设备受损严重,疏浚工程全面停顿。日军利用黄浦江航道作为入侵的跳板,给上海人民带来了深重的灾难,严重破坏了黄浦江航道,直至1945年8月15日抗战胜利,这种情况才得以结束。

（一）人事变动

1938年2月,俄籍港务长特贝克(P. I. Tirbak)退去浚浦局董事局局长一职,改由日籍港务长杉山弥六(Y. Sugiyama)担任。同年5月,日方派来江海关监督李建南兼充浚浦局局长。

1941年,太平洋战争爆发,英、美等国对日宣战,浚浦局甚至江海关都落入日方之手。江海关英籍税务司罗福德(L. H. Lawford)被卸去浚浦局和江海关之职,改由日籍税务司赤谷由助(Y. Akatani)充任,后由小山晃田一(K. Oyamada)、谷冈胜美(K. Tanioka)、卢寿汶(Lu Shou Wen)、黑泽二郎等担任(J. Kurosawa)。日籍港务长、浚浦局局长先后由杉山弥六(Y. Sugiyama)、井泽沏(T. Izawa)继任。总工程师由日籍海军大佐藤泽宅雄担任,中国籍总工程师薛卓斌为额外总工程师,继续开展疏浚工程。太平洋战争之后,顾问局已不复存在,浚浦局一切行政、人事、财政、工程等大权,皆为日方所控制。

（二）业务开展

1937年8月13日,日本向上海发动进攻后,浦江两岸战乱频发,浚浦局的船舶设备尽遭掠夺,疏浚工程全面停顿。日军利用黄浦江航道作为入侵的跳板,给上海人民带来深重的灾难,严重破坏了黄浦江航道。1937年8月14日,"建设"号停泊在杨浦上海皂厂附近浮管上,被流弹打中,1名三副和1名工人中弹殒命。随着战火越来越烈,上海人民陷于水火之中,浚浦局也深受影响。

战乱之时,日本帝国主义置黄浦江急需而不顾,扣留并强行"租"用大批船只去日本,上海浚浦局损失惨重。1938年10月28日,上海《申报》称:"上海浚浦局被日方所扣挖泥技术船,计有建设、海马、海龙、海虎、测量船等大小十艘。兹是项船只,日方迄未允发还。近以黄浦水流及航路均已引起重大影响,淤泥日积,致河床日狭,近岸之处,吃水较深船只,在落潮时,已难拢岸。且转瞬冬季,潜水期一到,则影响尤巨。该局总工程师薛卓斌续请外人转向日方交涉放还扣船,因该局经费均向由中外航轮征浚浦捐而得,实具有国际性也,惟该局自各船被扣,已提出交涉多次,此次能否获效,殊无把握云。"此外,时任浚浦局董事局成员江海关税务司罗福德(L. H. Lawford)、顾问局美籍主席鲍威尔(P. H. Bordwell)双双出面,力争无效。黄浦江长期无挖泥船疏浚,影响外轮出入港。很明显,日方的行为触动了其他利益相关方的利益,平衡被打破了。

同年11月26日的《申报》上,上海美国商业联合会、比国马主华商会、英国在华商业联合会,以及上海加拿大、丹麦、法国、挪威、瑞典等国商会或协会等联名宣言称,"……各自电达其本国政府,请求对日本在中国之垄断行为,作有效之抗议"。其中,特别强调"浚浦工具应即交还,俾使上海仍能在航行上维持其国际商埠之地位"。

然而,时隔两年之久,经驻沪各国领事及各国使节,通过外交途径向日方反复交涉,直至1939年年底,日方方陆续交还"建设"号、测量船"利量"号、链斗式挖泥船"海龙"二号、吹泥船"海象"号和"海鲸"号等20余艘大小船只,但仍有50余艘尚未交还。值得一提的是,归还这些船只的交换条件,就是要任用日籍海军大佐藤泽宅雄为浚浦局副总工程师,小林素夫为局长秘书。经浚浦局当任董事局成员江海关英籍税务司罗福德(L. H. Lawford)、俄籍港务长特贝克(P. I. Tirbak)、顾问局美籍主席鲍威尔(P. H. Bordwell)、英籍顾问戴维思(L. J. Davies)协议商定,答应日方的交换条件。由此,浚浦局虽得回部分疏浚船只,却接受了日本人来浚浦局任职的现实。

1940年年初,浚浦局用归还的部分船只,陆续恢复疏浚工程,然而船只装备太少,大型疏浚船"建设"号又被日方强行占用,因而不得不租船开展浚浦工作。战乱

时期,黄浦江码头 8 年的挖泥量仅为 240 万立方米,为 1936 年一年挖泥量的
88.5％。日战的影响,可见一斑。

（三）经营状况

抗战期间,浚浦局入不敷出,资金消耗殆尽。进出港口的船只与吨位数直线下
降,对外贸易明显大幅降低。1937 年,浚浦税收入呈断崖式下降。

除力求节俭开支外,开源是增收的主要手段之一。为恢复已废除的税率,1942
年 7 月 7—8 日,浚浦局分别向总税务司、汪伪财政部呈报《恢复转运复进口及转口
土货局收》称:"1931 年本局以土货复进口税。业经中央明令废除……军兴以还,
本局税收税减。无如物价飞腾……凡此诸端,节无可节。局长等再回思维,彷徨无
策,惟有先行恢复征收轮运复进口及转口货浚浦税,俾可稍裕局收。"自 1942 年 10
月 12 日起,转口货物又重计征浚浦税。同年 10 月 26 日,经征轮运复进及转口土
货浚浦捐"虽经恢复征收旧税率,仍难弥补收支不平衡的缺口"。当局认为提高浚
浦税率亦是提高收入的有效手段(见表 3-1)[1]。

表 3-1　浚浦局 1936—1942 年收支表

年　　份	平均月收入/国币元	平均月支出/国币元
1936 年	509 027.44	201 670.62
1937 年	455 877.63	248 901.11
1938 年	243 477.07	154 449.00
1939 年	360 124.93	264 782.74
1940 年	613 948.96	448 564.63
1941 年	728 881.66	828 438.29
1942 年 1—7 月	542 425.73	1 443 584.98

1943 年,汪伪政府收回租界。5 月 25 日,汪伪财政部部长对于浚浦局呈请函
中"近税收锐减,支出浩繁,收支相抵,不敷甚巨"表示认可,并同意提高税率的请
求,同意"准令到之日起,将现行浚浦税率提高至关税 10％,免税货物每值千元改

---

[1]　1943 年,国民政府行政院财政部关务署指令秘字第 2 号文件称,"为据江海关呈拟,对于国内邮包暂
免征浚浦捐。照准"。见浚浦局税费收支情况,WPC Vol.192。

抽五元"，批准提高浚浦税率①。自 1943 年 6 月 1 日起，执行新税率②，海关发出通告，"江海关为改订浚浦捐捐率定期施行，自 6 月 1 日起，改订为征税货物按照税率 10% 纳捐，免税货物从价 5‰ 纳捐"。浚浦税率骤然从 3% 直接升至 10%，免税货物从 1.5‰ 到 5‰，涨幅如此之大，覆盖面之广，令人咋舌。自此，浚浦税总额进一步加速攀升。

第二节　日方投降后的接管与管理体制的变迁
（1945—1949）

一、海河工程局的两次接管

日本投降之后，国民政府派人接管了海河工程局。在国民政府接管期间，海河工程局的董事会制度转变为以局长为首的机关制，同时其性质也就由公益法人转变为事业单位。虽如此，海河工程局"技术至上"的基因仍然被保留了下来。在国民政府接管时期，经济形势严峻，受资金紧缺和燃料不足的影响，海河工程局疏浚与破冰业务时断时续，正常生产难以维持。与此同时，随着通货膨胀的恶化，海河工程局员工的生活面临极大困难，为了争取相关权益，海河工程局员工与管理层之间发生了严重的冲突，并在 1946 年发生了罢工，此次罢工涉及当时政治、社会、企业各个部门，被认为是"规模较大、冲击国民党当局比较有力的群众斗争"之一。天津解放前夕，在中国共产党地下党的领导下，海河工程局员工竭诚合作，保证了局内的财产在 1948 年后被顺利接管。

（一）海河工程局的改制

1945 年 8 月，日本接受《波茨坦公告》，宣布无条件投降。9 月 30 日，国民政府允许美国陆战队第三军团在塘沽登陆，并授权美军在天津接受日本驻军投降。受降的同时，国民政府立即着手对沦陷区敌伪物资予以接收。而在实际接收过程中，

---

① CRB 中央储备银行的存在时间：1941 年 1 月至 1945 年 8 月。
② 自 1943 年 6 月 1 日起，全面执行新税率的函和通告，Imports and Exports：Dutiable Goods charge 10% of customs duty，Dutiable Goods passed free charge 10% of duty leviable，Duty Free Goods charge 10% of 5% of value，Treasure charge $0.45 per $1000. Memorandum No.69，Collection of Conservancy Dues，WPC Vol.192。

军队、政府、中央与地方同时插手，导致各地接收机构林立，仅天津就有 23 个之多。9 月 5 日，陆军总司令部成立了党政接收计划委员会，同时各省市亦成立了党政接收委员会，由各战区军事长官主持。9 月 30 日，"天津市党政接收委员会"正式成立，其职责是接收和清查天津市敌伪财产，天津市工务局局长杨豹灵接收了海河工程局，成为海河工程局首任局长。1946 年 3 月 15 日，水利委员会任命前华北水利委员会委员兼总工程师徐世大担任海河工程局局长，杨豹灵调任天津市租界清理委员会委员。1947 年，由于处理罢工问题不当，徐世大辞职，向迪琮继任海河工程局局长，直到新中国成立前夕。

1946 年，国民政府对海河工程局的隶属问题进行了探讨，当年 10 月 14 日，国民政府第 2648 号令颁布了《海河工程局组织条例》，其内容如下：

"第一条，海河工程局隶属水利委员会，掌理海河及其海口水道之改善，并有关工程规划实施事宜；

第二条，海河工程局置局长一人，荐任，综理局务，并指挥监督所属职员；

第三条，海河工程局设左列各科，分掌事务：

第一科，掌理工程查勘测绘设计实施及其他有关土木工程事项；

第二科，掌理万国桥机械修理厂及与水利有关之灯塔标识船舶机械工程事项；

第三科，掌理文书印信出纳庶务及材料之采购保管，并不属其他各科事项；

第四条，海河工程局置技术主任一人，荐任；秘书一人，科长三人，技正三人至五人，荐任；技士六人至八人，技佐八人至十人，科员八人至十人，办事员六人至八人，委任；并得酌用雇员五人至九人；

第五条，海河工程局置会计主任一人，荐任；会计佐理员二人或三人，委任。依国民政府主计处组织法之规定，办理岁计会计统计事项；

第六条，海河工程局置人事管理员一人，依人事管理条例之规定，办理人事管理事务；

第七条，海河工程局于必要时，得呈准水利委员会，聘请专家一人或二人为顾问；

第八条，海河工程局于必要时，得呈准水利委员会，聘请专门人员五人至七人，研究并计划有关业务，前项专门人员为无给职；

第九条，海河工程局必要时，得呈请水利委员会，设置测量队、工程处所、挖泥船队、破冰船队、海口疏浚队、材料厂及机修修理厂，其规程由局拟定，呈请水利委

员会核定之;

第十条,海河工程局办事细则,由局拟定,呈请水利委员会核定之;

第十一条,本条例自公布日施行。"

由此可见,海河工程局的性质由公益法人变成了政府体系中的一个机构。虽如此,但是其部门设置与之前并未有太大的变化。特别是在人才的任用上,除了办事员和会计佐理员是委任之外,其余人员大多以"荐任"为主,注重专家和专门人员的聘用。不仅如此,1946—1948 年年末,总工程师仍由日据时期总工程师崔哈德担任,只是名称从"总工程师"改为"技术主任",可见任人唯贤和"技术至上"的基因保留了下来。1948 年 1 月 9 日,国民政府公报对《海河工程局组织条例》进行了修正,内容大同小异,只有两条稍有区别:

"第五条,海河工程局置会计主任一人,荐任;会计佐理员二人或三人,委任;依法律之规定,办理岁计会计统计事项;"

"第七条,海河工程局于必要时,得呈准水利委员会,聘请专家三人至五人为顾问。"

海河工程局人才紧缺的问题凸显出来。

从档案材料来看,自抗日战争胜利海河工程局被国民政府接管后,原有的"中西合璧"的用工模式开始发生转变,洋人逐渐减少,但是总工程师依旧由崔哈德担任。直至 1949 年,崔哈德请求海河工程局考虑其超过 10 年未休长假,并按照合同规定(每工作 4 年 3 个月可以带薪休假 9 个月,工程局支付崔哈德薪水及其与家属回国的往返路费)准其携带家属返乡 9 个月。后经水利局批准,崔哈德获得返乡经费。

(二) 业务开展

国民政府接管海河工程局后,海河工程局仍对大沽沙进行疏浚和维护。1945 年,由于煤炭资源缺乏,"快利"号和"浚利"号两艘挖泥船直到 4 月才开始工作。"快利"号因为承担了新港的挖掘工作,5—6 月份被调离大沽沙航道。7 月份由于锅炉蓄水管渗透,"浚利"号不得不再次停止工作,直至年底也未复工。受到战事和资源缺乏所累,"快利"号在 8 月 17 日也停止挖泥。战后,由于得到美军当局的煤炭供给,"快利"号得以在 10 月 31 日复工。由于无法对挖泥船进行冬季维修,"快利"号直到 1946 年 4 月底才开始工作,6 月 22 日至 7 月 14 日的罢工运动影响了疏浚业务的开展，"浚利"号直到9月才开始工作，全年仅工作3个月。1947年，"浚利"号更多地承担了大沽沙航道的疏浚工作，从4月1日开始工作直到11月15日，共挖出泥沙30万余立方米，"快利"号从5月开始在大沽沙挖泥，8—9月份之后主要在新港疏浚。总体来说，1947年情况转好。1948年，大沽沙疏浚情况再次恶化，由于财政紧缺、煤炭质量低下和工人情绪不佳，6—8月这3个月大沽沙疏浚工作完全停止，全年"快利"号和"浚利"号总共工作时间不到1 000小时，疏浚量跌至98 642立方米。

海河工程局在大沽沙的疏浚工作，缓解了大沽沙航道的淤积情况。1946年年初，大沽沙航道深度为1.52米，3月份的标志深度为1.22米，仅3个月，大沽沙航道内的泥沙就淤积了0.3米。到1946年11月，海河工程局将大沽沙航道疏浚后，航道深度才恢复至1.52米。1947年，受水流冲刷影响，大沽沙航道的南线逐渐变深，但是北线的淤积越来越严重。1947年5月，海河工程局决定将大沽沙航道再次向南移动22.87米，经过疏浚，到当年11月，淤积情况得到改善，大沽沙航道的标志深度达到2.74米。1947年度，大沽沙航道的深度为2.44米。虽然，海河工程局曾打算开辟新航道，但由于经费有限，终究未能施行。1945年，为了节省成本，只有"高林"号一艘挖泥船工作，且只有3—6月和10—11月共半年的时间工作。1946年，由于煤价疯狂上涨，"西河"号只工作了12天，由"高林"号和"北河"号时断时续地工作，全年共挖泥129 300立方米。1947年和1948年情况有所好转，1947年"高林"号、"西河"号和"北河"号3艘挖泥船从事挖泥活动，疏浚量为237 420立方米，吹填工作则由"中华"号和"燕云"号两艘共同完成。1948年，除了8月煤炭短缺无法工作外，挖泥船全年工作，共挖出泥沙217 270立方米。

国民政府时期，海河工程局的疏浚和吹填工作受到很大影响，主要原因来自以下几个方面：其一，时值战后，时局动荡，"快利"号在1935年3月17日就曾被美军战斗机机关枪射穿；其二，各种资源，特别是船舶所必需的煤炭资源经常性不足，挖泥船无法正常工作，且可获得的煤炭质量不高，锅炉压力过低，挖泥船的效率也无法完全发挥出来；其三，海河工程局财政情况不佳，挖泥船的冬季修理工作无法及时跟进，因此疏浚工作经常推迟到4—5月份才开始，且断断续续，效率不高；其四，1946年的工人罢工运动也影响了疏浚业务的正常进行，工人复工后情况并没有好转，一方面，工人的劳动时间从原先的每天10小时减少到8小时，另一方面，工人情绪不佳，工作效率一直不高。

国民政府接管时期,海河冬季结冰情况整体上不严重。由于"通凌"号破冰船在 1945 年触雷沉船,因此 1945—1946 年,只有"工凌"号、"清凌"号、"开凌"号、"飞凌"号、"没凌"号 5 艘破冰船参与破冰业务。1946—1947 年度冰况较好,1946 年 12 月 19 日后,气温回升,运输船、拖船和驳船没有遇到严重的航行困难。1947 年 11 月 25 日,海河开始结冰,但是并未影响航行,12 月 15 日开始,天津气温降至零下 14.6℃,冰凌积聚在河湾处,船舶无法从塘沽行驶至天津,急需破冰船支援,随后 1947—1948 年破冰业务正式开始。但是,"没凌"号和"飞凌"号两艘破冰船被国民党军队调至葫芦岛工作,而"工凌"号破冰船则调去接送在天津港协助船舶进出的引水员,只剩"清凌"号、"没凌"号两艘破冰船勉强维持从大沽沙航道、塘沽到天津的破冰业务。由于破冰船严重不足,每次寒流到来,都需要花费 2～3 周的时间才能确保河道畅通。为此,海河工程局先后向天津航运协会和轮船招商局租用"孟通"号拖船和"民生 107"号登陆艇参与破冰业务。但是,"孟通"号拖船、"民生 107"号登陆艇并没有发挥太大用处,"孟通"号拖船工作半日就因推进桨被冰磕坏,入船厂修理,之后未再参加工作;而"民生 107"号登陆艇在撞冰时,仅数回合便甲板裂隙,船身受损,亦不敢再尝试撞凌工作。海河工程局在年报中说,"这就表现出撞凌工作不是普通船只所能担任的"。1948 年 1 月 10 日,解放军占领了葛沽等地,切断了海河水路通道,"清凌"号、"开凌"号只维持塘沽、大沽航道的破冰工作。1 月份虽然温度较低,但河口至塘沽始终能维持通航。2 月 18 日天气变暖,海河工程局停止破冰。国民政府接管期间,海河工程局的破冰船经常被调往外地破冰。如 1947 年海河工程局的破冰船就被借调到秦皇岛破冰,"据开滦矿务局电告秦岛气候日寒,港口冰块凝结迅速,有封港可能……查天津现有破冰船几艘……迅予赐"。1948 年,海河工程局的破冰船再次被借调到葫芦岛港进行破冰。破冰船的借调一方面受国民政府调度的影响;另一方面,海河工程局的破冰业务已经日益成熟,北方其他港口虽然不像天津港会冬季封港,但是也有两个月的不适航期,为了节约成本,向海河工程局借调破冰船是最佳的选择。因此,海河工程局实际上已经成为北方破冰的主要承担者。

(三) 海河工程局工人运动及中国共产党对海河工程局的保护与接管

1946 年 2 月,海河工程局工人的生存环境严峻,一方面,其工资为 1 700～4 000 元,另加玉米面 22 斤、面粉 44 斤,与当时日益严重的通货膨胀相比,工人无法维持最低生活水平,特别是局方无理由地延迟支付工资,3月份的工资拖到4月份才发放,由于通货膨胀日益严重,工人的实际购买力被严重降低了;另一方面,工作的时间被无故延长,不仅每日工作10小时,而且没有休息日。为此,从1946年5月30日开始,海河工程局工人为正当权益开始请愿。海河工程局职业工会派代表向该局请愿,提出以下七项要求:

一、每人每月最低工资十万元并加面粉半小袋;

二、工作时间八小时,因业务特殊须超过限时者按加班论;

三、中午饭应规定为一小时,不得用轮流制;

四、每晚留守船员及火夫等应给加班费,次日必须休息;

五、假日留守人员应给加班费;

六、星期日加班亦得给加班费;

七、工作时间应以日为单位计算,如有其他工作亦得以加班论。

对此局方的答复是:

一、工人工资根据四等借支,特一级至六级每月六万元加面粉半小袋,七至八级五万元加面粉半小袋,九至十五级四万九千元加面粉半小袋,十六级以下及临时工四万元加面粉半小袋;

二、自6月1日起工作时间改按新办法实施;

三、工人不得干涉厂方派员执行职务,工会亦不得干涉本局行政事务;

四、福利委员会筹办合作社,工会应推代表参加;

五、端午节发给每人面粉半小袋;

六、加班费每小时按所得工资的1/200计算。

由于局方的答复没有达到工人的要求,6月5日,海河工程局职业工会召集会议,决定做出一些让步,最低工资定为每月6万元,加面粉半小袋,但是遭到了局方的拒绝。6月13日,天津市国民党党部、天津市社会局进行了调解,局方和工会达成一致,局方答应给工人增薪至57 050元。但是,14日,局方又公布了《技工新旧等级工资对照表》,工资等级实际被降低,职业工会代表质问局方,而局方拒绝答复。工人到社会局请愿,社会局再次召集海河工程局代表开会,局方仍然对工人的要求不做回答。21日,工人再次向社会局请愿,社会局把问题推回给局方。原本协商性质的请愿行为,在相互推诿中逐渐发展成为涉及多方的群众运动。

22日,工人公推宋文清、宁忠强、李鸿起、李鹤庆4人为代表,并有工人300余人,到海河工程局公事房请愿。4名工人代表质问局长为何迟迟不答复工人的各项要求,时任局长徐世大不仅拒绝答复,反而破口大骂,勒令工人代表滚出去,工人代表当即严词反驳。局长恼羞成怒,持桌上茶杯向工人代表掷去,又举起座椅向工人打去。在场的第三科长刘礁、秘书俞嘉澄亦扑打工人代表。4名代表不得不自卫抵抗,痛打局长、科长和秘书。双方对打五六分钟之久。此时,突然有30余名警察持枪闯入局长室,不问青红皂白地将4名代表押解警察六分局。工人见代表被捕,尾随追去。这时迎面又跑来30余名警察持枪阻拦工人,并向工人开枪,打伤10余名工人。工人群众不怕威胁齐集在第六分局空场,要求释放工人代表。不久警察局局长李汉元亲到现场,武装驱散工人。23日,4名工人代表被送往警察总局。同日,海河工程局一方面电请天津市警察局,迅速派警察分驻各修船厂,严加护守,以防工人破坏船厂;另一方面,致电天津市政府,请求严究主使者,惩办肇事工人,以维法纪,而儆效尤。24日,工人代表又由警察局送往地方法院检查处,海河工程局局长徐世大强令该局小孙庄机械修理厂停工,同时天津市政府将海河工程局的事件密电国民党行政院和水利委员会。25日,天津警备司令部兼司令牟廷芳电令稽查处,对海河工程局工人罢工斗争要迅速"查缉主使要犯归案"。26日,国民政府水利委员会委员长薛笃弼为海河工程局的事件急电天津市长张廷谔,电称:"工人聚众殴伤长官,殊属不法已极,应请严办肇事工人,并对该局严予保护。"7月1日,国民党行政院电令天津市长张廷谔,电称:"天津海河工程局养(22日)晨被工人数百名包围……查工人包围办公处所,殴打主管长官,妨害治安,该市府应将肇事工人查明,依法惩办,并妥为保护,仍将办理情形电复为要。"

24日,为了解救被捕的工人代表,海河工程局职业工会旋即发表宣言,呼请社会同情并给予援助,同时,工会呈文天津市政府,揭露海河工程局局长徐世大自3月16日到任以来,欺压工人,玩忽职守,反映工人要求改善待遇被厂方拒绝而引起冲突经过情形,请求释放被捕工人,严惩祸首徐世大。25日,天津市海河工程局职业工会印制《海河工程局职业工会6月22日上午十一时与局方冲突详细经过记录》《海河工程局职业工会由5月30日起,至6月22日止发生工潮历次交涉经过记录》《由三十五年三月十六日徐局长到任给予工人待遇》等3份传单,向天津各厂工会散发,揭露真相,请求支援。26日,全市各职业工会137个单位在总工会开会,商讨援助办法,并决定于29日在总工会大礼堂召开海河工程局工会后援会成立大会,支持和声援海河工程局工人的斗争。27日,天津海河工程局职业工会为该局局长徐世大违约背信、压迫工人、下令封闭修理大厂,造成全厂停工呈文警察局,请求释放被捕工人,严办祸首徐世大。29 日,海河工程局职业工会后援会,在多伦道总工会举行成立大会,来自 73 个单位 130 余名代表参加会议,大会选出第一发电所、自来水、电信局、旅馆业、和记洋行、邮务、颐中烟草公司、饭馆业、电灯、制材等 11 个单位的工会代表为后援会委员,主持后援会的一切工作。会议决定海河工程局被捕之 4 名工人如在最近二三日内不得释放,该会将采取有效行动。7 月 9 日,天津海河工程局职业工会向国民党北平行营主任李宗仁呈文控告该局局长徐世大违约背信、压迫工人、封闭修理大厂,造成严重停工,并请求释放被捕工人。

最后,迫于工人的压力,天津警备司令部抓捕了压制工人的海河工程局管理人,释放了被捕工人,并同意工人提出的下列要求。11 日,工人复工。

天津海河工程局职业工会呈文天津市政府、警察局,提出六项要求:

一、待遇问题要求依照津市各国营事业之工人一律平等;

二、6 月 22 日受伤人员治养伤费及被捕工人之损失费国币 100 万元由局方担负;

三、各部门不得借故裁撤任何工人,包括被捕之四名工人在内;

四、对公历 1930 年以前入局工人补助的养老金,至退休时请由局方承认,按退职时所得之薪金全数计算照发;

五、双方误会时期所有之一切损失,由局方负担;

六、以上之第一条应由 3 月 16 日徐局长到任时起计算。由 5 月 11 日起至 5 月 30 日每日工作 10 小时、星期日不休息之全月加班费应加算之。

这场罢工不仅是工人和局方之间的矛盾,斗争升级后,双方都在社会上寻找支持力量,社会局、国民党党部、警察局、法院、天津市政府和国民党北平行营,虽从表面来看,作为矛盾协调方应该是中立角色,但是他们和海河工程局隶属的水利部属于同一套系统,实际上代表的是局方的利益。为了争取正当权益,职工会利用了社会和舆论的力量,联合天津各个单位及其工会进行抗争,并最终取得了成功,成为天津工人运动,乃至全国工人运动的重要组成部分。

早在抗战期间,共产党在天津一些大型工厂企业中积蓄了一定力量,有些工厂和企业的工人运动就是由中共地下党组织的,中共地下党的活动也在海河工程局逐渐开展。1947 年,中共地下党员周昶到小孙庄船厂任副厂长,后因特务告密而离开。1947 年 7 月 6 日,在天津中共地下党领导下,李秉谦、赵光谦和骆群创办的"读者书店"开业,这个书店遂成为天津市中共地下党活动的据点之一,以供应进步书刊和传播进步思想为主要任务。1947 年冬天,海河工程局员工冯国良、王广甲、丁联臻、赵金修参加了"读者书店"组织的进步书刊读书会。1948 年,冯国良加入了中国共产党,成为海河工程局第一名共产党员。同年春天,海河工程局成立了中共地下党小组,冯国良具体负责在海河工程局开展相关工作。至 1948 年 7—8 月,海河工程局又组建了中国共产党的外围组织"新民主青年工程师学会"。直至1949 年 1 月天津解放,海河工程局地下组织不断地运用外围组织,团结爱国力量,展开对敌斗争与自我学习。

1948 年,海河工程局的中共地下党组织根据上级指示采取了护局、护厂的工作。具体形式是:第一,散发解放军宣言所明确要求的保护国家财产、立功受奖等政策传单,号召工人坚守岗位,保护海河工程局财产;第二,知识分子向海河工程局骨干人员讲述政策,要求他们保护全局的设备、文件、资料及档案;第三,组织骨干船员劝导其他高级船员保护好船只设备;第四,派人通知小孙庄机械修理厂厂长配合天津解放,保护相关财产,并组织小孙庄机械修理厂工人护厂。

1948 年 10 月 10 日,解放军总部发布了"打倒蒋介石,解放全中国"的号召,至12 月,天津已经处于解放军的包围之中。国民党军队担心解放军踏冰攻入市区,强迫海河工程局派出破冰船在新开挖的护城河内破冰,企图阻止解放军过河。海河工程局中共地下党在得到该消息后,通过统战对象说服破冰队队长以强调船舶需要修理为由,拖延破冰业务实施的时间。同时,说服和组织船员敷衍、搪塞,与敌周旋。国民党军队带人强行登上"工凌"号破冰船,强制开展破冰业务,当破冰船行驶至城防附近时,受到解放军的阻击,险些造成海河工程局的人员伤亡。中共地下党趁此动员船员到局中哭诉请愿,拒绝开船。海河工程局地下党组织的周密工作有效地保护了该局的船舶、设备、房屋、文献资料等财产。

1949 年 1 月 15 日,天津解放,中国人民解放军天津区军事管制委员会成立。次日,天津区军事管制委员会派水利接管处副处长赵朴等人接管了海河工程局。海河工程局被接管后不久,又被移交到华北人民政府华北水利委员会,并对海河工程局的人员、船舶设备及其造价等进行了详细的登记,共成表 120 张。其时,海河工程局在册职工总数为 854 人,其中行政人员 65 人,技术人员 40 人,船员及工人726 人,其他人员 23 人。同时,有挖泥船、吹泥船 9 艘,破冰船 5 艘,拖轮、煤水船、泥船、驳船 22 艘。除此之外,还有总值为 24.615 亿元的天津小孙庄机械修理厂,总值为 1.792 5 亿元的新河机械修理厂,总值为 504 亿元的解放桥桥梁管理所和一批房地产。

1949 年 7 月 19 日,奉华北人民政府指示,海河工程局改由华北水利工程局领导,海河工程局更名为"海河工程处",由赵朴任主任。同年 8 月 1 日,海河工程处组建完毕。由于华北水利委员会和华北水利工程局对海河工程处的关系没有理顺,造成海河工程处工作上有诸多不便。中央人民政府水利部成立后,华北水利委员会被撤销,海河工程处的工作事宜可直接请示水利部,但是事后还需要通知华北水利工程部,影响了工作效率。

海河工程处被中央人民政府接管之后,修建及修复工程立即展开,如在解放战争时新河船厂被毁损的船坞设备得到更换,塘沽办事处和新河分厂的围墙得到了修复,解放桥经过修理厂用钢板电焊将残缺处补复加固,新河分厂的机器房进行了修建。除此之外,天津修理厂还修建职工子弟学校 1 所、职工宿舍 6 间、理发室 1 间。

二、 浚浦局的接管与改制

（一）浚浦局的接管

抗战胜利后,1945 年 9 月 17 日,国民党委派海关副总税务司、江海关税务司丁贵堂接管浚浦局,并出任局长,浚浦局隶属于国民政府财政部。浚浦局一切事务由局长负责,须秉承财政部命令。丁局长上任以后,清点资产,找回散落在各地的挖泥船,其中"建设"号就是通过国民政府几经交涉,于 1946 年夏才从日本接回上海。浚浦局自被日伪占据以来,其原有一切工厂仓库、船只器材,悉被掠夺一空,以致疏浚工作陷于停顿,接收之时,日籍人员已离职,幸有该局工程师薛卓斌将一切档案表册点交清楚,尚属完整无缺[①]。

1945 年年底至 1946 年年初改组顾问委员会,由国民政府交通部、海军总司令部、军政部、外交部、财政部、经济部、水利委员会、上海市政府、上海市商会等各选派 1 名任顾问。浚浦局拟定改组方案及筹备理事会等事宜,以代替之前设置的顾问委员会,起监督和指挥浚浦局办理浚浦事务。1945 年 11 月和 1946 年 1—2 月,

---

① "8·13事变"后浚浦工程作业概况、组织现状、接受后浚浦局情况及复原工作发展等业务概况,WPC Vol.11。

浚浦局先后呈报公文给财政部,提出邀集相关机构派员组织理事会事宜,但各机构迟迟未能选定,理事会未能如愿组成。浚浦事宜,仍由局长、副局长秉财政部指令办理浚浦大事。

（二）浚浦局的机构改制

1949 年年初,《组织规程》明确了浚浦局对国民政府财政部的隶属关系,其局长由财政部委派,其事业单位性质凸显。浚浦局机构性质虽然发生变化,但并未取消总工程师职位,只是总工程师的职责范围缩小,负责工程计划的制订与全部工程事宜的监督指挥。

《组织规程》的基本内容如下:

本局隶属于财政部办理黄浦江、长江口神滩,以及沿浦码头疏浚、测量及维护航道、堤岸事宜。

本局设局长 1 人,由财政部委派之,综合全局一切事务;副局长 2 人,一由江海关港务长兼任,一由上海市政府推荐,并由财政部加委,辅佐局长办理本局所有局务。

本局设总工程师 1 人,承局长命令,监督指挥一切工程事宜,并负责设计本局所有工程计划。

本局设置下列各科室:总务科、秘书科、人事室、视察室、浚工科、建筑科、测量科、水理科、会计科、材料科,并确定各科室定员及其分工执掌等(见图 3-1)。

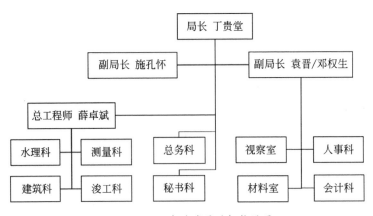

图 3-1　1949 年浚浦局的机构设置

对于浚工、建筑、测量、水理、修船等专业技术人员,已逐渐改变浚浦局成立之初以外籍员工为主的局面,而逐渐由中国籍员工担当。

1949年5月24日,京沪杭警备总司令汤恩伯下令逮捕丁贵堂,因名字误写成"丁桂棠"而未遂。丁贵堂任浚浦局局长至1949年7月神秘离任。后经考证,当年丁贵堂受新中国政府之邀,赴京组建新中国海关并任副关长,被毛主席亲切地称呼为"我们的丁海关"。

1949年5月27日,上海解放,曾被帝国主义和官僚资本主义控制达40多年的上海港口治理养护权,终于回到中国人民的手中,旧浚浦局得到新生。军管会接管浚浦局后,积极恢复生产,维护黄浦江航道的畅通,施工区域也扩展到江浙沿海及长江部分地区。上海区疏浚队超额完成第一个五年计划,促进了港口运输业的发展。期间,他们还排除国民党飞机的骚扰,全力投入南京浦口抢险工程。

1950年8月,浚浦局更名为"上海区港务局工程处"。1951年8月15日,该处撤销。[①]

1952年,在浚浦局与海河工程局的基础上组建疏浚公司上海队与天津队,浚浦局进入了改革新历程。

（三）职工运动与职工生活

自浚浦局成立,江海关税务司、江海关港务长等就在机构任要职。浚浦局和江海关都有洋员,人员待遇,颇为相似。

全局职工总数约为1 120人,其中普通船员/工人(即工役)人数约为900人,月俸总数为45 000元。管理层总数仅209人,月俸总数达58 270元,比900工役的月俸还高,机构内的待遇差距可见一斑。

1947—1949年间,浚浦局工人罢工请愿事件多达10多起。1947年9月10日,张家浜工场在吴淞地区地下党领导下,联合高桥工厂、陆家嘴工厂共300多工人,高举"我们要饭吃""不合理制度要取消""要求解冻生活指数"等旗幅,请愿申请增加工薪和待遇。9月12日,上海《新闻报》在第四版做了标题为"社会局召嵩山警察局红色警车驱散工人"的报道。浚浦局被迫派员于次日上午到社会局召回工人。经谈判,允增工薪待遇。1948年11月24日下午,张家浜工场工人聚众绝食,

---

① "8·13事变"后浚浦工程作业概况、组织现状、接受后浚浦局情况及复原工作发展等业务概况,见WPC Vol.11,第120-123页;关于港章、提高浚浦税率、沿岸滩地、浚浦局组织系统表及设立浚浦局的过程,见WPC Vol.7,第104页;在其他学者的相关研究中,有将浚浦局的解体定为1946年,根据浚浦局原始档案,应为1951年。

除了要求加薪外,还要求短工(临时工)改长工,争取长期福利。一天一夜后,国民党派出"飞行堡垒"镇压,工人们手持铁棍等武器奋力抵抗,浚浦局派员来现场谈判,工人们遂提出"警车不走,不予谈判"的要求。27 小时后,浚浦局答应增薪加酬。

随着时局变化,解放军节节南进,国民政府摇摇欲坠。1948 年 8 月 15 日,《新闻报》报道,食米价每石"登 7 000 万元高峰"。国民政府当局于是在 8 月 19 日颁布"财政经济紧急处分令",宣布发行"金圆券",用国币(老法币)300 万元换金圆券 1元。11 月 11 日,浚浦局会议纪要记录了替局内职工向郊县购得食米之价格,星期一每石 520 元,星期二飙升为 620 元、700 元、850 元金圆券,而当时政府限价每石大米最高价为 20 金圆券。米价波及众生,人民苦不堪言,惶惶终日。

第三节　主要河流疏浚机构及其变迁

一、 中央水工试验所/中央水利实验处

自 1938 年起,中央水工试验所奉命统筹管理西南各省水文测验事宜,并在石门设立了水文研究站,负责改进测验仪器、培训水文测验人员和提供水文工作咨询。1942 年,中央水利实验处内部下设了水文总站。自 1941 年起,又先后统辖川、康、云、贵、陕、甘、豫、鲁、皖、浙、闽、湘、热、察、沪等省市水文总站、水文站、水位站。1941 年 9 月,行政院水利委员会成立,经济部原辖水利机关,包括中央水工试验所,都改变了隶属关系。

据中国第二历史档案馆相关馆藏记载,1941 年 9 月,中央水工试验所发文,以"所经办的事业项目增加了土工试验、黄土防冲试验、水工仪器制造、水利航测,以及对全国水文站网的指导与管理,不仅水工试验一端,原有机关名称已不能包括……水工试验所之名称对外诸感不便"为由,申请更改名称为"中央水利实验院",并附了中央水利实验院组织条例(草案),以及中央水利实验院办事细则(草案)。提交申请后,10 月 27 日,行政院水利委员会以秘字 1201 号文答复:"奉行政院四十一年十月二十日勇肆字 16613 号指令,原经济部中央水工试验所,改称中央水利试验所。"随即,10 月 29 日,中央水工试验所向行政院水利委员会发文,仍然以中央水利试验所的名称不能包括现在职掌等为由,坚持要求改名为"中央水利实验院",同时申明如认为不妥,可改为中央水利实验处。行政院 1941 年 12 月 8 日

勇肆字 19538 号指令：“经行政院第 642 次会议通过，中央水工试验所自 1942 年 1 月 1 日起，改称中央水利实验处（简称中实处，下同），掌理水工、土工试验、水文测验及其他有关水利一切基本设施与研究事项。”以此为标志，中央水利实验处更在科学研究之外，增加了部分水利管理的职能，并设置了总办公室的，地点在重庆上清寺聚兴村，英文名称为“China National Hydraulic Research Institute”。

1946 年 8 月，抗日战争胜利后的中央水利实验处总办公室迁返南京岂菜桥。土工试验室、水工仪器制造工厂、河工实验区、航测队、整理水利文献室、水文总站等先后返回南京。成都水工试验室与武功水工试验室得以在原地继续。而石门水工试验室则移交给国立中央工业专科职业学校。磐溪水工试验室和昆明水工试验室随着中央大学、清华大学等迁返南京与北京，工作停止。

1946 年 8 月，水工仪器制造工厂迁回南京后，购买了糖坊桥一家刚刚从日本占领下接收的富士铁工厂作为临时厂址，这年冬天再于清凉山龙蟠里口购地 8 亩创设新厂。1947 年 1 月，中央水利实验处再与清华大学合作设置北平水工试验所，同时设置南京水工试验所。

1947 年 5 月 1 日，国民政府水利部成立，中实处改由水利部领导。

1947 年 8 月，中实处曾经就用地情况上报“南京市都市计划委员会”。1948 年 1 月，改下属水文总站为水文研究所。抗日战争胜利后，台湾回归祖国，国民政府水利委员会派沈百先、施成熙等人前往台湾接收该省水文事业，中实处薛履坦则到台湾省水利部门任职。台湾省水文总站也在 1948 年 1 月划归中央水利实验处管理。

1949 年 4 月 23 日，南京解放。5 月中旬，中实处由南京市军事管制委员会水利部接管，该处的历史翻开了新的一页。

二、 中国第一水工试验所及其演变[①]

1937 年，“七·七事变”爆发，中国第一水工试验所毁于日本侵略军炮火。自落成至被炸毁的 1 年多时间里，水工所开展了一系列水工和泥沙模型试验。主要

---

① 周魁一、程鹏举：《我国水工实验的创建》，《科学研究论文集》，第 31 集，水利水电科学研究院，水利电力出版社，1985—1990；《中国第一水工试验所筹备经过》（1934 年 5 月）；水利水电科学研究院档案馆藏试验报告目录表；张伟兵：《中国第一水工试验所的成立及早期相关史实》，《中国科技史杂志》2016 年第 37(03) 期，第 373-382 页；魏大卫：《中国第一水工试验所探源》，《河北工业大学学报（社会科学版）》2013 年第 5(02) 期，第 1-8 页。

包括：

（1）配合官厅重力坝的坝下底孔和隧洞泄流消能设计方案研究进行的试验。模型比例为1∶50。1935年11月22日正式放水，次年5月14日完成。

（2）黄土区河流泥沙运动的预备试验。为认知黄土区域河流水沙运动规律，黄土区河流泥沙运动试验的前期研究被列为中国第一水工试验所的重点试验课题。因为当时不能找到极细的粉煤灰等作为模型沙，通过预备试验，探讨用黄土作为模型沙的可能性。

（3）透水丁坝试验。这是针对黄土区域河流制导工程透水丁坝的专项试验，以确定丁坝间距及丁坝与水流的夹角。

（4）永定河卢沟桥滚水坝海漫试验。

（5）黄土渠道冲淤试验。

（6）断面模型试验和彭仲氏（Bunschu）堰口公式检验试验。

这些中国早期的水工模型试验尽管还很不成熟，但是它们距离当时世界发达国家的研究水平并不落后。

在日本侵略者占领天津前，中国第一水工试验所工程师刘崇质已将仪器设备收存在英租界私宅地下室里，幸运地将其保存下来。天津沦陷后，研究人员大部分南迁。抗战胜利后，原中国第一水工试验所副董事长李书田时任北洋大学工学院院长，华北水利委员会也改组为华北水利工程总局。1947年，北洋大学与总局在天津大红桥西菜园子重建水工试验所。

1949年9月，中国第一水工试验所更名为"天津水工试验所"。1952年5月，刘崇质将所收藏的原中国第一水工试验仪器移交给天津水工试验所，包括德国制造的毕托管、测针、比压计及刻度玻璃管等。1955年，天津水工试验所全体人员及仪器设备迁至北京。次年7月，南京水利实验处大部分人员和试验设备亦迁至北京，两处合并为北京水利科学研究院。1957年12月，中国科学院水工试验室又并入其中。1958年，水利部、电力部两部合并。同年，水利与水电科学研究院合并，成立了中国科学院、水利电力部所属的北京水利水电科学研究院，1994年更名为"中国水利水电科学研究院"。

三、黄河疏浚机构及其变迁

国民政府黄河水利委员会是中央设立的水利机构，由中央确定其主管机关。

从筹备成立到被最终撤销,黄委会一直由中央确定的某一主管机关管辖。1929年,国民政府颁布的《黄河水利委员会组织条例》和1933年公布的《黄河水利委员会组织法》都明确规定黄委会直隶于国民政府,掌握黄河及其支流渭、洛等河的一切防患、兴利事宜,委员长和副委员长由中央特派,委员简派。1934年,中政会第413次会议修正通过《统一水利行政及事业办法纲要》,嗣该会第415次会议决议修正通过《统一水利行政事业进行办法》,国民政府以全国经济委员会(以下简称经委会)为统一水利行政总机关。

抗战时期,黄委会被纳入战时体制中,在河防即为国防的形势下,该会为实施"以黄制敌"战略,不断对自身机构进行调整,以完成其治黄与制敌的双重任务。1937年1月,国民政府修正《黄河水利委员会组织法》,将黄委会委员人数由11～19人减为9～11人,将该会当然委员由各省建设厅长升格为省府主席,同时委员会下增添了河防处。嗣后,经委会令改豫、冀、鲁三省河务局为河南、河北、山东修防处,由黄委会领导。3月1日及4月12日,河南、山东河务局先后改组为修防处。不久,又改为黄委会驻豫、驻鲁修防处。5月4日,经委会复令改驻豫、驻鲁修防处为河南修防处和山东修防处,但河北黄河河务局没有改组。至此,黄河河政实现统一。河政的统一,使黄委会机构陡然扩大,不仅黄委会内部增加了1个河防处,而且还增加了3个直属机构:两个修防处和一个河北河务局。1938年1月,国民政府成立经济部,黄委会复改隶于该部。5月,日军侵犯豫东,黄委会奉令除受经济部直辖外,兼受第一战区司令长官司令部指挥监督。由于开封危急,该会于5月1日迁往洛阳,后又迁至西安。山东修防处随迁,其下属机构被撤销。河北河务局则被撤销。

1941年7月22日,行政院第524次会议议定设立全国水利委员会,直隶于行政院,掌理全国水利行政事宜。9月,水利委员会在重庆成立,黄委会等全国水利机构均归其管辖,不再隶属于经济部。1942年10月17日,国民政府修正公布《黄河水利委员会组织法》,规定黄委会"隶属于全国水利委员会,掌理黄河及渭、洛等支流一切兴利防患事务"。

1946年2月,冀鲁豫解放区行政公署在菏泽成立冀鲁豫解放区黄河水利委员会,渤海解放区行政公署成立山东省河务局。此二者才是真正属于人民的"中华人民共和国水利部黄河委员会"前身。1947年6月,水利委员会改组为水利部,黄委会遂改组为黄河水利工程局,隶属于水利部。

1948 年 9 月,中国共产党领导的华北人民政府成立,水利委员会成立河南第一修防处。1949 年 6 月,华北、中原、华东三大解放区成立三大区统一的治河机构——黄河水利委员会。7 月 1 日,黄河水利委员会开始办公。8 月,成立平原黄河河务局。1950 年 1 月,黄河水利委员会改为流域机构,所有山东、河南、平原三省治河机构统一受黄河水利委员会领导。会机关设秘书、人事、供给、工务、计划、测验六处,负责黄河全流域的治理和开发工作。政务院任命王化云为主任,并于1951 年 1 月 7 日召开了黄河水利委员会成立大会。

四、 淮河疏浚机构及其变迁

1947 年 7 月 1 日成立淮河水利工程总局之后,新中国于 1949 年 10 月成立了中央水利部淮河水利工程总局。次年 7 月 18 日,"中央水利部淮河水利工程总局机械疏浚队"[①](安徽疏浚前身)在南京成立,是水利系统专业疏浚队伍的起源。同年 9 月12 日,开工建设淮河正阳关至溜子口段疏浚项目,当时拥有的设备是解放前导淮委员会遗留的淮一、淮二、淮三等 3 艘挖泥船,以及由私商从上海、武汉等地租来的"永利"号(后编为"淮河五号")、"公茂"号、"礼山"号 3 艘挖泥船,一并共计 6 艘抓斗式挖泥船。挖出的泥土装在由上海租来专门装泥的驳船上,当时共有 139 只运泥木驳配合疏浚工程。

1950 年 11 月,淮河水利工程总局撤销,机械疏浚队划归新成立的治淮委员会(以下简称淮委)工程部领导。1951 年 11 月,机械疏浚队队部由正阳关迁移至蚌埠并定址。蚌埠位于中国南北地理分界线秦岭—淮河一线,全国性综合交通枢纽城市,素有"禹会诸侯地,淮上明珠城"美誉。

导淮历史长达百年,经历数代。1913 年,北洋政府设立导淮局。1929 年,导淮委员会在南京宣布成立,直属于国民政府,蒋介石兼任委员长。1935 年 7 月,导委

---

① 1949 年 10 月,成立中央水利部淮河水利工程总局。次年 7 月 18 日,"中央水利部淮河水利工程总局机械疏浚队"(安徽疏浚前身)在南京成立,是水利系统专业疏浚队伍的起源。1950 年 11 月,淮河水利工程总局撤销,机械疏浚队划归新成立的治淮委员会(以下简称淮委)领导。1951 年 11 月,机械疏浚队队部由正阳关迁移至蚌埠并定址。1958 年淮委撤销之后,机械疏浚队先后隶属安徽省建筑厅、安徽省水利厅。脱离导委淮委后的安徽疏浚,历经多次改制。1968 年,疏浚处更名为"安徽省革命委员会水利局机械疏浚处";1980年,疏浚处更名为"安徽省水利机械疏浚工程处";1984 年更名为"安徽省水利机械疏浚工程公司";1992 年更名为"安徽省疏浚工程总公司";2002 年,经过股份制改造成立安徽疏浚股份有限公司;2006 年,改制为民有民营的股份制公司;2007 年 12 月,母公司安徽疏浚股份有限公司与子公司安徽江河水利工程建设有限公司、蚌埠市河海疏浚工程船舶设计研究所、蚌埠市河海疏浚设备制造有限公司,共同成立安徽禹王水利工程建设与装备集团,简称禹王集团。

改隶于全国经济委员会。1938 年 1 月,改隶于经济部。1941 年 9 月,改隶于水利委员会。1947 年 7 月,又改隶于水利部,更名为“淮河水利工程总局”。之后又改组为治淮委员会。随着政府体制的变化,专门负责治淮疏浚工作的疏浚机构也随之分分合合。

五、 长江流域疏浚机构

南京国民政府时期,长江流域的疏浚和航道整治增多。这主要是为了从抗战爆发后,尤其是国民政府败退到重庆之后至 1945 年抗战胜利之前,在西南大后方运输军需、开发煤铁资源、建设厂矿,以利坚持抗战的需要。期间涉及机构名目较多,在此附列于具体工程名目之后,作为一个总体的概括。

这一时期,长江流域主要的航道疏浚整治工程有:重庆綦江渠化工程(由西迁至重庆的导淮委员会承办);乌江航道整治工程(导淮委员会四川涪陵乌江水道工程局);嘉陵江水道整治工程(陕西省水利局、江汉工程局共同办理);金沙江航道整治工程(经济部并扬子江水利委员会);岷江水道整理工程(扬子江水利委员会整理岷江水道工程处);酉水航道整理工程(扬子江水利委员会酉水工程处);赤水河水道工程(黄河水利委员会并导淮委员会、赤水河水道工程局);川江航道整治(扬子江水利委员会岷江工程处、嘉陵江工程处)。

下　篇
专题研究

第四章
晚清民国疏浚专门机构的资金供给模式

晚清民国时期,海河工程局、浚浦局等专门疏浚机构,虽历经政权鼎革与时局动荡,其机构组织形式也屡经变迁(如表 4-1 所示),但基本上能够持续发展,其主要原因在于资金来源(见图 4-1)稳定。航道治理与机械化疏浚是系统化且耗资巨大的工程,对资金要求多、对技术要求高,还需要一系列的测绘和勘测等相关指标的深入研究、结合系统的专业知识、建立综合措施保障等解决方案,才能有效进行。

表 4-1　晚清民国疏浚专门机构组织形式的变迁

机构性质	官督洋办	公益法人	事业单位
海河工程局	1897—1900 年	1901—1945 年	1945—1949 年
浚浦局	1905—1911 年	1912—1945 年	1945—1949 年

图 4-1　公共事业的资金供给

第一节　海河工程局的公债发行与融资

海河治理工程在清末民国时期属于全国性重点工程,浩大的工程意味着巨量的资金投入。为此,海河工程局多方筹集资金,形成了捐款与政府拨款、特别税转移支付、自营业务收入等多项资金来源。不仅如此,海河工程局在为重大项目融资时,还发行过 9 次公债。凡此资金来源成为工程顺利进行与海河工程局发展维持的保障。

一、 海河工程局的 9 次公债发行

(一)英国工部局公债 E(British Municipal Loan E,简称 BME)

海河治理工程虽然紧迫,但是由于耗资巨大,资金无从筹集,清政府迟迟不能补给。直到洋人提出包括公债在内的具体融资方案后,清政府才最终批准于 1897 年成立海河工程局。其启动资金,除直隶总督拨款 10 万两外,各国领事筹集 15 万两。由于工程急迫,这笔款项由各国领事先向天津汇丰银行贷款垫支应急,由汇丰贷出,与前月到账的总督拨款一并于 8 月 2 日交付海河工程局。随后通过公债发行来偿还银行贷款,再通过海关附加税来偿还公债本息。

BME(英国工部局债券 E)于 1898 年 8 月 1 日发行,由英国工部局发起、筹备并为之担保,但正式发行和后续还本付息都是由海河工程局主持,并且以海关附加税为后续担保及偿还手段。因此,尽管其名称为英国工部局债券 E,但事实上是海河工程局的第一次公债,不过是在英国工部局基础之上借力而为的。

作为中国本土机构第一次成功发行公债,此次公债具有如下特点:其一,它是在英国工部局公债发行体系基础之上展开的,大大地降低了探索成本。其二,虽然最初发行者和担保方为英国工部局,名称也保持不变,但事实上发行与偿还均已移交海河工程局,担保品也增加了中国政府批准的海关附加税。其三,这次公债发行得到了各利益相关方的支持,包括中国政府、各国领事、津海关、各租界工部局与洋商、轮船公司等。

(二)公债 A 和公债 B

海河工程局的第二次裁弯取直工程,由都统衙门(The Tientsin Provisional Government)拨付白银 25 万两,同时海河工程局再次以河工捐为偿还担保,在 1902 年发行了海河工程局公债 A(中文为甲公债)。

公债 A 在发行的第一年,就顺利卖出 240 份。"由各国工部局按比例分摊",可能是此公债顺利发行的一个原因。尽管语焉不详,但这种分摊机制,在第一次发行

公债和 1924 年发行特别公债时均有提及,同时也与各国领事推销公债的史实相映证,还与海河工程局由各利益相关方共同经营的机制相符合。为第三次裁弯取直工程融资,1903—1904 年发行了海河工程局公债 B(乙公债),公债 B 为长期公债。

与第一次公债相比,这两只公债的利率都提高了,由 6% 提高到 7%。前三只公债每份的面额都是 100 两,这在当时价值不菲。公债持有人可以是经销商汇丰银行,也可以是津、沪租界甚至伦敦资本市场的资金持有者。前三只公债销售顺利,由于海河工程局的出色工作,海河治理初见成效,天津的贸易量扩大,增加了河工捐数额,因此以之为担保的公债在市场上颇具信誉。1904 年 9 月,公债 B 发行时,认购之数超过了 11 倍之多。

(三) 公债 C 和公债 D

1908 年 4 月 15 日,各国商会与轮船公司在海河工程局开会,准备筹集经费银 87 万两,为第四次裁弯取直等工程和业务融资。1909 年,"承各国驻京大使公同照准",海河工程局开始发行公债 C(丙公债)。其利率为 6%,当年首次发行 3 000 份。

1911 年,海河工程局就破冰业务开展进行了讨论,次年正式将破冰业务纳入其工程范围,为此发行了公债 D(丁公债),筹集资金共计 29 万两,用于破冰船的购置和破冰工程经费的支出,公债 D 利率亦为 6%。公债 D 的顺利发行与融资,使海河口与天津港史无前例地展开冬季破冰通航,这是具有划时代历史意义的事件。这两次公债,均由华比银行(Belgian Bank,1906 年在天津开设分行)经销。

(四) 两次特别公债

1920 年,海河工程局在第 297 次董事会会议上,提出了发行债券 20 万两为购买土地,进行第五次裁弯取直工程的计划。1921 年 1 月,第 298 次董事会会议再次讨论了关于第五次裁弯取直工程的资金来源问题。当年开始发行债券 20 万两,利率 9%。这是典型的短期公债,利率较高。

1923 年,海河工程局得到中国政府和外交团双方的许可,准备修建万国桥(今解放桥)。1923 年 11 月,第 318 次董事会会议对修建万国桥的费用问题进行了讨论,拟发行债券 120 万两。1924 年 1 月 1 日,首次发行 50 万两。此后,几次董事会继续决议公债相关事宜。1924 年,特别公债也是由华比银行经销的,为此其收取佣金 5 000 两。为了发行此次特别公债,其准备费用加上华比银行收取的佣金共 6 290.19 两。1924 年,特别公债的发行成本约为其总额的 1.26%。

(五) 公债 E 与替换公债 E(Conversion Loan E,简称 CLE)

1924 年 6 月,第 322 次董事会会议通过了总工程师提交的关于修建大沽沙永久航道的第 1227 号工程师报告,董事会秘书长认为需要在 1924—1928 年通过发行公债募集资金。公债原打算分三次募集,总金额共 220 万两。1925 年 4 月,第 329 次董事会会议上,董事会与麦加利银行协商公债 E 的发行事宜,后者拟承销 50 万两的公债 E。

1926 年 1 月,第 333 次董事会会议决定于 7 月 1 日授权发行公债 E,总额 100 万两。公债 E 债券的顶端标明了"海河工程总局"的中文字样,这是与早期公债的不同之处。几经变化,公债 E 最后实际总共发行 125 万两。

受国民政府废两改元和两次整理债券影响,1935 年,海河工程局开始对公债 E 进行替换。1935 年 2 月,第 392 次董事会会议决定将公债 E 替换成 185 万元的无记名债券,利率由 7% 降为 5.5%,低于政府统一规定的 6 厘。其中需要赎回 E 公债 3 146.86 元债券,并支付承销费用 1.8 万元(应该包括银行承销与领事团推销等费用),加上印刷新债券的费用 1 450 元,费用合计共 19 450 元。替换公债 E 的发行成本约为其发行总额的 1.05%,由于需要支付替换与赎回两项额外工作的费用,这一成本算是相对较高的。

二、捐款与拨款

海河工程局初建时,即光绪二十四年(1898)七月,由直隶总督拨款 10 万两白银,与由英国工部局担保发行的 15 万两公债一起,作为海河工程局开办工程的费用。随后清政府每年拨款 6 万两白银作为经常性费用。1900 年,八国联军建立临时统治机构"都统衙门",自光绪二十七年(1901)六月一日起,由天津都统衙门月给银 5 000 两作为海河工程局的工程经费,即每年拨款 6 万两,按月发给。至光绪二十八年(1902)八月十五日,《辛丑条约》进一步将这一拨款明确化:"一俟治理天津事务交还之后,即可由中国国家派员与诸国所派之员会办,中国国家应付海关银每年六万以养其工。"1902 年,天津收回治权之后,拨款照常由清政府进行,而后拨款提升至 6.3 万两。除清朝灭亡时期的部分年份因情形特殊而有所缺额外,其余年份基本维持不变。

唐绍仪在光绪二十九年(1903)给德璀琳的信中交代了这一过程:"敬启者。现奉北洋大臣袁札开:案照光绪二十七年合约第十一款,内载:北河改善河道,由各国派员重修,俟天津交还之后,即由中国派员与各国所派之员会办,并由国家每年应付海关银六万两,以养其工。等因。业经行知该道在案。现在天津业已交还,所有前项工程应由津海关道督同接办,并按照合约每年拨付关平银六万两,以符原案,合行札饬,札到该道,即便遵照督理一切,并知会税务司按年如数筹拨,毋稍延误。切切特札。等因。奉此,相应函致,即希贵税司查照按年如数筹拨为荷。此颂升祺。"

政府拨款对于海河工程局的初期发展起到了重要作用,一度占到了年收入的半数之多,是海河工程局的重要启动资金。然而日后随着海河工程局的壮大,政府拨款在海河工程局的收入中占比逐渐下降,全1927年仅占当年收入的5.46%。除此以外,海河工程局还获得过不同捐赠机构的捐款。

三、 特别转移支付

疏浚海河航道最直接和最大的受益者就是往来于海河的商人和轮船公司,作为享受优质通航服务的条件,海河工程局的主要工程资金即由往返商船以海关代征的特别税形式支付。每次征收新税或者增加税额,海河工程局都会和商会代表、轮船公司代表开会商议以达成合意。随后由海关代为征收并转交海河工程局。特别税数额在一定程度上反映了海河工程局的业绩。因为海河工程局的有效治理,使得海河航道更加便于航行,促使更多的商船可以通过海河直达天津,进而使得天津海关税收增加,而工程局收到的特别税是与海关税收成固定比例挂钩的经费。因此特别税数额与海河工程局业绩呈正相关。

专门特别税,相当于未来收益变现。特别税作为海河工程局稳定的资金来源,支持了河道疏浚与港口建设的业务开展,为进出口贸易与企业经营创造了更好的条件,使之能够在未来创造更大的收益。未来收益通过税收的形式变现为海河工程局的运行资金,形成良性循环。这是相关公司与商人愿意配合征税的原因。通过这种特别的渠道,海河工程局实现了自我发展。根据《剑桥中国晚清史》的估计,19世纪90年代初期,中央政府每年花在公共工程上的支出约为150万两白银。而海河工程局在20世纪初叶时每年的专门特别税收入高达30万~70万两之多,可见中国政府在税收方面对海河工程局的支持。

与传统公益法人模式下的自愿捐赠相比,税收带有强制性。但是,二者的相似之处在于,一些捐赠也像税收一样带有普遍性,可能在某些时候也带有道义强制。无论是捐赠还是用于疏浚的特别税,都表明剩余财富由捐赠者或政府转移至社会事业即公益法人。从另一角度来看,由于海河工程局对主营业务并不直接收费,因此,这些特别税也可以看成一种变相的收费,并且是通过政府由海关强制征收的。

海河工程局通过海关征收的特别税主要有三项,即河捐、船税、造桥临时税。

(1)河捐。河捐又称工捐或河工捐,顾名思义,就是特指海河工程局以自愿和慈善性"捐"之名行强制性"税"之实,这符合中国民间公共建设主要来自民间捐款的传统。海河工程局初建之时,各国领事与王文韶会商,决定通过海关增税以弥补海河工程局治河经费。为此各国领事分别呈报各国驻京公使和总理衙门,相继得到批准。遂由海关税务司制定《修河工捐则例》,并于1898年8月1日正式施行。除特别物品以及缴半税的货物外,河捐税率为关税的1%。随着海河工程局的业务不断扩展,工程量不断扩大,河捐数额相继上涨。1901年8月22日,津海关税务司德璀琳发函,河工捐调整为关税的2%。1903年9月1日再次调整为关税的3%。

为了大沽沙浅滩疏浚以及购买疏浚设备,1906年3月22日,第140次董事会会议讨论了筹资问题,英工部局同意支付20万两,其余25万两以7%发行公债,但是英工部局的款项一直未到。在1908年的第181次董事会会议上,英国工部局正式收回提案,不提供资金支持,为此加征捐税势在必行。经过几次董事会会议的讨论,1908年,海关代表在5月28日召开的第185次董事会会议上,提出从当年6月1日开始加征河捐为关税的3.5%。但是1908年仍然按3%收取河捐,1909年1月提高到3.5%,2月开始复调整为关税的4%。此项收入每年约10万~50万两。

(2)船税。1908年5月28日,第185次董事会会议除了讨论增加河捐外,还提出了新增船税的计划,"轮船每来津一次按每吨收捐银五分,如不能驶过拦江沙者少收吨数",之后9月3日的第187次董事会会议记录显示,8月31日接到各轮船公司来信一件说,"各轮船公司轮船凡进大沽口者,请愿每吨完纳船捐一钱,但必须同时按关税百分之四征收河工捐",最终决定,凡经大沽沙航道进入天津的船只,按照船只所载货物吨数,每吨货物收银一钱,停泊在大沽口外的船只,每吨征收银五分。上述两项船税从每年收入 10 万两左右增至二三十年代的 19 万两左右,均由天津海关税务司代为征收。

（3）造桥临时税。1923 年 7 月 31 日,直隶省长为建筑万国桥筹资一事致函海关监督:"改建万国桥工程颇巨,就地筹款不易,使团拟于天津海关为开浚海河工程现征进口货值百抽四之河捐,加捐二成以为建桥之用,是否可行,咨请查照核复。"并指明用途为"专备修桥借款还本付息之用,一俟借款偿清后,即将桥捐停止征收"。1923 年 10 月 1 日开始征收桥税。1927 年 8 月 13 日,直隶省长再次致函海关监督,为拆毁旧桥请求延长桥捐。1928 年 11 月,中国政府将桥捐加以限制,至 100 万两为止。海河工程局秘书长请求海关监督转呈政府重新定夺,1929 年 4 月 17 日,宋子文令海关监督陆近礼继续征收桥捐,截至 1929 年 6 月 1 日止。这 6 年的临时税,资金由海河工程局托管,在某种程度上也可以说是工程局的一项临时收入。根据海河工程局年报显示,1932 年复征造桥税一次,用于万国桥工程及维护,而这项工作是由海河工程局承担的。

四、自营收入

海河工程局的收入还有少部分来源于自营收入。除主要的海河治理业务以外,同时经营吹填、租赁等业务。吹填是将用于疏浚的挖泥船所挖出的河底泥排放到陆上低洼地带以垫高地面。这项业务主要面向英、法、德等租界,可谓变废为宝,一举两得。租赁业务包括两部分:一部分是船只租赁,主要面向其他航道治理机构出租疏浚及破冰船只,诸如上海的浚埔工程总局(后改组为开浚黄埔河道局)、辽河工程局以及小型码头管理机构等;另一部分是土地租赁,将海河工程局自有土地租赁给其他机构或个人。此外,海河工程局的固定财产孳息也是收益来源之一,其专用储备基金和养老基金,两者每年都会产生较为可观的利息收益。除以上收益外,海河工程局还会有部分如管理费一类的其他收益。1914—1932 年间(除 1918 年外),海河工程局均取得了较高的自营收入,大部分年度超过 10 万两,最高年份逾 20 万两。

从自营收入的具体构成来说,绝大部分是浚河挖泥和吹填各租界地费,每年收取工费达数十万两白银,成为海河工程局的主要收入之一。吹填费用仍是最大宗的自营收入,英国工部局的填料经费达 8.4 万两,开滦煤矿管理局的填料经费为 0.7 万两。以下较多的是,海河桥往来账户的管理费转账 0.6 万两,美国海军陆战队新河地产租金近 0.4 万两。其他各种交易多为数百两,小至数十两不等。

年收入代表了海河工程局的整体经营能力,而各部分收入所占的权重则更清晰地反映出其发展轨迹。政府拨款所占比重总体呈下降趋势,由于政府拨款数额固定,其占比下降代表年收入总量的提升。自营收入在 1910—1915 年处于上升阶段,至 1922 年处于较高水平,1922 年之后权重不断下滑。而海关代征税收的权重,除个别年份外总体呈上升趋势。这表明在海河工程局的发展过程中,对海关代征的河捐和船税的依赖度逐渐增加,对政府拨款的依赖度逐渐减少,而自营收入权重则经历了先增后减的过程。

从海河工程局的资金构成来看,政府直接或间接筹集占了主要部分,表现为过去、现在和未来的税收。拨款可以说是过去的税收,特别税是现在税收的专门转移支付,公债则是未来税收的变现。中国政府自然是主导者,但外国政府也积极配合。专门税(河工船税)委托津海关征税与支付,而此时海关事实上是中外政府共同监管的。公债则是借助金融市场实现的,外国领事团帮助推销功不可没,地方特别政府工部局,还以其自有资产为海河工程局的前两次公债做担保。

清政府的正常税收不足以支付大型公共工程,其技术装备与管理也不足以开展新型机器生产,因此只能借助或整合新兴力量,从而逼出创新。洋务运动的轮船招商局、开平煤矿等官督商办企业,政府资金也很有限,也是借助于新兴力量——买办,唐廷枢、徐润等买办并通过香山买办群体,以股权形式的投资占到主要部分。作为公益法人,海河工程局无法通过股权与分红来吸引投资,除了捐赠之外,其资金只能来源于税收,包括过去、现在和未来的税收。

第二节　浚浦局的经费来源与筹资模式

以公共事业为己任,固守传统观念,把持机构控制权,不仅造成中国政府的财政压力,也没有充分调动利益相关各方的主动性,压抑了洋商的积极性,也低估了他们的资金优势和金融工具的杠杆作用。中国政府将自己作为一个经济主体,参与具体运作,强行参与的结果只能导致资源浪费与供给的低效率。

清政府大包大揽地自认百分之百出资,每年 46 万两关平银[①],承诺政府提供 20 年的资金保障。清政府不仅不同意启用海关附加税政策征集资金,也没有用公

---

① 关平银 HK. Tls 1＝ 上海银 Sh. Tls 1.114,即 HK. Tls 460000 ＝ Sh. Tls 512440。

债的方式解决资金,当时,上海金融市场已经有丰富的债券发行经验,却没有应用到浚浦局的资金筹集中来。且黄浦疏浚工程不在租界内,河道和码头不属于公共租界管辖范畴,工部局也不能强行发行疏浚公债来筹资①。清政府不仅不同意由外方出资或者出面筹集资金,甚至没有从外资银行贷款,而是从本土的大清银行筹措资金。

后来,民国改组后的浚浦局对清末老债权债务感到棘手,反复与政府和银行等相关方协商沟通,寻求解决方案。由于财务制度与账务处理的考虑,审计人员向董事局提出对清政府承诺的拨款以及银行贷款的遗留款项进行销账处理的建议。于是,清政府承诺的拨款与银行贷款,一笔勾销,终于两清了。②

疏浚工程耗资巨大,其资金来源至为关键。通过爬疏史料,发现近代疏浚业先后有政府拨款、资助、银行借款、债券与征税等资金渠道,还以收费的方式提供疏浚服务。虽与其制度模式并非一一对应,但有阶段特点。由于疏浚的准公共物品属性,政府拨款顺理成章。然而,航道疏浚耗资耗力,政府全资治理未果,说明任何一方都无力单独承担疏浚大业,疏浚的责任与收益要在利益相关方之间协调。尤其值得关注的是,海关代征代缴的疏浚专项附加税"天然地"应对和解决了资金问题,恰当地满足了利益相关方的需求,也符合公平原则、效益原则和稳定原则。

一、 政府拨款：清政府自认全费，开展黄浦江疏浚

浚浦局初设,清政府大包大揽地百分之百出资,每年 46 万两关平银,共 20 年。46 万两关平银折合上海银 512 440 两,按月拨付,每月拨付上海银 42 703.33 两至浚

---

① 据光绪二十三年(1897)上海工部局年报显示,早在光绪十四年(1888),英国工部局就发行了年息6％的债券,1897年偿还 3.5 万两上海银后,余 2.5 万两未偿还,计划在次年偿清;偿清1897年债券的同时,计划偿还年息为 6％的 1890 年债券 1.2 万两,偿还后,该债券尚余 8 千两未偿清。该年报统计数据显示,截至1897年尚未偿清的债券,还包括年息为 5.5％的 1891 年债券 2 万两,年息为 5％的 1892 年债券 5 万两,年息为 5.5％的 1893 年债券 4.5 万两,年息为 6％的 1894 年债券 4.5 万两,年息为 5％的 1895 年债券 4 万两,年息为5％的 1896 年债券 14 万两,年息为 5％的 1897 年债券 26.8 万两等尚未偿清,待次年继续偿还。此外,有记载的还有专为电力部门筹款发行的年息为 5.5％的 1893 年债券、年息为 6％的 1894 年债券、年息为 5％的1895 年债券等,以及专为修路、修桥、修缮警察局,改造地下水,还有为监狱、医院、学校、公园等陆续发行的各种债券,不胜枚举(Shanghai Municipal Council,1897)。

② Whangpoo Conservancy Board 259th and 260th Meeting Minutes,WPC Vol.96.

浦局银行账户。① 然而,清政府虽独认全资,却是银根紧张,多方筹措经费,很是局促。②

　　为尽早开展疏浚,浚浦局决议从银行筹措资金,先行疏浚,再用政府每月拨款偿还银行贷款。当时租界工部局和工董局所进行的公共事业多向外商银行举借开办,浚浦局执意利用本土资源筹措资金,于是向户部银行筹措资金,而没有选择外资银行③。光绪三十二年(1907),海关道(Superintendent of Customs)、江海关税务司(Commissioner of Customs of Shanghai)与户部银行(Hu Pu Bank,后更名为"大清银行"④)签署贷款协议。协议规定⑤,贷款总额为 450 万两上海银⑥;分三年拨付,每年 150 万两上海银;每季度拨付一次,每次 37.5 万两;贷款年息为 7%。自第一次收到贷款起开始计息;本息将在 17 年内还清。按照合同约定,前三年仅偿

---

　　① 浚浦局老档案中的 1912 年旧账清算对账单显示,清政府 1905 年拨付了 1 000 两上海银,1906—1911 年陆续拨付了总计 3 217 027.13 两,共计 3 218 027.13 两。中华民国成立以来,年拨款 46 万两关平银再未按期兑现。截至 1912 年 3 月 31 日,旧董事局记录在案的逾期未到款为 112 832.87 两。Despatch No. 16046 from the commissioner of customs, Shanghai, to the Inspector General of Customs, Peking; Letter from commissioner of customs to the senior consul; Letter from Commissioner of customs to the manager of the Bank of China, shanghai; Accounts of Old Loan and Grant: Extract from meeting minutes of 250th meeting, 259th meeting, 260th meeting, 261th meeting, WPC Vol.96.

　　② 为筹措浚浦经费,光绪三十四年,清政府曾向吉林协饷银筹款,见"奏报汇解浚浦经费指拨腾出吉林协饷银两数目事"第一档案馆藏,档案号:04-01-01-1089-044;河南巡抚也积极筹款,光绪年间和宣统元年多次分别上奏报告本年浚浦经费银两事,见第一档案馆藏,档案号:04-01-01-1115-010,04-01-35-1081-065,04-01-35-1083-031,04-01-35-1089-072。

　　③ 19 世纪末,外国金融机构在外滩纷纷设立银行,包括 1890 年德华银行、1893 年横滨金正银行、1894 年华俄道胜银行、1899 年东方汇理银行、1902 年花旗银行等,还有汇丰银行,在上海金融界六强鼎立。这些银行的主营业务包括汇兑、存款、拆放等,同时还发放对华财政、铁路、矿山等方面的贷款等,形成了具有卡特尔性质的垄断组织银行团(宋佩玉,2016)。

　　④ 1904 年,清政府出资组建了户部(Hupu)银行。1908 年更名为"大清银行"(大清政府银行),1912 年更名为"中国银行"之前,大清政府银行是中国唯一的权威货币发行机构。

　　⑤ 让(2007)指出,一份标准的贷款协议包括七个部分,每个部分均可根据贷款目的进行修正,包括贷款概述、借款人陈述与担保、肯定式条款、否定式条款、放贷条件、违约情况、赔偿等七个方面。其中贷款概述描述了贷款类型、规模、利率、偿付进度以及担保(如果有),还明确各方角色,明确贷款期限等;借款人陈述是向放贷者证明某些陈述的真实性;肯定式条款是担保证明已经存在的事实;否定式条款是借款人必须阻止的行为和事件;违约和赔偿条款中对可预计的违约行为进行说明,说明在违约情况下银行可采取哪些行为。从英文档案中的研究发现,浚浦局的贷款合同与现代贷款协议的范式如出一辙,表现了其规范性、严谨性与科学性。

　　⑥ 这笔银行贷款合同原值为 450 万两,分别于 1908 年收到 75 万两,1909 年、1910 年分别收到 150 万两,1911 年收到 37.5 万两,实际收到共计 412.5 万两。自 1909 年开始还款,前三笔仅还息不还本。自 1909 年起,每季度还款,1909 年,4 次还息共计上海银 65 625 两。Conservancy Loan: Translation of Memorandum Concerning,WPC Vol.137.

息不还本,从第 4 年起才偿还本息[①],余额部分在第 17 年年底还清;且定额还款,每年偿还 50 万两(见表 4-2)。

表 4-2　1905—1911 年资金来源汇总

年　份	政府拨款/两上海银 (Annual Grant)	户部银行贷款/两上海银 (Bank Loan)	道台特别拨款/两上海银 (Special Grant)
1905	1 000.00		
1906	124 001.19		
1907	552 731.79		
1908	1 544 840.00	750 000.00	
1909	137 145.00	1 500 000.00	300.000.00
1910	467 608.99	1 500 000.00	
1911	390 700.16	375 000.00	
合计	3 218 027.13	4 125 000.00	300 000.00

资料来源:Minutes of 162th Board Meeting,WPC;WPC Vol. 96,p.68。

拨款违约,引发财务危机。辛亥革命后,再未收到政府承诺的年 46 万两拨款,新董事局亦未支付以此款项为担保的银行贷款,政府拨款缺口已大于银行贷款。清政府承诺的资金没有按时到位,且未按时到位的拨款并不计息,然而银行贷款仍需支付利息。[②] 借贷不平衡引发流动资金的周转困难,使浚浦局陷入运营困境。[③]

---

① 利息逐年递减,本金逐年递增。Loan Agreement for Conservancy Works,signed the 33rd year of Kwang Hsu,between the Superintendent of Customs and the Commissioner of Customs of Shanghai on the one part and the Hu Pu Bank on the other,in accordance with instructions from the Du Chi Pu,WPC Vol.96;江海关监督稽税务司因开浚黄浦工程浩大需费甚巨详奉,WPC Vol.137。

② 1910 年还息 170 625 两,1911 年还息 269 062 两,总计 505 312 两。1912—1923 年间,每年偿还 50 万两,到 1924 年最后一次支付了 370 289.21 两。Statement re Loan and Grant,Comments re Memorandum Submitted by the Commissioner for Foreign Affairs to the Wai Chiao Pu,WPC;Memorandum submitted by Mr. F.M.Sah,Commissioner for Foreign Affairs at Shanghai to the Wai Chiao Pu and the Military and Civil Governors of Kiangsu,WPC Vol.137。

③ 据档案记载,浚浦局改组后的董事局于 1912 年 5 月给财政部去函,Wai Chiao Pu 和 Shui Wu Chu 回函称,自 1911 年 10 月起就再未收到拨款。海关 Superintendent of customs Mr. Sze 与浚浦局 Mr. Yang Tcheng 的书面沟通函件中,责成调查浚浦局向大清银行贷款事宜。董事局秘书回复并提供了资金往来的全部细节,并多次在董事局会议上商讨解决方案。Whangpoo Conservancy Board Meeting Minutes,127th meeting,132th meeiting,134th meeting,WPC Vol.18。

对于后来 1912 年和 1913 年又陆续收到的 27 850.18 两[①]和 5 570.03 两[②]，存入银行贷款账户，总计 33 420.21 两上海银（30 000 关平银），董事局对此感到莫名其妙。银行贷款 412.5 万上海银的年本息约为 50 万两上海银（448 833.03 两关平银），由于 1912 年年底政府未能按时拨付，这笔贷款中只有一部分已偿还。[③] 根据 1919 年 12 月 31 日的清算对账单，截至 1919 年年底，政府拨款缺口 5 399 191.95 两，应偿还银行本息 5 238 948.52 两，差额 160 243.43 两。

无力偿还贷款，以破产清算告终。民国改组后的浚浦局对清末旧债权债务感到棘手[④]，反复与政府和银行等相关方协商沟通，寻求解决方案。总额为 412.5 万元的银行贷款，1909—1911 年支付了利息 505 312.5 两上海银，1912—1923 年支付了本息每年 50 万两，加上 1924 年最后一笔付款为 370 289.21 两，总计 6 875 601.71 两。[⑤] 审计师 L. A. Lyall 认为，银行贷款利息为 7%，政府未到位的拨款也应按 7%利息计算，政府拨款长期不到位，且遥遥无期，造成浚浦局单方面承担额外的利息支出。由于财务制度与账务处理考虑，审计人员向董事局提出对清政府承诺的拨款及银行贷款的遗留款项进行销账处理的建议。至此，清政府承诺的拨款与银行贷款，一笔勾销。[⑥]

此外，浚浦局还于 1909 年收到当地政府一次性资助 3 万两，1912 年收到补贴 98 008.83 两上海银，支持疏浚工程建设。1912 年收到 26 440.53 两上海银的海关税务局贷款（Loan from Commissioner of Customs）。根据原始档案，1912 年 7 月 31 日，

---

① 1912 年 9 月 18 日，第 19 次董事局会议讨论，收到中国银行付给浚浦局 27 850.18 两的通知，确认放到"Loan Payment Account"作为 Annual Grant 的一部分，Minutes of 19th Board Meeting，WPC。

② 1912 年 10 月 29 日收到 5 570.04 两，1913 年 4 月 25 日收到 5 570.03 两，是来自 Kiangse 政府通过 Commissioner for trade and foreign affairs 的汇款，Minutes of 25th Board Meeting，WPC；Whangpoo Conservancy Board Receipt from Government Annual Grant，Special Grant and Loan from the Bank of China，WPC Vol.137。

③ 浚浦局因此损失了每年上海银 12 440 两，即政府拨款上海银 512 440 两（关平银 46 万两）与银行贷款本息 50 万两之间的差额。1912 年、1913 年、1914 年与 1915 年合计 49 760 两上海银。董事局判断，收到的上海银 33 420.21 两应属于此款。1916 年，董事局再次讨论政府拨款与银行贷款事宜，仔细甄别往来款项归属，Whangpoo Conservancy Board 134th Meeting Minutes，WPC。

④ 1911 年应收到 5 636 840 两，仅收到 3 217 017.13 两，尚未收到 2 910 156.39 两。

⑤ Schedule of Payment of Interest and Repayment of Principal on the Loan to the Conservancy Board from the Ta Ching Government Bank，WPC Vol.137.

⑥ Whangpoo Conservancy Board 259th and 260th Meeting Minutes，WPC Vol.96.

第12次董事局会议通过了退还贷款的决议,在3个月内全部偿清(见表4-3)。①

表4-3　1906—1910年费用一览表

年　份	425万两借款利息/上海两	人员与设备费用/上海两	高桥工程费用/上海两	吴淞外沙工程费用/上海两	修治工程费用/上海两	总计/上海两
1906		100 602			9 391	109 993
1907		178 019		48 946	300 831	527 796
1908		201 268	625 000	766 821	680 788	2 273 877
1909	65 625	208 698	507 614	675 941	464 318	1 922 196
1910	170 625	172 819	770 275	487 461	388 637	1 989 817
合计	236 250	861 406	1 902 889	1 979 169	1 843 965	6 823 679

数据来源:浚浦局与外单位关于资金、借贷等来往函件,WPC Vol. 96,p.91.

清末时期,黄浦江浚治的两项主要工程是筑吴淞导流堤与开辟高桥新航道。至两项重大工程基本完成时,总费用达到682万两以上,加上政府特别补助用款30万两,合计720万两,但黄浦江全线治理远未完成。清政府所筹20年的工程经费,在4年中几乎用尽,无力继续治浦,新航道的挖掘工作被迫停工(见图4-2)。

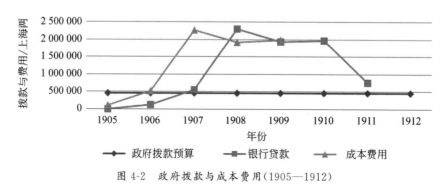

图4-2　政府拨款与成本费用(1905—1912)

浚浦局在"官督洋办"时期的资金,全部来自中国政府的拨款,并借助银行贷款的方式提前支配款项,投入疏浚工程,造成了4年花光20年预算的后果,直接导致

---

① 1912年7月31日,第12次董事局会议通过了refund of the loan决议,决定将收到的三笔款项,即Jan 4905.99, Feb 21534.54 在3个月内分三次退还,即Aug 9000,Sep 9000,Oct 8440.53,Minutes of 12th Board Meeting,WPC。

机构的困境和运营搁浅。1911年,浚治工程宣告暂停。中国政府没有继续拨付资金,浚浦局的疏浚工程因此也不得不暂时搁浅。此外,当时发生了雪上加霜的商业欺诈案,甚至惊动了中央政府。中国政府虽固执己见"认筹全费",但最终以失败告终,从而不得不改收海关附加税,为疏浚大业保驾护航。

二、 征收海关附加税:专款专用的浚浦捐(税)

浚浦局改制后,海关附加税的征收替代了政府拨款,成了疏浚公共事业的财政资金供给的支柱。上海为全国最大口岸,承载着全国进出口贸易吞吐量的半壁江山,其贸易额和所收关税①均占全国前列。

《辛丑条约》允许开征浚浦捐,但并未执行,机构改组时再议征收海关附加税。奈克离职前曾提出:"将善后工程开具节略,每年经费约需30万两,但中国照约章所筹浚浦经费,已于此项大工暨借款利息用尽,至1910年9月底,仅有上海规银65.4万两,不足以办理善后养工各项工程。"4年时间内,清政府在浚浦工程上花费巨资,确对"浚浦专约已尽其责,况当此库款支绌之时,万难再添筹此项善后养工经费",倘若"将现在浚浦工程即行停办……恐各国因此要与上海商务利害攸关,势必不与中国相商自行办理"。于是,南洋大臣张人骏根据江海关美籍税务司墨贤理的建议在陈条中禀称,中国政府对于"加税一节总须从速开议定夺办法,不可延缓,按照1909年江海关税册,凡在出口进口货物之关税上加抽3%,每年可获关平银18万两,进口船舶每吨抽银一分五厘,每年可多获关平银13.5万两。合两项加抽之船捐税项,应足敷浚浦应办善后养工各项工程每年经费"。张人骏采纳墨贤理的建议后,于宣统二年(1910)四月十五日,在向外务部咨明黄浦工程的呈文中提出,"为今之计,尽可能与各国开议协商抽收特捐税,以作此项善后养工经费……如此办法,中国既不费国帑,不失国权,而已办之浚浦大工且可永久保全矣"。此后,外务部与驻京外国公使几经"开议切商",抽收进出口捐税,作为善后养工的经费(见图4-3)。

---

① 除了小部分免税物品外,进出口货物均征收关税。其中,吨位税(船钞)由海关征收轮船吨位在150吨以上者每吨计银4钱,小吨位船每吨计银1钱5,及埠头和灯塔等费用包括在内。船钞每付一次,可历时4个月,在此期间,在上海或其他口岸停泊不再重复收税。此款用于建筑及维持灯塔等,由海关船政局管理。码头捐为正税2%,由海关代征,丝茶钱币另有规定,免税货物抽估价1‰,每年约可收银75万两,分拨给公共租界工部局50%,法租界工部局30%,中国本地官厅20%。停泊费为浮筒租费先3日33～75两不等,起重机租费另计,堆栈费10天之内由承装之船支付。此外,还有码头费、码头租费等其他税费。

图 4-3　海关征税船(Custom Revenue Cruiser)

资料来源：浚浦局 1917 年扬子江口水文报告。

　　改组后的浚浦局,终于决定起征浚浦税。浚浦经费从由中国政府国库支出改为由海关税率中征收浚浦税,作为疏浚主要经费,并以出售涨滩收入作为辅助经费。于是,自 1912 年 5 月 15 日起,由江海关代表代征浚浦捐,籍资补助其捐率。凡应征税之进出口货物按关税 3‰,免税货按估价抽 1.5‰[①]。凡对应征税货物所征收的浚浦税税款,由海关收税处代征,并开具税款缴纳证。收税处收到税款后,逐笔记录在江海关浚浦税专账上。每月终了,海关将本月所收的浚浦税总数,扣除25‰的手续费(Commission),[②]然后开具支票,解送到浚浦局,进行结算。是年 11月,收到第一笔浚浦税上海银 46 540.88 两。[③] 12 月间,复将进口金银一项减按从价0.45‰征收,即进口金银每千元国币纳捐 4 角 5 分。[④] 免征浚浦税货物包括外国海军和军需用品,外国使领馆及领事用品,免税的自用品及家用品,红十字会的救济物资、灵柩、洪水救灾物资、免税的金银,由汉口、苏州或者嘉兴转口的进口货物等。此外,浚浦税主要针对出口的土货,土货转口及复出口货物,船用物品及免税垫舱物料,转船货物,空运进口货物等一律免税。

---

　　① 浚浦局拟议改组草案,浚浦局沿革概略,WPC Vol.10,p.3。

　　② 董事局会议纪要第 1~32 次会议,1912 年 5 月 12 日,第 2 次董事会议公布了浚浦税将自 1912 年5 月 15 日起由海关代征,其中 3%~5% 给海关作为佣金,后在第 4 次董事局会议上调整为 2.5%,WPC Vol.14。

　　③ 有关这笔资金的来龙去脉,在董事会议上有详细讨论,Minutes of 26th board meeting,WPC Vol.14。

　　④ "8·13事变"后浚浦局工程作业概况、组织现状、接受后情况及复原工作发展等概况,WPC Vol.11,p.58-60。

收缴的浚浦税总额一路攀升。浚治浦江及扬子江口神滩两大工程关系国家经济及上海商港繁荣至为重大所需经费,向恃浚浦捐之收入为挹注。[①] 自 1912 年 5 月 15 日起至 1921 年的 10 年间,经海关代征的浚浦税超过 500 万两,与当年清政府承诺拨款数额相当。其中 1921 年计收 80 余万两为最高,远远超过当年清政府承诺的年 46 万两白银之额度。[②] 浚浦税收入有利于添置船舶技术装备,发展疏浚能力,不断改善航道。

20 世纪 20 年代,中国航运贸易有了突飞猛进的发展。上海关税总额从 1922 年的 2 200 万海关两,大幅上升到 1931 年的 1.25 亿两。海关关税增加的同时,浚浦税也随之增长,1922—1931 年共收入约 1 500 万两上海银,年均收入约 140 万两上海银,其中 1931 年浚浦税收约为 450 万两,较 1922 年成倍增长。同年,上海港占中国对外贸易的 47%,海关税收占全国的 51%。另一方面,自浚浦经费由附加税中征收后,浚浦局财政状况持续改善,加快了船舶装备及设施建设。

币制的变更影响着浚浦税的征收。1931 年,浚浦税的征收开始启用海关金作为货币单位。[③] 并按照现行的征收制度继续用海关两为货币单位计算并征收,而将海关进口关税部分按海关金为货币单位进行征收。因此,自 1931 年 8 月至 1938 年 4 月间,浚浦局同时收到来自海关的银两和海关金的浚浦税转账。

---

① Letter from Chamber of Commerce to the Ministry of Foreign Affairs,WPC Vol.145;Letter form Whangpoo Conservancy Board to the Minister of Foreign Affairs,WPC Vol.145;税费收支情况,WPC Vol. 192,p.19-21。

② 每一次董事局会议都会首先就上期浚浦税向董事局作通报,并记录在董事局会议的开始部分,说明非常重视;其他史料还有关于税率调整的往来信函与各方主管部门的沟通交涉的记录,详见浚浦经费及年收支报告的记录,WPC Vol.37;浚浦局税费率来往函件,WPC Vol.145;浚浦局税费收支情况,WPC Vol.192;浚浦局资产税收状况、船舶机具及疏浚经费研究,WPC Vol.215;局疏浚工作、浚浦税收、事物开支等方面的呈报,WPC Vol.221;局资金与收入情况表,WPC Vol.227;局关于浚浦捐税等事的呈报及外交部、财政部指令,WPC Vol.279;关于增加浚浦捐税率事,WPC Vol.285。

③ 中国政府 1930 年 1 月改用海关金单位收税。浚浦局有大量关于海关金 Gold Unit surplus 的讨论:1931 年 8 月 10 日,收到江海关通知,浚浦局在中央银行开设 Gold Unit 账户,自此接收 Gold Unit 支票转账。浚浦局按此执行,接收 Gold Unit 浚浦税;1931 年 12 月 11 日,董事局会议,Gold Unit 账户兑换:G.U.1.00＝US＄0.40,WPC Vol.36;将全部 Gold Dollars 转到 Gold Unit 账户的决议,Minutes of 481th Board Meeting,WPC;Tael-Dollar Conversion,Minutes of 482th Board Meeting,WPC;Gold Unit Surplus,Minutes of 454th Board Meeting,WPC. G.U.1.00＝Tls. 1.80,见 Minutes of 491th Board Meeting,WPC. G.U.1.00＝Tls. 1.90,Letter of Chamber of Commerce to the Ministry of Foreign Affairs,July 15th,1933.1G.U.equals to ＄1.9,WPC Vol.145. 兑换汇率有变化,本著浚浦税按照 G.U.1.00＝Tls. 1.9 兑换率折算。

在商界呼吁下,浚浦税多次对国货土货减免税额。1931 年,江海关税务司函请对由他口至本口,及由本口往他口之土货准予免纳浚浦捐。[①] 1933 年,上海商会出面,代表商界申请减税。7 月 22 日外交部令,上海商会电请减轻浚浦捐征额:"上海商会代电以据,糖业同业公会提出议案,请减轻码头捐及浚浦捐两项征额,除码头捐为上海市政府主管已分呈市政府外查浚浦捐创始于辛丑条约,改定于民国元年,当时与列国公使缔结河港修筑税,新约规定浚浦局经费每年以关平银 46 万两为度,现在海关新税则实行之后浚浦捐向按 3% 征收者,无形中随之增加,殊与原约意旨不符,请海关减轻征额等。据原议案内称,近年关税迭增,浚浦捐随之增收,较之前所规定,几乎达十倍,闻浚浦局因收入丰裕,议购置浚海轮机,开浚铜沙。本部查浚浦捐根据根据辛丑条约为修浚浦江经费之需,事体极关重要,唯征额轻重为进口商利害所关。原电所称,近来均款用途已溢出浚浦范围以外,其关系情形如何,所请减轻征额及勿随新税进增之处,能否量予照准,应按照浚浦暂行章程当地商业状况兼筹并顾。期于港务商情两无妨碍,方臻妥协。"(见图 4-4)[②]

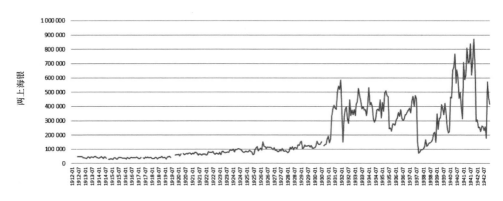

图 4-4　1912—1942 年浚浦税月收入

资料来源:WCC-TS reports 1912—1942。

浚浦局还主动减免浚浦税额。1935 年 6 月,董事局会议决议呈请对原来免税的转口免税货物(Interport Duty Tariff)和再出口货物(Re-exports),包括免税出

---

① 为体恤商艰,推销国货,1931 年 6 月 30 日,财政部和外交部发布通告,所有沿国内各口岸转运之国货,停止征收转口货物(interport)的浚浦税,自 7 月 20 日起执行。1931 年,江海关税务司函请对由他口至本口,及由本口往他口之土货准予免纳浚浦捐的浚浦局税费率往来函件,见 WPC Vol.145。董事局会议上,就 1931 年 6 月 30 日财政部和外交部发布通告,所有沿国内各口岸转运之国货,停止征收转口货物(interport)的浚浦税一事的详细记载,见 Minutes of 454th Board Meeting,WPC Vol.192。

② 浚浦局回复"民国二十三年(1934)三月六日,为钧部或军事委员会在国外购办政府所需免税物品应免征浚浦税",与上海商会等机构关于浚浦税率的往来函件,见浚浦局税费率往来函件,WPC Vol.145。

口货物(Duty-free Exports)，也征收浚浦税。① 董事局呈请外交部和财政部，为了促进贸易，建议取消征收该税一年作为尝试。顾问局同样赞成暂时免收该两项税，1年为期。很快，7月份就收到财政部和外交部的回复，同意浚浦局免税一年的呈请，自8月1日起执行。② 1935—1936年间，浚浦局又关于浚浦税税率进行多次商讨。③ 1年后，1936年6月，浚浦局复向财政部和外交部呈请再续免税。④ 7月，即收到肯定的回复，免税期延长至1938年7月底。⑤

日据时期，除力求节俭开支外，开源是增收的主要手段之一。为恢复已废除的税率，1942年7月7—8日，浚浦局局长李建南、日籍局长赤谷由助、并择彻分别向总税务司、汪伪财政部呈报"恢复转运复进口及转口土货局收"称，"1931年本局以土货复进口税。业经中央明令废除……军兴以还，本局税收税减。无如物价飞腾……凡此诸端，节无可节。局长等再回思维，彷徨无策，惟有先行恢复征收轮运复进口及转口货浚浦税，俾可稍裕局收"。1942年10月12日起，转口货物又重计征浚浦税。同年10月26日，经征轮运复进及转口土货浚浦捐"虽经恢复征收旧税率，仍难弥补收支不平衡的缺口"。当局认为提高浚浦税率亦是提高收入的有效手段。⑥

1943年，汪伪政府收回租界。5月25日，汪伪财政部部长对于浚浦局呈请函中"近税收锐减，支出浩繁，收支相抵，不敷甚巨"表示认可，并同意提高税率的请求，同意"准令到之日起，将现行浚浦税率提高至关税10%，免税货物每值千元改

---

① 董事局会决议呈请对原来免税的转口免税货物(Interport Duty Tariff)和再出口货物(Re-exports)，包括免税出口货物(Duty-free Exports)，也征收浚浦税(Conservancy tax On Exports)的记录，Minutes of 505th Board Meeting，WPC Vol.38。

② 史料保存着董事局呈请外交部和财政部的函，以及收到财政部和外交部的回复，同意浚浦局免税1年的函。Consultative board's letter，Minutes of 506th Board Meeting，WPC Vol.38；浚浦局至财政部长的函，WPC Vol.192。

③ 有关浚浦税率调整的多方反复讨论的函件，见 Conservancy tax on exports，Minutes of 507th Board Meeting；Tax on Re-exports & Duty-free exports，Minutes of 512th Board Meeting；Tax on Re-exports & Duty-free exports，Minutes of 513th Board Meeting；Conservancy Tax on Re-exports & Duty-free exports，Minutes of 520th Board Meeting，WPC Vol.192。

④ 1936年6月，浚浦局复向财政部和外交部呈请再续免税的函件，见 Minutes of 512th Board Meeting，WPC Vol.38。

⑤ 7月，即收到肯定的回复，免税期延长至1938年7月底的函件，见 Suspension of Conservancy Tax on Re-exports & Duty-free Exports，Minutes of 521th Board Meeting。

⑥ 1943年，国民政府行政院财政部关务署指令秘字第2号文件称，"为据江海关呈拟，对于国内邮包暂免征浚浦捐。照准"，见浚浦局税费收支情况，WPC Vol.192。

抽五元",批准提高浚浦税率。① 自 1943 年 6 月 1 日起,执行新税率,②海关长谷冈胜美代表海关亦发出通告,"江海关为改订浚浦捐捐率定期施行,自 6 月 1 日起,改订为征税货物按照税率 10% 纳捐,免税货物从价 5‰纳捐。"1943 年,海关还先后发出通告:"7 月 1 日起,税率货物将从量征税改为从价征税,且机制洋式货物与普通土货同等待遇,一律征税";"输运土货由国内各地运来上海及由上海运往国内各地,自 10 月 12 日起,一律征收浚浦捐。"浚浦税率骤然从 3% 直接升至 10%,免税货物从 1.5‰升到 5‰,涨幅如此之大,覆盖面之广,令人咋舌。自此,浚浦税总额进一步加速攀升。

1945 年,日本投降,中国政府收回租界。浚浦税率恢复到 1912 年的水平,即凡应征税之进出口货物按关税 3%,免税货按估价抽 1.5‰。③ 10 月 7 日,浚浦局拟文呈请将浚浦捐暂按原捐率 3% 加倍征收。"浚浦工程一切经费向侍浚浦捐收入。该项浚浦捐,系由江海关代征,其捐率依照民国元年浚浦章程第四条之规定,所有上海进出口货物,概照应征关税数目附征 3%,免税货物则按值征收 1.5‰。历年以来,惨淡经营,多项设施,逐渐完备,浚理颇有成效。自太平洋战争,局机船七十余艘,多被敌军掠夺,所剩无几,张家浜,吴淞等疏浚工作,应积极进行。当务之急,尤以扬子江口铜沙浅滩,亟待实行疏浚,刻不容缓……将浚浦捐暂按原捐率加倍征收,所有上海进出口货物,概照应征关税数目附征 6%,及免税货物则按值征收 3‰,以裕经费,而利浚务。"(见图 4-5)④

1946 年,第 533 次董事局会议再次讨论,再次向政府呈请将浚浦捐从 3% 增至 6%,免税货物从价 1.5‰增至 3‰。⑤ 后又经董事局反复商议,拟将浚浦捐税为关税 3% 增至 10%,⑥待挖泥船只及修理设备补充复原后再行酌量减低事宜。"为推进浦江及恢复深滩两大疏浚工程,急需巨额经费,以便添购和修理挖泥船

① CRB 中央储备银行的存在时间为 1941 年 1 月至 1945 年 8 月。

② 自 1943 年 6 月 1 日起,全面执行新税率的函和通告,Imports and Exports:Dutiable Goods charge 10% of customs duty, Dutiable Goods passed free charge 10% of duty leviable, Duty free goods charge 10% of 5% of value, Treasure charge $0.45 per $1000. Memorandum No.69, Collection of Conservancy Dues, WPC Vol.192.

③ 组织接受情况,见 WPC.Vol.11。

④ "呈为拟议将浚浦捐暂按原捐率加倍征收请核示由",关于增加浚浦捐税等事,WPC Vol.285。

⑤ 1946 年,第 533 次董事局会议再次讨论,再次向政府呈请将浚浦捐从 3% 增至 6%,免税货物从价 1.5‰增至 3‰的记录,见 Minutes of 533th Board Meeting, WPC Vol.38。

⑥ 昭和十七年(1943),税率骤增到 10%,疏浚工作、浚浦税收、事务开支等方面的呈报,见 WPC Vol.221。

只和器材。分别于 1947 年 2 月 20 日、5 月 20 日、7 月 22 日及 11 月 14 日多次呈请将现行浚浦捐率提高至进口应税货物应征关税 10%，免税货物从价 5‰。"
（见图 4-6）①

图 4-5　民国时期关于浚浦税往来函件

1948 年，财政部令："经核准成本增加均在一倍左右，与基准捐率无甚变动。浚浦捐请按进口税，提高至 10%，免税货物按值提高至 5‰征收，核与原定捐率 3% 及 1.5‰，已增至两倍以上，兹复请予一律从价按 3% 征收，则进口货物属于低级税率者，竟增至 20 倍，与原定捐率出入更大，负担失平，影响恐多。本部为兼筹并顾，经拟请准照海河闽江附捐提高成案。将浚浦捐原捐率提高一倍，改按进口应税货物应征正税的税率 6% 征收，进口免税货物改按货值 3‰征收，则收入倍增，疏浚工程既可广续进行，负担无轻重不均之弊。遵照此令，本年 2 月 1 日起照新捐率增收。"税务司张勇年遂于 1948 年发出江海关第 186 号通告："案奉总税务司令，以奉财政部令，本关代征之浚浦捐，自本年 2 月 1 日起，进口应税货物，应改按正税

---

① "疏浚工程所需工料价格不断上升，员工生活补助费时有增加，原请提高之捐率，使其收入仍未能配合实际需要。""呈请浚浦捐率按照天津海河附捐及闽江浚河费，提高之例，改按进口货物从价 3‰征收，免税货物一律照征。以利工程。"关于增加浚浦捐税等事的往来信函，详细记载了各方之间就浚浦税率的讨论与谈判，见 WPC Vol.285。

6‰,进口免税货物该按货值 3‰征收。所有自本年 2 月 1 日起申请报运进口之货物,均须一律按照新率代征浚浦捐。"①奉此令,进口洋货的正税增为 6‰。进口免税洋货,增为按从价 3‰征收。

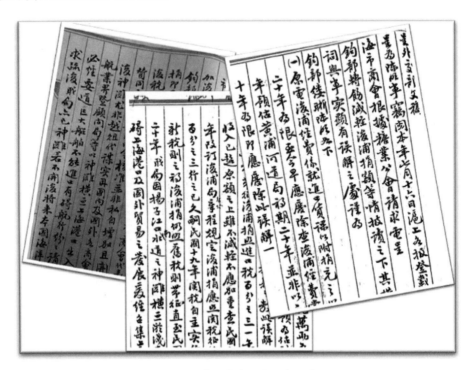

图 4-6　关于浚浦税的往来函件

1950 年 9 月,第 704 次董事局会议上,主席报告,现行浚浦捐率为应征关税货物按照关税征收 6‰,免税货物则按价征收 5‰,送呈交通部,核议中交部当即一面呈报中财委会,一面派三专员来沪了解。② 1953 年 1 月 17 日,根据外贸部令,上海海关与市外贸管理局合并,统称上海海关。2 月 1 日,停止代征代缴浚浦税,由港务局接办后续事宜。③ 至此,浚浦税完成其历史使命。

除了浚浦税外,浚浦局还有些自营收入,包括委托疏浚,委托或自主填地、租地、卖地收入。此外,1912—1949 年间,浚浦局由于流动资金充足,经董事局会议决议,利用闲置的流动资金,在各大外资银行和中国银行都购买了大量的政府债券

---

① 关于增加浚浦捐税等事的往来信函,谈判过程,见 WPC Vol.285。
② 关于港章,提高浚浦税率、沿岸滩地、浚浦局组织系统表及设立浚浦局的过程,见 WPC Vol.7, p.23。
③ 董事局会议上记载有关停止代征代缴浚浦税,由港务局接办后续事宜,见 Minutes of board meeting, 1949—1950,见 WPC Vol.36。

及各种金融产品、定期存款等,凭此获取利息收益。

在共议基础上,政府和海关等利益相关方对疏浚专项海关附加税有立法权和征收权,且在疏浚建设中发挥了非常重要的作用。纳税强化了监督机制,也实现了公共物品分配上的相对公平,税款的稳定性还为疏浚机构提供了稳定的收入来源,成为疏浚黄浦江的主要资金来源。

第五章
疏浚技术能力的建设

第一节　疏浚建设基础理论与规划设计

一、科学的治理理念与理论研究

理论与实践相结合的治河理念,为海河和黄浦江的治理提供了先进、科学的整体解决方案。对西方技术的引进也包括引进先进的治河理念,由于海河工程局历任总工程师都是外国专家,他们为海河治理提供了先进、科学的治河理念。

在海河工程局成立之前,当时海关税务司德璀琳已经聘请工程师林德对海河进行了详细的调查。林德所做的这些调查和所绘制的河流图,为海河工程局后续工作的开展提供了重要依据。后来,林德担任了海河工程局第一任总工程师。林德认为,当时中国治理河道存在的一个问题是,为了保护河堤不被湍急的水流冲垮而构筑更为宽大的堤防,认为这样能够让河道容纳更多的水。永定河从卢沟桥开始到下游三英里处的河床突然开阔,造成了水流急速下降,由此造成沉淀和浅湾。原设想这会降低河道阻力,但事实上,只要河道宽度较其深度比例失调,反而会使得水流阻力增加。河道过宽的直接后果是抬高河床,这当然不是好事。不仅如此,这还会造成河道宽度比其上游一英里处增大了 7 倍,永定河卢沟桥附近曾出现过这种情况。为了保持河堤处于良好的状态,需要让主流河水与河道平行,从而不让水流冲刷堤坝。[①]。

除了引进西方的设备,海河工程局也会将测量记录和样本带到国外进行科学

---

① 　Hai-Ho Conservancy Board 1898—1919,p13.

鉴定。如 1911 年的年报中就提到,将潮汐计读数的结果送到美国海岸和地理测量站做分析,由美国部门编印潮汐年报,提供给海河工程局做确切的预报。[1] 又如,将挖起来的泥沙的样本,送到英国的几家挖泥修造厂,由他们确定这类泥沙的挖泥功率。[2]

　　1923 年,海河工程局打破国际壁垒,邀请世界著名的法国专家路易斯·佩雷(M.Leuis Perrier)先生来华,这是路易斯·佩雷首次也是唯　　次来华,他对海河进行了测量、勘察、研究,并对大沽沙的改善提供建议,最终编写完成《关于海河及大沽沙的报告》(见图 5-1)。

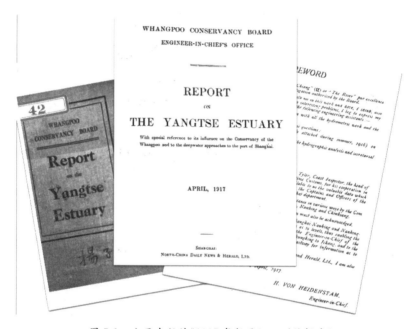

图 5-1　公开出版的《1917 年扬子江口测绘报告》

　　再如,浚浦局海德生的主张与奈克的主张基本一致,他们认为治理黄浦江河道,须使潮量增加,增加淡水径流的冲刷力,尽其所能地利用其本身来维持河道。黄浦江 2/3 的容潮量是在江南造船厂的上游、下游的深宽靠潮水,退潮时间长,径流水清。“因退潮较涨潮时间持续为长,冲刷效力较强,因此,加强和集中退潮是必要的”,“每一个合理的导治计划,应注意到潮量的增加方法是消除浅滩及其他障碍物,使潮水易于流入,从而增加其前进的速度”,“在潮汐河流内,水道有赖于潮流所

①　Hai-Ho Conservancy Commission Report for 1911.
②　Hai-Ho Conservancy Board 1898—1919,Tientsin Press,1920,p.29.

引起的冲刷力"，"黄浦江导治工程的工作，或者来个最好定义，就是治理有决定性的速力，以便达到向往中的河道状况，并且在最高限度上尽可能由它的本身来维持自己"。[①]

　　总工程师兢兢业业，不仅负责技术和机构管理，统筹疏浚工程，还善于在工作中积累素材并归纳总结，形成理论研究成果。1912 年浚浦局改组后，海德生在任期间，亦是浚浦局的黄金时段。随着测绘工作的开展与不断深入，浚浦局陆续出版了以英文为主的各类技术文献和出版物，囊括了水文测绘、港口规划、工程设计等技术要素的详细数据、图纸、图表，还包括上海港与英美等国际一级港口的横向对比，以及上海港对外贸易的总结和展望，从理论和技术的层面支撑了上海港的未来发展。[②]

---

　　① 《上海航道局局史》，2010，第 38 页。

　　② 此期间的正式出版物不胜枚举，1911 年和 1912 年有 *Project for the Continued Regulation of the Whangpoo 1911 and 2nd Edition 1912*；1916 年和 1918 年先后发表关于黄浦江水文的第一号和第二号报告 *Report on the Hydrography of the Whangpoo*（1916），*Report on the Hydrography of the Whangpoo No.2*（1918）；1917 年发表了系列《关于长江口口湾的调查报告》和《扬子江口水文报告》，即 *Report on the Yangtse Estuary：with special reference to its influence on the conservancy of the Whangpoo and to the deep water approaches to the port of Shanghai*（1917），报告指出由于航道深度的要求日增，上海港的潜力问题亟待进行专门研究，后又持续对黄浦江的水位、涨滩、潮沙、流向以及淤塞情况进行勘测工作，了解长江口对黄浦江的影响，研究吴淞口以下的长江河道，尤其南水道的稳定性与将来的变迁；1918 年，即上海未来发展报告 *Report on the Future Development of the Shanghai Harbour*（1918），指出上海港的潜力很大，任何工程都需通盘筹划，从长计议（R. E. Bredon et al，1985，196）；同年，还发表了 *Hydrological Data for the Yangtse Estuary up to 1918*，*The Improvement of the Huangpu River*（1918）等；1919 年，顾问局委托浚浦局对改进港口南水道和尽快发展上海港的建设进行深度研究，对杭州湾和苏州河做了水文勘测，出版了 *The Hydrology of the Hangchow Bay*，*Preliminary Project for the Regulation of the Soochow Creek*（1919）。继 *Shanghai Harbour Investigation*（1919）之后，1921 年，海德生总工程师的 *Shanghai Harbour Investigation Various report to the Engineer-in-chief on special investigations*（1921）包括了 1919—1921 年数据；1920 年出版了 *The improvement of the Huangpu River*（1920）；1921 年出版了更加详尽的基础研究系列报告，包括 *Shanghai Harbour Investigation*，*report by the committee of consulting engineers*（1921），石料报告 *Report to Engineer-in-chief on stone supply*，*various tests made during 1920 and Mud Friction tests*（1921），土壤物理性质报告 *Report to engineer-in-chief on the Physical Properties of the Soil in the neighbourhood of Shanghai*（1921），码头设计报告 *Report to engineer-in-chief on Wharf and Pier Design*（1921），试桩报告 *Report to engineer-in-chief on Piler Tests*（1921），土坯与地下土料报告 *Report to engineer-in-chief on Soil and subsoil material in the district around and approaches to Shanghai*，1919—1921（1921）；1926 年，海德生总工程师的水深报告 *Deep-draft wharves in the Whangpoo*（1926）等；1928 年，Herbert Chatley 总工程师的 *Pile Foundations in Shanghai*，*General Series No. 13*，甚至运用了量化模型进行精密计算。这些水文测绘的研究方法和历史数据，至今都值得参考和借鉴。

二、 制定综合的治理方案

早在清光绪元年(1875),受洋商会之托,荷兰籍工程师安思乐和奈克就率先对黄浦江内沙进行实地考察,[1]著有《关于吴淞外沙的报告》和《改善吴淞外沙的计划》,提出治理黄浦江的不同方案,呈给上海领事团主席。安思乐主张改善老航道,用束窄的永久治理方法,使之加深。奈克则认为,黄浦江径流量很小,长江水深但潮流量很大,河道的维持主要靠潮水,退潮流量大于进潮流量,退潮挟带一部分沙出口,应尽可能增加进潮量。距河口 4 公里的北港嘴阻碍进潮量,为增加进潮量,须将北港嘴放宽改直。奈克主张堵塞老航道,改用帆船航道为单一航道,凭借冲刷之力,吴淞内沙将自然消失。次年,商会英籍主席给驻华英国公使去函:"如果中国政府拒绝这事采取措施,可否取得特许,由外国纳税人征收中外船舶吨位税,以作疏浚港口之用呢?"[2]直接提出了筹资可行性方案,就是后来浚浦税的雏形。

光绪八年(1882),德国工程师方休斯(Ludwig Franzuis)和英国工程师贝斯(Lindon Bate)提出与奈克意见相反的"上海港黄浦江的改善计划",主张维持与改善北支老航道继续为轮船航道,未被采纳。奈克始终坚持用两岸堤工的束窄方法并加疏浚来治理黄浦江。然而,那个时候中国政府并不愿意借助洋人的力量开展黄浦江治理,黄浦疏浚没有决定性的进展和实施。光绪十三年(1887)至十四年(1888)间,由海务处巡工司别思比(A. M. Bisbee)主持,在布劳恩(R.Braun)、安德森(Anderson)船长等的协助下,对吴淞口和从吴淞口到上海黄浦江,长江南部入口部分从鸭窝沙向外延伸的 16 英里一段等进行了一系列测绘。光绪二十年(1894)五月,别思比(A. M. Bisbee)在所著 *Woosung Inner Bar*,即《吴淞里(内)沙》中,列出了 1842—1897 年吴淞内沙和吴淞外沙测绘地的最低水位水深变化,分析了自吴淞口起上行 29 公里内水域截面的变化后,建议从吴淞口至江南造船所全面疏浚整

---

① Escher and Rijke were paid 2500 Shanghai tael for their study, and during their stay they met the consuls general of the US and Britain, the Dutch honorary consul, the consuls of France, Japan, Germany, and Austria-Hungary, the chairman and the secretary of the Shanghai Municipal Council, the Commissioner of Customs, and the Shanghai Daotai. Diary G.A. Escher 1873—1876, private collection L. Blussé (Putten, 2001,152).

② 《上海航道局局史》,2010,第 4 页。

治黄浦江。①

上海洋商总会多次出资,聘请奈克对浦江流域进行系统化的水文测绘,②并提出疏浚整体解决方案,倡议只有成立专门机构,并得到全面授权以及充足的资金支持,才可以大规模开展机械化疏浚。光绪二十四年(1898)年初,奈克写给上海总商会的《从上海向下游的黄浦江》中,附有1898年5月3日设计的"A"方案,建议自距河口10公里高桥沙处另开一条新河道通达长江;而1898年6月设计的"B"方案,重申堵塞老航道,采用南支新航道,从吴淞口到江南机器制造总局33公里,用疏浚导治的方法,治理航道。③ 这些报告和方案,成为浚浦局制定疏浚方案的第一手参考资料。

1905年,浚浦局成立后,清政府履行承诺,以20年为期,年拨银46万两,下定决心全面治理黄浦江。奈克被聘为浚浦局总营造师,全面实施其早年提出的"B"方案,全面治理黄浦江。④ 次年,奈克在自河口段起向上游约19英里(31公里)内,制定左右两岸浚浦线(Normal Line),⑤整齐平顺固定岸线宽度。在浚浦线之外,禁止建造任何建筑物,且实行自下而上收缩河口,使涨退之潮流汇归一道,以去除外沙

---

① 同治七年(1868),江海关成立船钞部门(Marine Department),由海事税务司(Marine Commissioner)掌管,直隶于总税务司。海事税务司由一名理船营造司(Harbour Engineer)、二名灯塔营造司(Coast-Light's Engineer)辅助,并将沿海各口北、中、南三段,各设一名巡查司(Divisional Inspector,后改为巡工司)管理;同治十年(1871)初,海事税务司裁撤,船钞部门由总营造司(Engineer-in-chief)和南北段巡工司分别管辖,亦受各口税务司指挥,船钞部下设营造处、理船厅(后改为理船处)、灯塔处。总营造司负责一切技术、建筑及机械设置等事宜,巡工司负责船钞部门的职员调配、行政事务及理船等事宜。光绪七年(1881),南北段巡工司均裁撤,设立各口巡工司(Coast Inspector and Harbour Master),由上海理船厅兼任,光绪十七年(1891)更名为"巡工司"(Coast Inspector)。1928年,海政局更改为海务科,巡工司改为海务巡工司,总营造司改为总工程师。1929年年底,工务科裁撤,建筑及维修关产事务划归总署关产股,其余事务仍合并到海务科,由总工程师和海务巡工司共同管理,(刘武坤,1987,第128-133页)。

② 1898年,奈克著有《上海外商总会关于通往上海水路的报告》(*Report to the Shanghai General Chamber of Commerce on the water approaches to Shanghai*)(印永清,2009)。

③ 海德生 Project for the Continued Whangpoo Regulation,1912,WPC Vol.74。

④ 1906年时的吴淞外沙,最低水位下水深为4.0米(滩顶高程为−4.9米),距河口5.3公里处的河道分为南、北两支,北支轮船航道即老航道,在其出口处亦有浅滩名吴淞内沙,两支在距河口11公里的高桥港处又合二为一。距河口24公里过渡段又有浅滩为汇山浅滩,最低水位下水深为6.1米(滩顶高程为−5.8米)。治理前的黄浦江航道水况较为紊乱,河身有宽有窄,航道深浅不一,暗沙浅滩既多,水流又较分散,以致水深不足,碍航处众多,大船难以通行。自1906年起,浚浦局采取整治与疏浚相结合的技术措施。吴淞内外沙因水过浅,阻碍大轮进出港口,导治需要最急,作为重点首先整治。《上海航道局局史》,2010,第1-10页。

⑤ 局上报港务监督关于上海港内疏浚、浚浦线等港务管理事项。浚浦线规定在黄浦江上端江南造船厂处宽1 197英尺(365米)、河口处宽约2 690英尺(820米),并设定航行深度为6.1米的要求。这是以经距河口15.2公里的陈家嘴河宽为依据,在近河口处逐渐放宽,使整个航道呈漏斗形。而奈克的浚治方案,就是使黄浦江河宽符合浚浦线的指标,且浚浦线向岸52英尺(15.4米)为驳岸线(东沟以下为30.48米),规定浚浦线和驳岸线之间,只能造桩架式码头,或者浮码头,不能造实体建筑,WPC Vol.293。

之障碍；切削或拓宽北港嘴河身，以畅其流；堵塞轮船道，开挖帆船道，使河流全归此道，以收狭、修齐河身，根除吴淞内沙之障碍；收缩周家嘴河身，切削陆家嘴，以放宽河身，深潭之处加以填底；切削南市嘴一带河身等一系列整治措施。

1914 年 5 月，海德生还提出"考察长江口口湾的必要性"，指出长江口沙洲（神滩）才是洋轮进出港的障碍所在，并开始注重长江口的全面水文和水文地理测量，以及长江口整体对江河的影响调查。自 1914 年始，对长江下游地区芜湖至吴淞口，进行了地形、地貌、潮位、流量等内容的水文调查，对黄浦江潮沙、水流及淤积情况，每日均有详细记录。[①] 浚浦局还对支流小河和长江口神滩等进行疏浚。自 1931 年起，用 6 年多的时间，浚浦局从苏州河河口到北新泾的虞姬墩普浚一次，浚后水位，高潮更高，低潮更低；潮差增大，流速亦有增加，航道畅通；自 1931 年 2 月起，连年疏浚，常有 2 艘小型挖泥船在苏州河内施工。

同样，在海河工程局成立之前，天津商会和海关税务司德璀琳就曾聘请丹麦人林德对海河进行了详细的调查。光绪十三年（1887），曾 10 次出任英国工部局董事长的德璀琳曾在海关报告中写道："河道淤浅的速度加快了，海河正在成为口岸怪物。"光绪十六年（1890）十月十九日，德璀琳第三次函呈李鸿章，推动疏浚；光绪二十一年（1895），天津商会委托林德策划治理海河方案；林德于光绪二十二年（1896）在《海河报告》中提出系统性治理构想。虽然林德的治理方案与中国传统治水思路不一样，[②]但他通过对海河进行勘测所形成的基本治河思路具有很强说服力。河道治理是个系统性工程，他本着循序渐进的稳健路线，并且取海河泥样，通过领事馆送欧洲专家化验，弄清海河泥沙的性能及其适应性；全面勘测海河，包括水文、地质、河道及两岸，大沽口的海浪、潮汐、海岸等；通过三角测量和大沽零点的设置，明确水准测量标准；建造小刘庄船厂，为船舶组装和维护做准备，并系统培训员工。在此基础上，林德提出整体疏浚方案，即塞支强干、护岸维护和裁弯取直。[③]

---

① 自江南造船所迄吴淞各突出临界地点的标准横断面、主要航道每隔一定时期都须进行水深测量；整个河道港湾的定期水深全测（每两三年一次），且测量工作曾扩展到所有主要航道及各主要支流，远及浙江北部、江苏南部的太湖流域，搜集整个流域的资料，见总工程师海德生离职时的报告，WPC Vol.115.

② "目前中国治理河道的系统中的一项错误是，相信保卫湍急的河道的最好方法是建筑宽大的堤防，认为这样可以容纳足量的水。"见《海河工程局，1897—1919 年》，第 21 页。

③ 龙登高等：《国之润——天津航道局 120 年发展史》，清华大学出版社，2017，第 37 页。

第二节　技术装备的引进与本土化发展

疏浚活动虽然由来已久,但是传统疏浚工程是依靠人力使用简易工具进行的。工业革命后,传统疏浚业为以机械为主的现代疏浚业所取代。1837 年,蒸汽动力铲斗被申请专利;1855 年,第一艘液压自驶式挖泥船出现;1864 年,第一艘液压吸扬式挖泥船在巴黎博览会上展出;1874 年,管吸式挖泥船发明出来;1876 年后,三抓式管吸式挖泥船专利诞生。1884 年,两爪式管吸式挖泥船专利被申请。

根据现存文字材料,中国最早的挖泥船当为 1870 年江南机器制造总局(即今江南造船厂)建造的。其被用来试挖大运河。[①] 此为中国境内最早运用挖泥船进行疏浚的记录。该疏浚船舶的建造,本意是为将来仿造外国 2 500 吨级的小型护卫舰积累经验。江南机器制造总局创建于 1865 年,1912 年改称江南造船所,20 世纪 50 年代改名为"江南造船厂",又称为上海机器局,是李鸿章在上海创立的规模最大的洋务企业,经过不断扩充,先后建有十几个分厂。江南机器制造总局是洋务运动时期成立的近代军事工业生产机构,能够制造枪炮、弹药、轮船、机器,还设有翻译馆。江南造船厂被誉为"中国第一厂",堪称民族工业和军事工业的发祥地。江南造船厂雇用了大量的制造工人,可以说是中国产业工人的摇篮、中国共产党早期革命的播种地。至新中国成立前,江南造船厂不仅为海河工程局建造了"开凌""通凌""工凌""飞凌""没凌""清凌"6 艘破冰船和多条拖轮,还为浚浦工程局建造了"海龙""海豹"等链斗挖泥船,"利贸""利大""利中"等蒸汽拖轮,以及近 20 艘泥驳,为近代中国疏浚业做出了很大贡献。

1882 年,清政府屈于英国上海总商会等的长期压力,不得不以 23 000 英镑向英国购买了第一条小型自航链斗式挖泥船"安定号",并于次年 5 月用该挖泥船开始疏浚吴淞口。此为目前找到的中国引进的第一艘链斗挖泥船记录,开创了上海港航道用机船疏浚的历史。

但由于船机功率小,挖泥绞盘力量不足,固定船位的锚链强度不够,加之往返卸泥、定位、起锚等因素,挖泥过程周期长、效率低、费用大而效果差。兼以当时又值中法战争期间,挖泥工作遂暂时搁置。"安定"号是小型双引擎挖泥船,长 165 英尺(50.29 米),重载吃水 12 英尺(3.66 米),吨位 234 吨,每小时航速 7 海里(13 公

①　The North-China Herald and Supreme Court & Consular Gazette(1870—1941),may,5th,1870.

里),160 马力。有泥斗 36 只,斗容 0.5 吨,泥舱容积 600 吨,挖泥效率为 150 立方米/小时。[①]

李鸿章在其创立的天津机器局中自行制造的"直隶挖河船"也是中国较早的挖泥船之一。据张涛的《津门杂记》一书记载,天津机器局在光绪初年曾试制成功一艘挖泥船,该船"以铁为之,底有机器,上为机架,形如人臂,能挖起河底之泥,重载万斤,置之岸上,旋转最灵,较人工费省而工速"。同时也记述了该挖泥船的功效,"议浚大清河,由城北西沽起,现已开浚至独流镇后河,计百余里矣,颇著成效",被命名为"直隶挖河船"。《津门杂记》初刻于光绪十年(1884),因而直隶挖河船的建造当在此之前。上述史实均表明,早在光绪初年,我国已具备了制造挖泥船的能力,揭开了我国疏浚业新的一页。

海河工程局成立后,从海外购进了先进的机械疏浚设备,用于航道的疏浚、裁弯取直以及吹填工程,开中国机械疏浚之始。众多利益相关方之间的合作首先是利益的整合与分配。洋总工程师疏浚经验颇丰,对水运业务非常熟悉,不仅使两局的疏浚技术不断得以提升,而且通过整合国际资质、人力资源、物力财力等国际资源来解决问题,推动多元合作。在总工程师全面统筹管理下,设备、技术和人才等方面都实现了资源的国际整合与本土化发展。具体表现在:积极引进国际疏浚仪器和装备,建立本土的疏浚船队;自建船厂,方便设备组装与维护修理;加强技术人才队伍建设,培养本土化技术人才。

一、 海河工程局成立初期的技术引进与改造

海河工程局自 1897 年成立伊始就着手购置疏浚设备。1899 年,海河工程局首次购买由上海机械厂制造的 33 千瓦蒸汽拖船"海河"号。1902 年,海河工程局从荷兰 A.F.司墨德船厂购进了链斗挖泥船"北河"号(见图 5-2)。此外,海河工程局还从英国普列斯特曼厂购进了抓斗机等设备,并在中国自行建造船体,组装了一号、二号夹泥船。

1902 年,海河工程局向荷兰 A.F.司墨德厂购进"北河"号链斗挖泥船,开始在大沽沙航道进行机械化疏浚作业。为了提高机械化作业的效率,海河工程局也进行了大量的尝试。1904 年,海河工程局在链斗挖泥船"北河"号上安装了一台泥泵,并敷设了 61 米长的排泥浮管,尝试吸扬法疏浚大沽沙航道和浮管排泥的可行

[①] 王轼刚:《长江航道史》,人民交通出版社,1993,第 149 页。

性试验,发现排出物中固体物含量小于10%,即使加大功率,效果并不理想。1906年,再次运用链斗船进行试验,效果仍不理想。海河工程局根据大沽沙航道泥质颗粒较细的特点,利用大沽沙航道在潮汐状态下存在横流的情况,在1906年进行拉耙滚沙试验,并取得了一定的成效。

图 5-2 海河工程局引进的第一艘链斗挖泥船"北河"号

随着疏浚工程量的增大,海河工程局又陆续购置了"燕云"号(见图5-3)、"新河"号(见图5-4)、"中华"号、"西河"号、"高林"号、"快利"号等挖泥船。

图 5-3 施工中的"燕云"号

"新河"号是1910年购置的,自4月18日从荷兰工厂出发,于8月23日到达大沽,到达后送入塘沽的船坞,把在航程中取下的机器再全面装配上去。该船带有泥泵及输泥槽系统,既能向量舱装驳,也能接管线自挖自吹,是当时世界上极其先进的挖泥船。"新河"号是中国引进的第一艘自挖自吹链斗挖泥船。

图 5-4　中国第一艘自挖自吹链斗挖泥船"新河"号

1910 年和 1914 年，海河工程局先后从荷兰 A.F.司墨德厂购进"燕云"号和"中华"号吹泥船。"燕云"号吹泥船购置于 1910 年，吹距为 2 000 米，是中国引进的第一艘吹泥船。1910 年，海河工程局购置了来自江南机器制造总局的 4 条拖船，3 月 22 日抵达天津，拖船尺寸为长 71 英尺 6 英寸，宽 16 英尺，发动机为 150 标准马力。同年，海河工程局还从荷兰购买了 3 套万用钢驳船和泵站，两者都是在拆散的情况下运送到的。

"中华"号是 1914 年购置的自航式吹泥船，吹泥距离为 2 990 米。1914 年 3 月 18 日，自航吹泥船"中华"号开始在大沽沙航道进行疏浚，该船是专门为疏浚大沽沙航道而建造的。"中华"号在最初的施工中，将吸起的泥沙吹向两边的浅滩，但一旦涨潮，泥沙又会回淤到航道内，影响了疏浚效果。为此，"中华"号上加装了 214 立方米舱容的泥驳，将吸上来的泥装入舱内，拖至深海中卸掉，疏浚效果有所提高。1918 年 3 月 5 日开始，"中华"号专门针对上年洪水沉积的淤泥进行大沽沙航道的疏浚，经过不懈的努力，到 1920 年，航道水深已经恢复到 1916 年的水平。

1921 年，根据"中华"号的疏浚经验，海河工程局从英国莱布尼兹船厂订购的"快利"号挖泥船（见图 5-5）抵达天津，遂成为海河工程局航道疏浚的一枚利器，也是中国引进的第一艘自航耙吸挖泥船。"快利"号装机功率为 1 100 千瓦，舱容为 500 立方米，挖深 9.45 米，设船尾中耙 1 个，航速 8 海里/时。"快利"号能自航且自带泥舱，安装一个鹰嘴式把头、冲散泥沙的喷水嘴，其泥泵可以吸起泥沙装入船体的泥舱，待泥沙沉淀后，清水由舱口溢出，泥沙由舱底活门泻入海中。1943 年，海河工程局从日本日立造船所再添一条挖泥船"浚利"号。1921 年前，海河工程局挖泥船的规格如表 5-1 所示。

图 5-5　中国第一艘耙吸式挖泥船"快利"号

表 5-1　1921 年前海河工程局挖泥船的规格

名　　称	动力类型	功率/千瓦	斗容/立方米	泥斗数量/个	最大挖深/米	生产率/（立方米/时）
"北河"号	双联蒸汽机	62	0.2	28	5.64	180
夹泥"一"号	双缸蒸汽机	29	0.76	1	9.45	30
"新河"号	—	—	0.6	34	8	500
"燕云"号	双缸蒸汽机	257	—	—	—	500
"中华"号	双缸蒸汽机	338	—	—	—	600
"快利"号	—	1 100	500.00（船容）	1（中耙）	9.45	—

资料来源：Hai-Ho Conservancy Commission Report for 1921。

　　1924 年,日本东方工程工厂制造的两只自卸泥驳船完成交接。海河工程局对这两只船检测后表示满意,并安装了全套设备。值得注意的是,海河工程局的一些疏浚创举直接推动了中国民族产业的发展。在破冰船设计、建造的过程中,海河工程局借鉴国外同行业先进技术,在中国的造船厂进行建造与生产。海河工程局的 6 条破冰船全部是由江南造船所制造的,间接推动了民族工业的发展。但是其所使用的技术是外国引进的,其中"开凌"号和"通凌"号是根据德国破冰专家的建议建造的,而"工凌"号和"飞凌"号则使用了英国的技术。

　　1925 年,"工凌"号破冰船抵达海河工程局。至此,海河工程局所拥有的疏浚设备以挖泥船和破冰船为主。此外,1924 年,海河工程局购买了新河船厂,使海河工程局的设备建造和维修能力达到新的水平(见表 5-2)。

表 5-2　1925 年海河工程局的设备

规　格	名　称	年份	制造者	规　格	名　称	年份	制造者
快艇	"海河"	1899	上海工程公司	挖泥船	"中华"	1913	A. F. 斯马达,斯德恩
快艇	"玉河"	1901	英国	钻	"YenYun"	1910	A. F. 斯马达,斯德恩
挖泥船	"一号"	1902	牧士船壳	铁船	1	1905	管委会车间
挖泥船	"二号"	1902	牧士船壳	沐川	1-8	1906	管委会车间
挖泥船	"北河"	1902	A. F. 斯马达,斯德恩	当地舢板	1-3		
船	"红河"	1910	青岛	船	"高林"	1924	F&K.史密斯
船	"chum chie"	1910	江南机器制造总局	挖泥船	I、II、III、IV、V	1910	F&K.史密斯
破冰船	"开凌"	1913	江南造船所	挖泥船	VI、VII	1913	华北工程厂
破冰船	"通凌"	1913	江南造船所	挖泥船	VIII、IX	1924	东方工程公司
挖泥船	"西河"	1914	奥赛卡铁厂	深田船			
破冰船	"没凌"	1914	江南造船所	管浮船		1915	江南造船所
破冰船	"清凌"	1915	江南造船所	喷悬		1913	上海工程厂
挖泥船	"快利"	1920	Lobnitzco.Rerrfrew	挖泥船	"新河"	1910	A. F. 斯马达,斯德恩
破冰船	"工凌"	1923	江南造船所	自卸泥船		1915	江南造船所
破冰船	"飞凌"	1925	江南造船所	泥船	"蚂蚁"	1915	江南造船所

资料来源：Hai-Ho Conservancy Commission Report for 1925。

　　1937 年 3 月,"快利"号在大沽沙航道进行疏浚,经过疏浚,5 月份大沽沙航道的深度中线为 -2.8 米,边线 -2.6 米。由于疏浚需求的增加,特别是 1942 年建设新港的需要,1943 年 8 月,海河工程局再向日本因岛船厂订购了耙吸式挖泥船"浚利"号,参加大沽沙航道和新港的疏浚工作。与"快利"号相比,"浚利"号使用同样的燃料,挖泥量可以增加 1 倍,提高了海河工程局的疏浚能力。

　　在海河工程局另一个重大工程,即裁弯取直工程上,机械也逐渐取代了人工作业。1901—1923 年,海河工程局共对海河进行了六次裁弯。其中,前两次裁弯均使用人工挖掘方式,总共挖掘 169.9 万立方米,两次分别缩短航道 2 173 米和 8 984 米。从第三次裁弯取直开始,海河工程局开始采取机械化作业,利用刚购买的"北河"号挖泥船进行试挖,后疏浚船舶逐渐成为裁弯取直工程的主力。在之后的三次裁弯取直工程中,机器便取代了人力作业。

1949 年之前,海河工程局的疏浚设备大多从国外引进,如此大量地引进和使用当时世界上最先进的船舶设备,体现了海河工程局从成立之初就明确的"技术至上"工作准则。与此同时,海河工程局自身的船厂参与了一些疏浚设备的组装工作,这对于促进海河工程局自身技术水平,渐次从直接技术引进走向自主设计疏浚装备,具有重大意义。

二、 浚浦局的设备引进与本土化改造

浚浦局不断扩大船舶装备建设,建造了大中型挖泥船和辅助船舶及工场多处。1916—1930 年,浚浦局创建了以"四大金刚"为主力的全国首屈一指的疏浚船队,包括"海鲸"号、"海虎"号、"海龙"号、"海象"号等,加上若干小型疏浚设施和其他配套船舶,形成一支以"龙、虎、鲸、象"为主体的疏浚力量,改变了过去单纯向国外租船或由外国商行承包的方式。

1934 年,浚浦局从德国购置自航耙吸式挖泥船"建设"号。该轮舱容量为3 250 立方米,当时被称为"远东第一"(见表 5-3)。

表 5-3　浚浦局挖泥船名册

序号	名　　称	类　　别	建造年份	建造厂	疏浚功率/(立方米/时)	总吨位/吨	主机马力
1	"海龙"一号	链斗船	1916		500		
2	"海鲸"号	1 000 方吹泥船	1916	日本大阪铁工厂	800	373.35	800
3	"利贸"	蒸汽机施工拖轮	1916	上海江南造船厂		73.46	250
4	"海鹏"号	1.2 方抓斗挖泥船	1920	上海求新造船厂	135	148.55	85
5	"海蝎"号	1.2 方抓斗挖泥船	1922	上海求新造船厂	135	134.13	85
6	"海象"号	1 000 方吹泥船	1922	上海耶松船厂	700	381.15	750
7	"利国"	蒸汽机施工拖轮	1922	上海耶松船厂		73.46	325
8	"利孚"	蒸汽机施工拖轮	1923	上海瑞熔船厂		73.46	250
9	"海虎"号	500 方链斗挖泥船	1923	日本大阪铁工厂	500	451.77	400
10	"海鲤"号	100 方链斗挖泥船	1923	上海求新造船厂	70	55.99	75
11	"利大"	蒸汽机施工拖轮	1924	上海江南造船厂		73.46	250
12	"海鸥"号	抓扬式挖泥船	1926		120		

序号	名　　称	类　　别	建造年份	建造厂	疏浚功率/(立方米/时)	总吨位/吨	主机马力
13	泥驳 1	泥驳船	1926				
14	泥驳 2	泥驳船	1926				
15	泥驳 3	泥驳船	1926				
16	"利中"	蒸汽机施工拖轮	1928	上海江南造船厂		73.46	350
17	"海龙"号	500 方链斗挖泥船	1931	上海江南造船厂	500	458.76	400
18	"海豹"号	100 方链斗挖泥船	1931	上海江南造船厂	70	53.99	55
19	"海马"号	10 方链斗挖泥船	1932	德国	8		10
20	"海蛟"号	50 方绞吸挖泥船	1935	上海恒昌祥船厂	50		150
21	"建设"号	3200 方自航式耙吸船	1935	德国 Schicau	892	5 300.00	
22	"海鲲"号	1.5 方抓斗挖泥船	1936	上海英联船厂	1700	163.01	145
23	"海鳄"号	1.5 方抓斗挖泥船	1937	上海恒昌祥船厂	170	148.55	120
24	马达 1	柴油机施工拖轮	1944	美国		67.72	250
25	马达 2	柴油机施工拖轮	1944	美国		67.72	250
26	马达 3	柴油机施工拖轮	1944	美国		67.72	250
27	马达 4	柴油机施工拖轮	1944	美国		62.89	330
28	马达 5	柴油机施工拖轮	1944	美国		102.32	375
29	马达 6	柴油机施工拖轮	1944	美国		133.21	660
30	马达 7	柴油机施工拖轮	1944	美国		27.00	170
31	"利荣"	蒸汽机施工拖轮	1946	上海恒昌祥船厂		73.46	350
32	"利华"	柴油机施工拖轮	1948	上海江南造船厂		142.37	400
33	"利申"	蒸汽机施工拖轮	1948	上海华一造船厂		73.46	250

资料来源:《上海航道局局史》,第 377-378 页。

　　除了引进西方的设备,海河工程局和浚浦局也会将测量记录和样本带到国外进行科学鉴定。如 1911 年的年报中就提到,将潮汐计读数的结果,送到美国海岸和地理测量站做分析,由美国部门编印潮汐年报,提供给海河工程局做确切的预报。又如,将挖起来的泥沙的样本,送到英国的几家挖泥修造厂,由他们确定这类泥沙的挖泥功率。

　　建设验潮站和添置专业仪器设备有助于疏浚行业的基础研究。1912 年 1 月,浚浦局首先建立起最早的吴淞和中沙自记水位站;1913年,黄浦江苏州河口的黄浦公园、美孚油码头;1914—1916年,先后在松江张泽乡、白莲泾汉冶萍码头(后称建源码头)关王庙等建立起自记水位站,还在东海绿华山处建设绿华山海洋水位站。继而,在江阴、南汇、大戟山、佘山等处建站。这些水文工作站,除后来因抗日战争被破坏外,水文资料的积累尚属完整,其中尤以吴淞口水位站的资料为上海港最完整的水文原始资料。[①]

三、 疏浚设备的本土化改造——自建船厂和水文工作站

海河工程局成立后,不仅开始建造挖泥船,还在自身的船厂对疏浚设备进行修理。早期,海河工程局通过在小刘庄租地的方式建立起了船厂。海河工程局在小刘庄船厂完成"北河"号的组装及部分设备维修。次年,又自行建造了小型"金钟河"号人力动力和燃油动力两用挖泥船,这是中国自主建造的内燃机动力挖泥船。1908年,海河工程局建成了小孙庄船厂,基本满足了海河工程局早期船只修理、设备零件制造的需要,使海河工程局具备自行建造和组装疏浚船舶的能力。1924年,海河工程局又购买了新河船厂,使得中国疏浚设备建造和维修的能力达到新高度。[②]

(一) 改造挖泥船

小刘庄船厂是海河工程局早期的船厂,"北河"号挖泥船就是在该船厂组装成功的。在对"北河"号组装的过程中,船厂为该船新造了1套泥斗、2套铁质泥驳和30艘木质泥驳,以及直径为0.36米的吹泥管。1909年,海河工程局建造了11千瓦煤油机动力的链斗挖泥船"金钟河"号。"金钟河"号采用了组合浮箱式船体、0.04立方米的高架输泥链斗,这是我国第一艘煤油动力的挖泥船。1910年,海河工程局建立了小孙庄船厂。到1911年,虽然有些设备需要从欧洲或者上海造船厂购买,但是小孙庄造船厂增加了新的铸造炉,用于铸造维修疏浚船所需的部件。

1924年,除了外购驳船之外,海河工程局还对挖泥船的零件进行了组装和铆接。9月底,船身下水,随后在起重臂突堤码头旁建造完成。同年10月15日重新装配,全

---

① 上海港口调查关于海港专家顾问团会议记录(一),WPC Vol.41;上海港口调查关于海港专家顾问团会议记录(二),WPC Vol.42。

② 中交天津航道局有限公司:《天津航道局局史》,2000,第15-174页。

部完成。因为缺少供疏浚的泥沙、洪水流速湍急、缺少煤等,疏浚试验不能进行。于是 11 月 23 日,在第一裁弯尽头上游的凸面,安排和进行了短期的测试。实验结果显示,技术人员对挖泥船的各个方面均感满意,证明整个结构和机械设备与董事会和制造商所提规格完全相符,货单和备件齐全。同年,海河工程局从外商手中购买了新河船舶修造厂,将其车间改建成工程局的新工厂,新河船舶修造厂之后成为海河工程局船舶修理的重要场所(冬季修理挖泥船和吹泥船,春季修埋破冰船)。

1926 年,新河造船厂新的浮船坞门安装完毕,可以停靠吃水深的船舶。1929 年 3 月至 1929 年 11 月,"快利"号因清理航道而进行了大量疏浚工作,在施工过程中锅炉未发生故障,这说明去年的修理较为理想。20 世纪上半叶,小孙庄船厂在链斗挖泥船"金钟河"号以及吹泥船"燕云"号、"快利"号的组装及维修工作中的表现令海河工程局的技术人员满意。

(二)维护破冰船

1911 年,在设计破冰船时,总工程师 J. C. Vliegenthart 建议要根据天津港的特点来进行设计,具体考虑的因素如下:①破冰船的吃水深度。根据疏浚前后巷道的变化,破冰船的吃水深度不超过 7 英尺 6 英寸。②为使破冰船能在窄道中航行,船身应尽量短。③沙滩吃水深的破冰船,最好采用双旋叶。④考虑到塘沽以下的冰况,用较小的破冰船 2 艘或更多一些,其功率约 30～400 马力。⑤船上必须有宽大煤仓,因为在河道的入口处,经常要延误数日。

1932 年,海河工程局对 1910 年购买的底卸式驳船 1、2、3、4、5 进行了大规模的修理,由于维护良好,维修后评估认为还能使用 20 年。1934 年,"快利"号挖泥船进行检查并修理锅炉,修理工作于 3 月 20 日完成,3 月 22 日便返回海河航道工作。"快利"号继续工作至 6 月 30 日后,调至天津安装锅炉。新锅炉于 8 月 2 日到津,8 月 15 日"快利"号复返大沽沙工作。安装锅炉的工作进展迅速,说明海河工程局轮船修理厂的技能达到了一定的水平,且自从安第三台锅炉之后,"快利"号"工作优异,前所未有,往返之次数既多而掘出之泥量甚盛,殊令人满意"。1936 年,渤海冰封严重,大量的破冰船高负荷投入工作,导致毁损严重,此后破冰船的修理工作基本是在海河工程局的修船厂进行的。

在设备不能满足业务发展的时候,海河工程局还租用了其他公司的挖泥船以提升自身工作水平。

第三节　专业技术管理与人才队伍

一、 海河工程局的工程管理制度

海河工程局实际上是洋务运动末期的拓展与制度创新。尽管海河工程局由洋人倡导举办和具体管理,但它同时也是洋务官员积极推动与中央政府特许(总理衙门核准、皇帝批示)的机构,是中外各利益相关方博弈的均衡结果。中外各方代表组成的董事会拥有人事任免权和最高决策权,同时也有治理海河、保持通航的责任。海河工程局的资金,以过去、当期和未来的税收,分别通过划拨、转移支付与资本市场变现等方式汇集到工程局,成为其主要经费来源。在具体运行上,海河工程局遵照章程经营,每月发布月报,每年发布年报,项目公开招标,审计由第三方独立进行,遵循公开、透明、规范的原则。

(一)总工程师负责制

海河工程局主要业务的技术要求高,从一开始就实行总工程司负责制,即总工程师负责制。建立初期,工程局聘请林德为工程司,这就是后来总工程司的雏形。其时,"受雇者必须服从工程师,否则立即开除",这表明总工程司在工程管理方面具有极高的权力。由于工程局人员较少,业务范围较小,因此较长时间采取了项目主导的扁平化管理。所谓扁平化管理,即公司每开启一个新的项目,就在业务人员中选择一批人,组建一个工程团队进行施工作业。这样的好处在于可以较为灵活地根据工程配置资源;缺点在于缺乏固定机制,专业化分工不强。

之后几年,海河工程局的业务从单纯的疏浚拓展为包含河道整治、大沽沙航道疏浚、裁弯取直、吹填、破冰、护堤护岸、转头地、桥梁工程的一系列工作。原有的项目主导的扁平化管理机制就不再适合海河工程局的业务开展。为此,海河工程局对公司组织架构进行了重新厘定,并形成了以总工程司为首、四大部门分工协作的新一代组织架构,体现出"精确分工、权责一致"的特点。

总工程司全面负责,下辖总务及测量部、工厂与船坞部、挖河部、海河部等四个部门。总工程司统管人事安排、财务管理、生产决策等。作为业务主管,总工程司有向董事会提供专业建议的权利,同时对于董事会的不合理决策有提请董事会复议决策的权利。

海河工程局当时还没有对从属单位和科室部门进行区分,而是分为四个部门进行管理。详细分工及职能如下:

(1) 总务及测量部。副工程师为主任,负责编制计划,管理图件及河务报告、潮水记载,协助工程师完成测量工作。海河工程局的河道整治与疏浚工作的主要考察指标即航道深度,需要总务及测量部实时测量。此外,河岸线管理、航道改道等工程也需要总务及测量部支持。海河工程局建造并负责维护的水闸、水坝、桥梁等基础设施也由总务及测量部负责。可以说总务及测量部是海河工程局最为综合的基础部门。其主要工作岗位包括测量长、测量员、测量生、绘图员、丈量夫、闸夫、巡河夫、水尺夫、护岸工头、护岸工人等。

(2) 工厂与船坞部。工厂总监为主任,管理船厂一切事宜,包括日常维修、进口船只拆卸与组装、小型船只的生产制造、船只零部件的生产制造。有时也会接受非海河工程局船只的修理订单以及购买订单等。

(3) 挖河部。挖河总监为主任,负责挖泥和吹填工作,后新增破冰职责。疏浚业务是海河工程局赖以生存的根本业务,挖河部则是疏浚业务的主要执行部门。挖河部负责调派挖泥船进行疏浚业务,同时将挖出的泥用于填埋附近的坑洼地段,可以实现一举两得的效果。1913 年以后,应外国使团要求,海河工程局购进破冰船用以进行冬天的破冰任务,破冰船划归挖河部管理。

(4) 海河部。海口总监为主任,管理开挖大沽沙工程。海河部并非单独的业务工种,而是以大沽沙工程为中心划分的专职部门。大沽沙是海河的入海口,海外船只欲驶往天津港则必须通过大沽沙航道。由于潮汐作用与大沽沙的地理水文因素,大沽沙往往是整个海河下游最容易发生淤堵的部位。因此,海河工程局历年的重点工作中大沽沙整治往往排在前列。为提高工作效率,海河工程局遂设立海河部专门分管大沽沙航道。凡派往大沽口开挖沙滩、修理河口、测量沙道的各类人员均属于此部。

总工程司负责制,表明"技术至上"自一开始就成为海河工程局的基因。

(二) 咨询委员会与海河参事会

咨询委员会和海河参事会源于清末,民国时期仍在发挥管理作用。咨询委员会(General Commission,又译为常务委员会、总务委员会)最初源于 1901 年 5 月都统衙门对海河工程局的改组。本次改组在董事会正式成员之外设立了若干咨询委员职务。此时的咨询委员包括各租界领事代表、天津洋商总会主席、1 位航运界代表。咨询委员代表了领事团、洋商、航运界等各阶层的利益,这使得海河工程局的工程决策能够更加周全地考虑各阶层的权益。特别是海关附加税的征收,需要得到航运界与洋商会的同意与配合。咨询委员的设置,是海河工程局组织制度进步的一个重要标志。由于咨询委员会组成人员的外交特权性质,董事会对其建议都会慎重处理。究其根本,咨询委员实质上是天津各外国领事馆为维护本国商业利益而设置的代言机构。

海河工程局为疏浚海河与大沽沙航道,拟增加治河税税率,同时新征船税。但这一举措遭到各轮船公司的反对。经过反复谈判磋商,海河工程局提出设立"海河参事会"(Board of Reference),供各轮船公司代表参与海河疏浚计划的讨论,由此各轮船公司才同意加税。新设立的海河参事会包括 9 名委员:3 名洋商总会代表、3 名外国轮船公司代表、天津海关道台、首席领事、天津海关税务司。当时其主要职权为:

(1) 监督执行海河工程局关于征船税用于疏浚大沽沙航道的有关方针;

(2) 决断关于疏浚大沽沙航道的新提案;

(3) 商议海河河道疏浚工程的方针、方法和手段;

(4) 对上述第一条和第二条实行少数服从多数的决议机制;

(5) 只要轮船公司还在捐款,且河捐仍在征收,则作为交换条件,海河参事会应保持运转。

海河参事会先后举办过 7 次会议,其中 4 次与保持冬季航行有关,3 次与码头、泊位的租借和建造有关。海河参事会的设立,实质上是海河工程局出让部分决策权换取增税的让步措施。海河参事会属于典型的建议监督机构。这有利于决策的科学性,但在某种程度上也使得海河工程局决策受到掣肘。海河参事会与咨询委员会性质相同,组成人员也有部分交叉,以至于 1910 年之后的海河工程局年报对此二者不加区分,统一记载为 General Commission。与咨询委员会不同的是,参事会成员没有各国领事,但增加了业界人士。1910 年后,鲜有海河参事会的活动记录,可能两者应属同源归并。

海河工程局这一时期的决策机构体现出明显的中西合璧特色,这一特点与同时期其他企业的决策机构对比鲜明。海河工程局决策层既有董事会,又有咨询委员襄赞。董事会和咨询委员中涵盖各方利益群体的代表:领事团代表、清政府代表、洋商代表、海关代表、司库等。因此,海河工程局在这一时期的决策机构体现出浓浓的中西合璧特色,这也是各方利益群体合作博弈的产物。这种特色是海河工程局自身特点所造成的,同时这套决策机构支撑起海河工程局的运行机制。

二、 浚浦局总工程师负责制:从政府聘任到机构自主聘用

疏浚业的技术主导性决定了疏浚机构历来注重技术,重视人才。由于海关道和海关税务司等董事局和顾问局成员都是兼职,真正掌管全局运营的就是总工程师。两局自创建之始就实行"洋"总工程师(Engineer-in-Chief)负责制,全面负责机构运营的各个方面,包括人力资源、财务审计、工程技术、发布公告等一切日常工作,总工程师是实际领导人。总工程师负责制成为近代中国疏浚机构的独特制度,使得疏浚业站在了高起点,拥有国际视野。在西方科学管理影响下,海河工程局、浚浦局保存下来了系统而完整的英文档案,也成为近代企业管理与国际合作的成功典范。本章材料主要基于两局的英文档案,其中浚浦局最后一任总工程师薛卓斌的材料来自 MIT 图书馆学生档案。

总工程师作为首席执行官,是机构的实际管理者。但他既不是董事局成员,也不是顾问局成员,而是独立于二者之外的管理角色。

1906 年 6 月,荷兰工程师奈克正式被高薪聘为"总营造司"①,即总工程师,聘用期以 3 年为限,年薪 3 000 镑。聘用合同中详细赋予了其职责职权。1910 年,奈克离职后,由瑞典人海德生接替奈克继任总工程师一职,全面主持浚浦局的管理工作。在 1912 年的《办理浚浦章程》中,规定"浚浦局举办工程及雇用人夫等项使费均由该局自主","应用人员及秘书与工程师等均由该局自主聘用管理",赋予浚浦局总工程师的聘用权。可以看出,中国疏浚机构在一步步走向独立经营,逐渐形成高度自治的格局,这是当时特殊社会背景下的产物。

改组后的 1912 年 8 月 23 日,第 16 次董事局会议决议,浚浦局与海德生签署

---

① 官署名。清置,属内务府,掌宫禁营缮。清昭梿《啸亭杂录·内务府定制》:"营造司,凡匠役均有定额……又设司匠领催以督率之。"参阅《清史稿·职官志五》。营造司属内务府七司三院,犹如政府之工部,掌宫廷膳修工程事务,初名"惜薪司",顺治十八年(1661)改为"内工部",康熙十六年(1677)始改为"营造司"。宣统二年十一月二十九日,两江总督张人俊"奏为上海浚浦局总营造司奈格受聘莅沪大工告竣航路通达现合同期满请酌予奖等事",借此可以看出,"总营造司"的头衔仍在使用。营造司,本是个内务府的职职,专管皇家建筑营造。创造性地用在浚浦局的任命,强烈说明"官督"性质。从"总营造司"到"总工程师"的演变,也是机构性质演变的一个视角。

聘用合同,1912 年 9 月执行①,直至 1928 年,海德生一直不负众望担此重任。如果说奈克的主要贡献在于前期筹备和推动黄浦疏浚,那么海德生则发挥了中流砥柱之作用,实现了浚浦局改组后的快速发展期。

聘期对于总工程师的作用和工作效率是一个重要的因素,短期聘用有可能导致短期目标思维和行为,最好是无限期承担责任,但可随时被撤换。此外,关键任务和重要任务都须交给熟悉的人。从任期来看,浚浦局总工程师聘用相对稳定。自奈克和海德生之后,1928 年 2 月,海德生的助手查得理(Dr. H. Chatley)继任总工程师,继续主持浚浦局工作。1937 年 5 月,查得理离职,由其华人助理薛卓斌继任。太平洋战争发生以后,由江海关海关长为港务局局长,但是实际上仍由该局总工程师全面执掌职权。日据时期,日籍藤泽宅雄担任总工程师,薛卓斌任额外总工程师。从奈克到薛卓斌,历届总工程师都是多年工作在浚浦第一线。海河工程局和浚浦局的总工程师,尤其是首任总工程师林德与奈克,对近代中国疏浚业的奠基起到了重要作用,且因成绩卓越被高度赞誉,得到朝廷褒奖。

三、 专业技术人才队伍

(一)海河工程局技术队伍的初步建设

海河工程局作为一个以河道治理工程为业务的机构,技术是其生命线。得益于其所采取的独特的利益相关方合作的公益法人模式,海河工程局具有开阔视野,能够较早地接触到当时世界上最先进的技术,并通过雇佣外国专家和引进西方先进技术,在较高的起点上开展业务。

自洋务运动开展以降,清朝官员已经认识到需要学习和引进西方的技术,同时也需要大胆利用外国专家来帮助中国提高技术水平。在海河工程局成立之前,当时海关税务司德璀琳已经聘请工程师林德对海河进行了详细的调查。总工程师林德所做的这些调查和所绘制的河流图,为海河工程局后续工作的开展奠定了基础。为了更好地治理海河,海河工程局设立了工程司,第一任工程司即林德。天津海关道台李岷琛与林德拟定合同的样本如下:

钦命直隶津海关道李为与工程司林德订立合同事。今因海河淤浅,轮船不能上驶,于商务大有妨碍。奉北洋大臣王札饬会商驻津各国领事等,筹议将海河设法

---

① 顾问委员成员名单及委任海德生为总工程师等函,见 WPC Vol.70。

疏通,檄委本道为总办,加委招商局黄道台、开平矿局张道台,并贺税务司为会办,所有应办工程,今承各国领事荐举林德熟悉工程,应即延用为工程司,必能得力。特与林德订立合同,以专责成而昭慎重。合将议定各条开列于后,计开:

一、延用林德为工程司,管理疏通海河一切工程,以_____年为期,每月薪水_____平银。

所有房、饭、医、药等费一概在内,以到差之日起,按月由林德向税务司处支领,期满之后如须续用,应先一个月知照,其薪水仍照前订支给。

二、林德允准管理此项工程,十分出力,凡事必须和衷筹商,妥协办理。另由总会办酌派熟悉工程委员一人,翻译一人,以便随时与林德接洽各事,如遇有须办工程之处民间阻扰,及有碍地方之事,须与委员、翻译筹议,禀候总会核夺施行。此条查似可不必另派委员,嗣后如须购地、采办材料,临时再请酌派,核给薪水。至翻译林德已有旧用,翻译似可不必再行另派,以资熟手。

三、林德所办工程,已允肯遵照所定章程办理,并允将应用工匠夫头均择妥当之人,如有不妥随时更换。

四、林德于此合同已满回国,本道准给头等船票。如合同未满,林德须自行辞差,则薪水给至开辞之日为止,回国之船票亦不发给。(此条查林德系由中国地方聘,似可不必发给船票,以昭公允。)

五、工程各项帐目,均须按月报清,所有领用各款须林德签字,向税务司随时支领。

六、办公行路川资,均准林德开支向税务司开单请领。(此条查林德督工不过往返河干,并无行路之事,似可不必另开川资,即将此条删除,以昭核资。)

七、林德倘有误公,及有不合等事,均可由总会办查明立即开除,给三个月薪水,不给回国船票。如合同有疑义,以致各执己见,即由就近之领事官会同本道秉公酌夺。

八、此项工程照工程司原定以二年半可一律妥为办竣,如有意耽延,任由本道请各国领事等公议核办。

九、工程司倘因瘤病不能办公,本道执有医生凭照,即令离差,给予一个月薪水,并给回国船票。

十、本道与林德两面允准立此合同条款,由税务司为证人,照样缮具华、洋文各二分,彼此画押各执一分为据。倘华洋字义有不符之处,均照华文为准。

以上合同及其他史料中，其所使用的措辞是"工程司"，而非"工程师"，这个"工程司"与"税务司"一样，可以看成一个官衔，一个有级别、有实权的机构的负责人。清朝政府在雇佣洋人的同时，还通过一些奖励措施来激励他们。光绪三十年(1904)三月二十五日，唐绍仪给德璀琳的信中说到："迳启者。现奉北洋大臣袁批本道会同具禀：工程司林德请酌给宝星缘由。蒙批。据禀丹国工员林德办理海河工程著有劳绩，候奏请赏给三等第二宝星，另檄行知。抄由批发。等因。奉此。相应函致即希查照，饬知为荷。顺颂升祺。"

实际上，至1949年之前，海河工程局的总工程师均由外国人担任。如哈德尔任总工程师长达10年，服务海河工程局长达22年。1897—1949年，海河工程局的关键技术岗位也均由外籍员工担任，如海河工程局秘书长、浚挖队队长、万国桥管理所主任、材料库主任等。如1945年中日战争结束后，国家百废待兴，为保持疏浚技术的连续性，使得疏浚行业能够平稳过渡，经内政、外交两部批准后，海河工程局聘请原总工程师崔哈德为技术顾问。这些技术和管理人才依然在海河工程局贡献自己的力量，为海河工程局治理海河和开展其他业务提供了重要技术支持。

除了聘请外籍员工担任重要技术岗位职务外，海河工程局还注重本土化员工队伍的培养和人员的任命。海河工程局中国籍高级管理人员及技术人员多来自国立中央大学、国立浙江大学、北洋大学等国内重点高校的土木工程、水利、采矿等专业，如海河工程局助理秘书王国琛毕业于北洋大学工科采矿系。

（二）浚浦局技术队伍的初步建设

浚浦局在机构改组过程中，完成了从政府聘任到机构资助聘用洋总工程师的过渡。在1901年《辛丑条约》和1905年改订条款中，都特别指出要由中国选拔聘用总工程师担以重任；而1912年的《办理浚浦局章程》中也提到"工程师"聘用管理的相关事项。从总工程师聘用合同中可以看出，"官督洋办"时期签订聘用的合约主体，即委托人，是中国政府；而"公益法人"时期签订聘用合约的主体，即委托人，是浚浦局；被聘用人，即代理人，是"洋"总工程师。

浚浦局设立之前，英、德两个方面就争夺总工程师这一职位。1905年的《改订修浚黄浦河道条款》中，规定了"中国自行选择熟悉河工之工程师，经辛丑公约画押之各国使臣大半以为合计，中国即可委派其承办工程"。英籍海关税务司好博逊，在选用总工程师问题上有很大发言权。荷兰领事阿福柯也支持英国，向南洋大臣

力荐奈克,称其曾两次来华察看黄浦江河道,经验颇丰,并称在上海的洋轮公司都
十分支持奈克。

图 5-6　浚浦局首任
　　　　总营造司奈克

　　1906 年 6 月,荷兰工程师奈克(见图 5-6)正式被高
薪聘为"总营造司",即总工程师兼总经理,聘用期以 3 年
为限,年薪 3 000 镑。聘用合同中详细赋予了其职责职
权。"奈克既为总营造司,凡营造工程有关,中国照约应
行改善及保全黄浦河道并吴淞内外沙滩各事宜者,即当
为浚浦总局之顾问员,尽其知能,凡有应办工程,预行筹
画绘图,立说并缮具预算表,呈俟浚浦总局画押批准后即
行督率兴工,其一切工程应如何布置营造,惟奈克一人担
其责任,但所有改善及保全黄浦河道,各工程如有未经浚
浦局商允奈克者,不得举办。"同时也明确了"工程完善与
否,唯奈克是问"。此外,给予奈克的工作生活提供各种
便利,包括"合宜房屋一所,以作奈克办公处,并备合宜房屋一所及常用器具以为
住宿公寓";如需"专门之家或办公处需用帮助人员,应会同江海关道、税务司选
择委用","倘奈克有不遵合同内所载应尽义务之情事,中国政府尽可备函辞退,
注销合同"。奈克是受清政府之命,受聘于此职,"中国举办黄浦各工程系照约应
办之事,奈克自当恪守遵约章办理,如政府之事与该工程相属并与条约相符者,
奈克亦应随时遵行"。

(三) 本土化员工队伍的培养与建设

　　人才队伍的培养是航道疏浚行业发展的重要基础。鉴于中国航道疏浚专业技
术方面的基础薄弱,因此在增添船舶设备的过程中,不得不以高价雇佣外籍专业管
理人员及工程船舶的驾驶与轮机人员。为了培养自己的技术人才,海河工程局基
层人员实行本地化,每遇船舶设备抵津需要组装时,必须全员全程参与学习,确保
了解船舶设备的性能。浚浦局改组后,历经半个世纪的技术装备建设,疏浚航道、
码头的范围与规模逐步扩大,浚浦机构得到充实,人员不断增加。与此同时,浚浦
局不断向社会招聘管理人员,成批吸收工人船员,从而有了疏浚、水文、测量、塘工、
修船等多方面的专业人才和专业队伍(见图 5-7)。

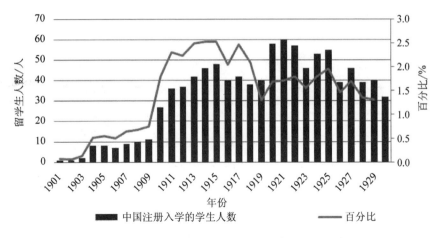

图 5-7　1901—1930 年在 MIT 注册入学的中国留学生

资料来源：MIT 图书馆特藏部 1901—1930 年学生档案。

四、 杰出人物及人才培养

唐绍仪（1862—1938），广东香山县人。1874 年，唐绍仪成为清朝第三批留美幼童，赴美国哥伦比亚大学学习，1881 年回国。1901 年，唐绍仪被委任为天津海关道台，兼任职海河工程局董事，推动了海河工程局的建设与发展。民国时期出任第一任内阁总理。1938 年，唐绍仪被刺杀于家中。

林德（1857—1934），丹麦人，海河工程局首任"工程司"（总工程师）。1890 年，天津海关税务司德璀琳向李鸿章建议由林德对海河进行勘测，林德对海河进行实地勘测，并拟出裁弯取直方案。1896 年，他写出《海河报告》，提出了系统治理构想。1902 年 1 月完成了《大沽沙的改善》报告。林德主持的"塞支强干"和"裁弯取直"工程、大沽零点设置、海河干流三角网测量都取得了成效。光绪三十年（1904），林德合同期满后，津海关道唐绍仪与北洋大臣袁世凯呈报光绪皇帝，赏三等"第二宝星"荣誉褒奖。[①]

奈克（1842—1913），荷兰工程师。早在清光绪元年（1875），受洋商会之托，奈克和安思乐就率先对黄浦江内沙进行实地考察，著有《关于吴淞外沙的报告》和《改善吴淞外沙的计划》，提出治理黄浦江的方案。1905 年浚浦局成立之时，奈克受聘

---

① 奏折内容有：工程司林德精于测量，熟谙工程，议令承办，订有合同，声明工程妥浚，由中国酌酬奖励……合无仰恳天恩，俯准赏给丹国工程司林德三等第二宝星，以酬劳勋（龙登高等，2017a，26）。

为浚浦局首任总营造司(总工程师),因成绩卓越,"大工告竣,航路通达"于宣统二年(1910)由两江总督张人骏呈请皇帝,奏"酌予酬奖"。①

辜鸿铭(1857—1928),英文名 Tomson,祖籍福建省惠安县,生于英属槟榔屿。青少年时期在欧洲求学 14 年,精通英、法、德、拉丁、马来语等语言。1905 年,浚浦局成立之时,辜鸿铭任帮办。浚浦局成立时明确说明,由上海道和税务司掌管大权督办疏浚;而辜鸿铭,是海关道和税务司的"帮办",还被称为"监督""会办"等,英文头衔是"Assistant Commissioner"。辜鸿铭在浚浦局中的位置很微妙,奈克离任,也与他有些关系;1908 年任外交部侍郎,1915 年后任北京大学教授。

薛卓斌 (1896—1991),字孟允,安徽寿县人。1917 年,毕业于交通部唐山工业专科学校即唐山交通大学,获学士学位;1919 年,在美国麻省理工学院(MIT)获工程硕士学位,前后在美国纽约铁路公司、费礼门顾问公司任工程师、副总工程师;1921 年,回国后在吴淞商埠局、青岛港工局工程科任科长、北平华洋义赈会工程师等职;1929 年 10 月,任浚浦局高级助理工程师;1937 年 5 月,担任上海浚浦局总工程师,为该局史上首位华人总工程师;日据时期,日籍藤泽宅雄担任总工程师,薛卓斌任额外总工程师;新中国成立后,调上海同济大学任教。

从机构成立到 1949 年,除浚浦局最后一任总工程师薛卓斌之外,两局均聘用洋人为总工程师。对中国留学生的资料梳理,揭示出一批留学归国的科学技术工程类人才,服务于中国各大铁路和水运事业,并引领中国基础设施建设。薛卓斌作为这个人群中的一个代表人物,作为一名中国近代疏浚业的领军人,实现了从"来华洋人工程师"到"归国留学生"领航的华丽转变,也顺应了中国推动科学"本土化"发展的进程。

清末,随着洋务运动的兴起,中国学生开始了留学之旅。继幼童赴美之后,中国向欧洲和日本也派遣留学生。甲午战争后,尤其是清末新政期间,留学运动得到进一步发展。北洋时期,为了学习国外的先进科技,政府鼓励学生出国学习理工科,并在政策上给予倾斜。于是,中国还出现了一批早期的水利和疏浚"海归",如蔡绍基、蔡廷干、梁敦彦、李仪祉、张含英、曹瑞芝、郑肇经、沈怡、李书田、许心武、陈汝珍、李赋都等人。他们从事江河治导,在运用西方先进水利技术、发展中国水利

---

① 奏为上海浚浦局总营造司奈克受聘莅沪大工告竣航路通达现合同期满请酌予酬奖。奏文见中国第一档案馆馆藏,编号为 03-7561-034。

事业等方面,多有建树。①

蔡绍基(1859—1933),英文名 Tsai Shou Kee,字述堂,广东广州府香山县(今珠海市)拱北北岭村人。首批留美幼童之一,入耶鲁大学学习法律。归国后曾任天津北洋大学(现天津大学)校长等职,是北洋大学的创办人之一。1906—1908 年任海河工程局董事会成员。1933 年 5 月 23 日在天津病逝,终年 75 岁。

蔡廷干(1861—1935),英文名 Tsai Ting Kan,字耀堂,留美幼童之一。广东省香山县上恭都上栅村人(今金鼎镇外沙村)。同治十年(1871),清廷接受华侨教育家容闳(今珠海市南屏镇人)的建议,同意选拔 120 名幼童分 4 批派送美国留学,并由容闳主持在美留学事宜。为了保证选派幼童的英文水准,清廷在上海创办一间预备学校,由全国各地选派聪颖子弟入学预修,然后通过考核选拔优秀者赴美留学。1873 年,蔡廷干在预备学校毕业,被选派为第二批 30 名幼童赴美留学,最初分派到康纳狄格州哈特福德语文学校学习,不久后进入新不列颠中学读书,住在麻省斯普林·菲德尔家中。1910—1911 年任海河工程局董事会成员。

梁敦彦,广东广州府顺德县人。1872 年作为第一批留美幼童被清政府派往美国留学;1878 年考入耶鲁大学,获名誉博士学位;1904 年任汉阳、天津海关道;自 1907 年起任清外务部右侍郎、会办大臣兼尚书等职,是顺德最后一位尚书;1914 年任北洋政府交通部总长。梁敦彦推荐詹天佑修建中国第一条自主设计的铁路,还力促了清华大学的创办。同时他也是欧美同学会创始人之一,1913 年欧美同学会成立时任首任会长 。1905—1907 年任海河工程局董事会成员。

吴毓麟,1871 年生,安徽歙县人。1886 年,吴毓麟考取了北洋水师学堂,毕业后选赴德国深造。归国后,1915 年,吴毓麟任海军部科长,不久调任大沽造船所所长。1918 年 2 月 23 日授海军轮机少将。1921 年,吴毓麟兼任首都保存会总裁,京兆河道治理督办,同年 11 月 2 日,晋授海军轮机中将。1922 年,他出任津浦铁路局长。1917—1922 年担任海河工程局董事会成员。1923 年,吴毓麟出任交通总长。

潘馥,山东微山县人,1913 年被委任为山东实业司司长,1914 年任山东南运湖河疏浚事宜筹办处总办。1925 年,张作霖任命张宗昌为山东督军,潘馥为督署总参议,后随张进京,获全国河道督办职,主管全国水利事宜。1926 年 4 月,潘馥任财政部总长。1927 年 1 月,顾维钧组阁,潘馥改任交通部总长,同年 6 月任内阁总

---

① 胡中升:《国民政府黄河水利委员会研究》,南京大学,2014。

理兼交通部总长。

郑肇经,江苏省泰兴人,1894 年生,水利专家,中国近代水利科学研究事业的奠基人。他于 1912 年考入法政大学预科,毕业后入同济大学改学工科,1921年以"最优等"成绩毕业于该校土木工程专业,被推荐到德国深造,进入德克森工业大学,师从德国著名水工专家恩格斯教授和皇家院士费尔斯特。1923 年,郑肇经参加了恩格斯主持的黄河丁坝试验,深感黄河治理之重要。同时,他把恩格斯的论文《制驭黄河论》译成中文在国内发表,引起业内极大关注。1924 年,他获得德国"国试工程师"学位。回国之初,他受江苏省省长韩国钧邀请,就任河海工科大学教授,兼江苏省长公署水利佐理。之后,他又先后担任青岛特别市港务局局长兼总工程师以及上海特别市工务局技正、代局长、经委会简任技正、水利处副处长、经济部水利司司长等职。郑肇经是民国时期著名的水利学者,为治黄做出了重要贡献。

杨豹灵,海河工程局第一任局长,抗日战争后主持接收海河工程局工作,在水利、疏浚、测量行业工作近 40 余年。1907 年,两江总督端方挑选出国留学生,杨豹灵经过考试被选中后赴美入康奈尔大学,1909 年入普渡大学,1911 年回国,1914年任水利局技正,1918 年在顺直水利委员会任流量测验处处长,1921 年为扬子江水道讨论委员会委员,1923 年任海河工程局董事会成员。

沈怡,1901 年生,浙江嘉兴人。同济大学毕业后,1921 年赴德国德累斯顿工业大学,师从恩格斯教授学习水利工程,并对研究黄河治理发生兴趣。其博士毕业论文以《中国之河工》为题,对中国古代黄河的决溢、治理与河工技术多有论及,是中国疏浚与水利界第一位"洋博士"。学成回国后,沈怡先后担任汉口市工务局工程师兼设计科长、上海市工务局局长、上海市中心区域建设委员会主席、导淮委员会委员、国防设计委员会委员。黄委会成立时,他担任该会委员。1934年,沈怡受经委会委托,赴德参与恩格斯教授举行的第四次黄河治导试验,次年,编撰了《黄河年表》。1941 年 4 月至 1945 年 1 月,他任甘肃水利林牧公司总经理,这是甘肃省和中国银行合组的一个机构。1946 年 4 月至次年 1 月,他受经委会委托,接待主要由外国专家组成的治黄顾问团,并将各种研究资料和报告整理成《黄河研究资料汇编》。沈怡是一位理论深厚的治黄专家,提出了许多独到的治黄见解。

许心武,1894 年生,江苏仪征人。1915 年考入河海工程专门学校(今河海大学)特科班,师从李仪祉,毕业后任职于顺直水利委员会。1923年,许心武留学美国,先就读于加州柏克莱大学分校,复转入依阿华大学研究院学习水利工程。1926年毕业,获工科硕士学位,回国后,任河海工科大学教授。1929年,他任导淮委员会设计主任工程师,次年受聘于中央大学,教授水文学及防洪学。1931年4月奉调任河南大学校长。1933年4月,国民政府任命许心武为黄委会委员兼筹备处主任。黄委会成立后,许心武任工务处处长兼副总工程师、导渭工程处主任,1935年1月复任该会总工程师,在治黄方面是李仪祉的得力助手。1935年11月,李仪祉辞去黄委会委员长职务后,他也离开了黄委会,回到大学任教。

李书田,1900年生,河北昌黎人,水利专家和教育家。1917年考入北洋大学预科,攻读土木工程专业;1923年毕业后,他赴美国康奈尔大学研究生院继续攻读土木工程专业;1927年回国后在北洋大学教授水利学,同时受顺直水利委员会委员长熊希龄邀请,兼任该会秘书长;1929年任北方大港筹备处副主任,拟就《北方大港之现状及初步计划》;1930年任唐山工学院院长;1931年任刚建立的中国水利工程学会副会长,之后还担任过北洋工学院院长、黄委会委员、西北联大工学院院长、西北工学院筹委会主任、国立西康技艺专科学校校长、贵州农工学院院长、黄委会副委员长等职务。1948年年底,他只身去台湾,后定居美国。任职华北水利委员会期间,李书田积极倡办灌溉讲学班,设置黄河水文站,组织整理运河讨论会,为表彰李书田对中国水利事业做出的贡献,国民政府战后授予他"胜利勋章"及一等金色水利奖章。

李赋都,陕西省蒲城县人。先后就读于河海工程学校、同济工艺学校德文专科。1923年4月,在李仪祉的资助下,李赋都自费到德国汉诺威工业高等学校攻读水利专业。1927年,他在柏林西门子土木工程公司实习,次年回国,先后在重庆、哈尔滨等水利工程部门工作。1932年,他受李仪祉委托再次赴德,在阿朋那黑水工试验所参加由恩格斯教授主持的黄河试验,后返汉诺威母校水工试验所实习。在此期间,他获得博士学位。1933年8月回国,担任中国第一水工试验所筹划专员,负责该所设计和施工。1935年水工试验所建成后,他出任所长,并先后进行了官厅水库大坝、卢沟桥滚水坝消力以及黄土河流预备试验,为开创中国水工试验事业做出了贡献。"七·七事变"后,李赋都离津返陕,任陕西省水利局工程师,成功主持了渭河支流灞河决口的堵复工程。1938年年初,他任职于四川省水利局,担任都江堰治本研究室主任、顾问、工程师、科长,组织都江堰治本工程的设计与施工。中华人民共和国成立后,李赋都仍长期任职于黄河水利机关。

　　这些早期水利"海归"们将他们在海外学到的近代水利科技带入中国。他们中的多数人从事过水利教育,为国内培养一批近代水利人才,而且这些疏浚与水利"海归"们自身也多成为领导者和技术骨干,其中一部分在中华人民共和国成立后仍为水利事业贡献力量。

第六章
重大疏浚工程

第一节　海河航道浚治的实施与成效

一、航道疏浚

　　海河东流至渤海,由于水面骤宽及潮水顶托,流速变慢,海河所带泥沙逐渐下沉,形成一带状浅水区,称之为大沽沙,位于大沽炮台以外 11.27 公里处。由于河流和海洋的共同作用,在大沽沙上形成天然航道,称之为大沽沙航道。大沽沙航道长约 4 100 米,宽约 45.7 米,水深 3.05 米,南北两侧是水深仅有 0.6～0.9 米的浅滩。大沽沙航道是各种海上船舶进出海河的必经之地,是天津水路的咽喉要道。由于大沽沙面积大、坡度小,在海洋潮汐、河流动力的作用下,造成这段航道时淤时通,是船舶进出海河最困难的地段,成了一道"门槛",时常有三四十艘轮船同时困在大沽沙之外,等待潮水以便通过,由此每年大约造成四五十万两白银的损失。

　　光绪二十八年(1902),英国炮艇"兰布勃"号对大沽浅滩进行了测量,确定大潮期平均低潮位为大沽零点(即大沽基准面)。从光绪二十六年(1900)起,海河工程局即开始搜集资料,准备在大沽沙上开挖一条可供船舶正常航行的航道,确定用挖掘机械来加深大沽沙,通过疏浚保持大沽沙航道不再淤塞。光绪二十九年(1903)四月,天津英租界工部局提出对一切商品从值每千两抽 5 厘的捐税,作为海河工程局治理大沽沙的经费。随后天津英租界工部局为海河工程局提供担保,发行 25 万两白银的公债,以保证大沽沙整治工程的顺利开工。

　　光绪三十年(1904),海河工程局在链斗挖泥船"北河"号上安装了一台泥泵,并敷设了 61 米长的排泥浮管,进行吸扬法疏浚大沽沙航道和运用浮管排泥的可行性试验,但效果并不理想。光绪三十二年(1906),有外国工程师向海河工程局董事会建议,在大沽沙航道进行拉耙滚沙试验。其原理在于大沽沙航道中的泥质颗粒较细,如果使其悬移,沉降会十分缓慢,利用大沽沙航道在各种潮汐状态下存在横流的情况,使部分泥沙随流移走。同年 7 月 4 日,经董事会批准,海河工程局开始使用"滚江龙"疏浚大沽沙航道。至 9 月 23 日,吃水 3.4 米的"京新"轮顺利通过大沽沙航道(此前大沽沙航道水深只有 3.05 米),疏浚取得一定成效。

然而由于"滚江龙"不能将沙质土掀得很高,使泥沙处于悬浮状态,达不到彻底治理大沽沙航道的目的。宣统三年(1911)下半年,大沽沙航道外侧入口已经变浅,且旧有的大沽沙航道有向外移动的迹象。1912 年春夏两季,海河工程局继续在原有航道上耙沙施工,但是拉耙滚沙的收效已经赶不上泥沙沉积的速度。1912 年 9 月,由于洪水带来的大量泥沙沉积于大沽沙,原有航道完全堵塞,海河工程局只得放弃了对旧航道的疏浚,转而开辟新航道。1912 年 9 月 20 日,大沽沙新航道开放通航。

1914 年 3 月 18 日,专为疏浚大沽沙而建造的自航吹泥船"中华"号到达,结束了大沽沙航道拉耙滚沙的历史。到 1916 年夏天,吃水 5.18 米的船只皆可通过大沽沙航道。1917 年 8—10 月的特大洪水,将大约 917 万立方米的泥沙带至大沽沙航道,中线水深由-2.9 米变成-0.76 米。海河入海的水流在泥滩中间形成一深凹处(俗称深渊)。自 1918 年 3 月 5 日起,"中华"号吹泥船即在以新形成的深渊处为基础的航道上疏浚,到 1920 年年底,航道水深已恢复到 1916 年的水平。1921 年,根据"中华"号经验设计的耙吸式挖泥船"快利"号到达天津,疏浚效果很好。至1924 年春,浚深航道达 3 米。大沽沙航道虽历年疏浚不辍,但因潮流、风浪、径流等各种因素的影响,航道水深仅能维持现状。

1924 年,海河工程局计划另辟一条新的永久航道,以求一劳永逸。于是派工程师研究勘测,提出治理大沽沙航道的计划,其主要内容是修筑双导堤,两条导堤分别长 5 182 米和 5 791 米,间距为 282～325 米,工程费用为 219 万两白银。为保证工程资金,海河工程局于 1926 年发行了新公债,同年导堤开工。海河工程局对大沽沙航道的堤岸进行了多次试验。1924 年的堤岸由两排系紧的板桩构成,高出泥沙堆 5 英尺,在两排板桩中间 12 英尺宽的空隙中填入碎石。为了检验堤岸对海浪的冲击和对流冰的抵抗力,在南岸平滩的开阔地方建造了 270 英尺长的一段堤岸。11 月 18 日和 19 日试验堤遭遇八级以上的东风冲击,尚未完全建成的实验堤岸不仅很好地经受住了此次考验,而且在暴风雨后,勿需修补。在 1924 年没有受到破坏的试验堤岸基础上,1925 年又进行了新的试验。新堤岸分别用同样数量的石头、贝壳和石头、砖填充。

至 1929 年工程将近完工时,新挖永久航道被一次洪水淤平,两堤被风浪击毁,工程失败,造成损失达 200 余万两白银。开挖大沽沙永久航道的失败,主要原因在于对大沽沙的水文、航道特征认识不透,但也为后人治理提供了有益的借鉴。在开挖大沽沙永久航道的同时,海河工程局并未放弃对大沽沙航道的疏浚。到 1936 年,大沽沙航道水深一般维持在大沽基准 −2.44 米左右。

自 1930 年起,海河工程局就开始讨论大沽坝新航道问题,但新航道的开辟面临很多问题,焦点问题集中于建设新航道堤防的材料和所需的费用问题。海河工程局工程师委员会最终的意见是取消新航道,其原因在于以下几点:第一,用长条石堆成坝,由于凿岩的破坏,它已经不负巨浪及水的冲压,易发生危险。特别在南坝处深航道,会形成一种危险的深航道孔。第二,1927—1928 年,挖掉泥的堤间,几乎又被泥沙填上。第三,建新航道要花很大费用,在堤外做新坝,将来的维护疏浚工作量很大。第四,不论是航行条件或水利情况,新航道不见得比老航道收益更大。对于航道深度,要在大沽零点以下 17 英尺,要得到这种深度,最合理的办法必须靠疏浚。最终达成的意见是,整治新洞处的弯道,购买一艘新疏浚船。工程师委员会之所以做出这样的决定,主要是 1929 年海河工程局受经济形势影响,利润有所减少。

在改进大沽坝航道方面,外国工程师也给出了一些建议。大沽坝航道的导治工程,如防波导流堤等,其目标是把水限制在一个窄航道内,把沙土引向海岸线。这种办法因为限制水流,所以冲刷可能比较严重。悬浮物冲入海里,然后沉入深水,这种做法虽能见效,但造价很贵,而且今后的维护和进一步延伸,少量费用是办不到的。因此,在是否运用防波堤改善大沽坝方面,一些外国工程师从费用方面提出了异议。也有工程师建议用木方和泥土来堆积,从而降低成本。但考虑到木方易被海虫腐蚀,该方案遭到否定。工程师讨论的最终结果是选择碎石块上放水泥沉箱,这种方案具备坚固性,同时成本最低。

1937 年 3 月,"快利"号在大沽沙航道进行疏浚,经过疏浚,5 月份大沽沙航道的深度中线水深 −2.8 米,边线 −2.6 米。同年 6 月,经测量,大沽沙航道有淤泥沉积,"快利"号于同月 16 日再次进行疏浚,但 7—8 月暴雨能见度低,同时由于洪水将大量泥沙带入河水中,降低了生产率,"快利"号的疏浚速度尚不及淤泥沉积的速度。1937年10月,大沽沙航道深度降至-1.07米,11月降低至-0.76米。海河工程局派人对大沽沙航道进行观测后,决定将大沽沙航道南移22.86米,同时对航道进行疏浚。至1937年12月"快利"号停止疏浚时,大沽沙航道深度达到了-1.6米。1938年2月,"快利"号开始在大沽沙航道进行疏浚,至3月,大沽沙的深度达到-1.83米。同年6月和7月,日本先后派链斗挖泥船"第一阪神丸"和"野回丸"进行大沽沙的疏浚,6月底,大沽沙航道标志达到-2.29米。此后,受夏汛带来的洪水再次将大量泥沙带入大沽沙航道,至11月大沽沙航道才恢复到-2.29米。此后几年,由于"快利"号的积极工作,大沽沙航道标志深度一直维持在-2.13米。此后大沽沙航道疏浚进展缓慢,不能满足航行的需要。1939年,日本开始建设塘沽新港。1942年,塘沽新港建成。新港建成之后,成为日本掠夺华北物资的重要进出口。1943年8月,日本建造的耙吸式挖泥船"浚利"号到达海河工程局,参加大沽沙航道疏浚。与"快利"号相比,"浚利"号使用同样的燃料,疏浚量可以增加1倍,"快利"号增加了海河工程局的疏浚能力。至11月,大沽沙航道的深度达到了-3.35米,创造了前所未有的纪录。1944年,由于煤炭缺乏,疏浚工程时断时续,几乎所有的疏浚工程处于停顿状态。

1946年,大沽沙航道的深度为-1.52米,同年3月航道标志深度减为-1.22米,虽然经过疏浚但效果并不明显。11月28日恢复至-1.52米,之后航道未再增深。1947年,海河工程局发现,大沽沙航道的南线逐渐变深,而北线则越来越严重。同年5月,海河工程局将航道向南移22.86米。经过这次疏浚,至11月,大沽沙航道的标志深度达到-2.74米。1948年上半年,由于经费拮据疏浚工作处于停滞。9月之后恢复疏浚,至12月疏浚工作停止时,大沽沙航道的深度为-2.44米。1937—1947年,大沽沙航道先后向南移8次,共计205.74米。自1939年北支新港临时建设事务局(后改为新港工程局)开始修建南方防波堤后,大部分潮汐集中于南防波堤以南地区,大沽沙航道更处于不利地位。1948年,海河工程局计划开辟新航道,但因为经费有限,加上内战战事紧张,未能进行。

海河工程局在整治大沽沙航道过程中虽然遭遇了不少困难和失败,但是由于对大沽沙航道疏浚不辍,消除了航道淤塞对天津口岸发展的威胁,适应了船舶航行的需要,为天津港的发展创造了重要条件。

二、 建导流坝与六次裁弯取直工程

海河工程局成立后,进行了闭塞工程与建造导流坝工程。1898 年 8 月,海河工程局兴建了陈家沟水闸、军粮城水闸、西沽水闸。水闸建成以后,调节海河水量的作用十分明显。如陈家沟水闸关闭后,海河的水量增加了 65％,天津港内的水位在 10 天内提高了 0.5 米,海河的泥沙沉积量也比同期减少。弯道水流受到离心惯性力的作用,加剧了泥沙在横断面上的输移,使得凹岸不断被冲刷、凸岸不断发生淤积。为了使海河水位提高,减少河水对凹岸的冲刷,1898 年 8 月,海河工程局先后在白塘口、海河上游建设导流坝。在建坝过程中,为减缓水流对护坝的冲击,海河工程局开始注意到对河岸的保护工作。1908 年,海河工程局首次在比利时租界(今河东区十五经路至光华路一带)河岸采用柳条排维护坝基,并取得成功。此后,海河工程局决定采用柳条排护岸,同时在第三次裁弯后的老河道内种植大量柳树苗,以备编制柳条排所需,现天津市河西区的柳林公园就是在此基础上建立起来的。

1911 年,海河工程局发现河道凹岸冲刷严重,影响了当地海关房屋的安全,海河下游的太古公司码头处的河岸也必须进行维护。为此,海河工程局董事会专门拨款 16 000 两白银作为护岸工程的经费。当年,海河工程局在海河沿岸设置了 400 余米长的护岸,耗资 5 696.92 两白银,经受住了 1911 年 9、10 月间汛期洪水的考验。但 1917 年的洪水将海河上原有的护岸全部冲毁,此后又重新开始进行护岸工程。1929 年春季,在灰堆裁弯处建造了总长为 823 米的 22 个丁坝,丁坝之间形成坝田,并积聚了相当一部分泥沙,抵挡住了夏季洪水的冲击。鉴于此,1929 年 10 月和 11 月间,海河工程局在灰堆裁弯处建造了总长 700 米的丁坝,同时在丁坝上栽种柳树等树木。1912—1932 年,共栽种树木 119 750 株,对保护河岸起到了极大的作用。

1913 年 7 月 15 日,第四次工程结束,全长 3 782 米,从大赵北庄起,止于东泥沽,总挖泥量为 242.4 万立方米,缩短河道 9 077 米,总费用为 23.62 万两白银。经过第四次裁弯取直,海河的通航能力大大提高,1914 年吃水深度为 4.58 米的“昌升”号顺利通过海河,这是有史以来通过海河航道吃水最深的船只。由于第四次裁弯取直工程使用了挖泥船,因此有效地降低了工程成本。前三次工程每立方米造价为 43 分,而第四次的造价仅为 27.3 分。

1918年,海河工程局与顺直水利委员会对三岔口进行了裁弯,又称第五次裁弯取直工程。这次裁弯全长474米,缩短航道1 585米,共挖土169 904立方米。这次裁弯前,南运河、北运河及金钟河在三岔口汇集入海河的河道弯曲,不仅影响了海河上游的河水下泄,而且不利于上涨的潮水通过。裁弯后,在裁弯区的上游潮水落差增加了1.07米,同时为大运河开辟了一个新的出口。1921年,海河工程局对灰堆进行了裁弯,又称第六次裁弯。这次工程使用了"新河"号,裁弯全长2 743米,缩短航道1 534米,挖泥2 031 649立方米(见图6-1)。

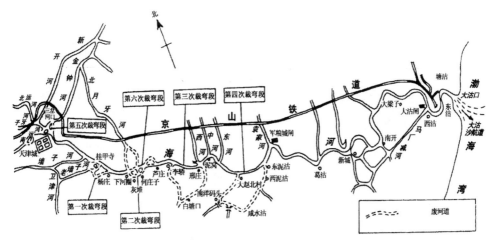

图6-1　海河工程局的6次裁弯取直工程

经过前后6次对海河的裁弯,共缩短河道26.6公里,各种类型的轮船都可以趁着涨潮时间从海河口抵达天津港,所需航行的时间明显减少。如经过第三次裁弯之后,"广济"号轮船从大沽口到天津港用了4时10分,比没有裁弯之前缩短了1小时。裁弯后,海河上下游的河床普遍刷深、拓宽,断面增大,纳潮量增加,海河河槽的调蓄能力也逐步增大。1900—1927年,海河冲刷总量为2 897万立方米,年均为107万立方米。海河的纳潮总量由1914年的1 957万立方米增加到1926年的2 697万立方米。天津港的潮差增加了0.9~2.0米,最大吃水深度为5.5米的船舶也能够通航。尤其是在枯水季节,由于有潮流作为替代,轮船仍能从海河口驶入天津市区码头。同时,海河的泄洪能力也有了明显的增加,1904年8月,由于海河流域普降大雨,海河水位上涨,但运河河堤仅比水面高出0.3米。如果没有进行裁弯以使洪水快速下泄,天津附近地区则有被洪水淹没的危险(见表6-1)。

表 6-1　海河裁弯工程统计表

年　份	起 讫 点	河段长度/米		开挖土/立方米	
		裁后	缩短	人工	机器
1989—1902	第一次裁弯挂甲寺—杨庄	1 207	2 173	1 699 020	
1901—1902	第二次裁弯下河圈—何家庄	1 770	4 989		
1903—1904	第三次裁弯杨家场—辛庄	3 380	7 242	1 931 219	
1911—1913	第四次裁弯大赵北庄—东泥沽	3 782	9 077	28 317	2 421 103
1918	第五次裁弯三岔口	474	1 585	56 634	113 270
1921—1923	第六次裁弯下河圈—芦庄	2 743	1 534	249 416	1 782 233
合计			26 600	3 964 606	4 316 606

　　海河工程局持之以恒的疏浚,使海河航行基本畅通。1918 年,海河工程局对下转头地进行疏浚,并维护河岸。1919 年,在几次裁弯的基础上,海河工程局对上转头地进行疏浚,在灰堆裁弯结束后,长 106.7 米的大船可以在上转头地转头。转头地疏浚之后,便利了驶入天津的航行。海河工程局前后 6 次对海河的裁弯取直工程,使航道增加了深度和宽度,适应了船舶日趋大型化发展的现实需求,便利了船舶航行,保证了航行安全,为天津港及天津市的发展做出了贡献。

　　经过 6 次裁弯之后,海河航道共缩短 26 600 米,轮船从大沽口至天津港的时间得以减少,海河航道可以通行一些较大的船舶,但是淤积仍然较为严重。1912年 7 月,永定河决口;1918 年,再发大水;1922 年 7 月,永定河再次决口,大量农田被淹;1927 年,华北大洪水,大量船只不能抵达天津港。

　　海河流域的治理除了海河工程局之外,也有其他机构的参与。华北水利委员会成立后,于 1931 年春完成永定河治本计划,其中包括整理河道工程(整理堤防、约束河身)、整理尾闾工程(疏浚永定河以下之北运河、金钟河)和放淤工程等。根据该计划,河北省政府和天津市共同组成海河整理委员会,于 1932 年开始对永定河进行放淤。1932 年,放淤区积沙 1 792 万立方米;1934 年,增辟淀南放淤区,改原筑南堤为分界堤。据统计,1932—1939 年,先后放淤 8 次,放淤区共积沙9 257.8 万立方米。

　　此外,河北省政府和水利机构在治理海河流域方面还组织了挽北运归故道工程、新马厂减河工程等河道治理工程。挽北运归故道工程长约 7 公里,宽 46 米,并在引河上口建进水闸,干流上建泄水闸,于 1925 年完工。马厂减河①自竣工之后,对分泄南运河洪水、浇灌小站稻起到了重要作用。但马厂减河下游河床淤塞日益严重,船只不能正常通行。1920 年,顺直水利委员会另辟新减河,以排泄马厂减河洪水。新减河完工后,可以更好地发挥防洪、灌溉、航运之功能,并且可以保障天津免受洪水的威胁。

三、 破冰通航

(一)破冰业务的必要性及可行性

每年 12 月至次年 2 月,是天津港的冰封期。近代天津对外贸易的发展,冬季无法通航越来越成为制约天津发展的不利因素。冬季封港逐渐成为航运业、商业及各界十分关心的大问题。结束封港,实现冬季通航,成为当时天津发展的必然趋势,也是航道治理的又一项重要内容。天津港历年封港日期见表 6-2。

表 6-2　1902—1911 年天津港历年封港日期

年　份	航道开放时间	最早到港船舶日期	最晚离开塘沽船舶日期	封河日期
1902	2 月 23 日	3 月 14 日	12 月 17 日	12 月 24 日
1903	2 月 24 日	2 月 28 日	12 月 14 日	12 月 17 日
1904	2 月 27 日	3 月 1 日	12 月 13 日	12 月 18 日
1905	2 月 26 日	3 月 2 日	12 月 13 日	12 月 14 日
1906	2 月 26 日	3 月 11 日	12 月 12 日	12 月 20 日
1907	3 月 3 日	3 月 2 日	12 月 14 日	12 月 23 日
1908	3 月 6 日	3 月 6 日	12 月 22 日	12 月 13 日
1909	2 月 19 日	2 月 23 日	12 月 13 日	12 月 14 日
1910	2 月 27 日	2 月 28 日	12 月 10 日	12 月 12 日
1911	3 月 5 日	3 月 4 日	12 月 21 日	12 月 29 日

1911 年 5 月 26 日,天津洋商总会首先就破冰问题同海河工程局董事会进行协商,提出利用破冰船使海河在冬季保持通航的动议。洋商总会写信给海河工程局,信中提到由于受到其他港口竞争的影响,天津港冬季通航的必要性:"无须指明在

---

① 由海防提督周盛传率驻军于 1875—1881 年分三次开挖而成,初名"靳官屯减河",后因地近青县马厂而改称今名。

冬季几个月的河道关闭,会给天津的贸易带来很大的不便,目前其他各埠的竞争,也因铁路等设施的扩大已使感到有必要把港口保持开放。"

洋商总会之所以率先并最积极推动冬季破冰,第一,因为洋商在天津对外贸易总额中占到80%的份额,居于主导地位,且随着通航贸易的不断扩大,冬季破冰通航直接攸关其切身利益;第二,洋商总会在海河工程局董事会中拥有席位,从而使其既有权利也有义务对海河工程局的业务开展提出建议;第三,在增加海关税用于海河疏浚与破冰时,洋商总会的主动配合,能够减少其他各方的顾虑;第四,洋船公司了解破冰业务的最先进国际信息与技术动态,这就为海河工程局后续破冰业务的引进和开展提供了便利。

海河工程局很快就此事向海关申请,海关监督7月4日回函同意,这意味着得到政府的许可,海河工程局开展破冰工程具有了合法性。13日,海关监督再次回函,建议收集与河道冰凌形成原因相关的详细情报,并送到与大沽口水文情况相似的地域专家手中,如波罗的海的港口与大沽口水文情况相似,因此可以询问德国领事馆是否有相关建议。26日,海河工程局的总工程师根据海河河弯的特点,以往对水位、潮汐、泥沙含量、气温的调查数据,以及不同观察站的实地调查,将冬季航行的可能性、可能出现的问题和解决方案,向董事会做了详细可行性报告。总工程师建议洋商总会通过"应用征奖"(Prize Design)的方式来收集破冰船的设计方案。最后,总工程师还列出了当时其他国家,如德国、荷兰、法国、俄国、美国和芬兰,所使用的破冰技术和破冰船的详细资料供参考,可见当时的海河工程局工程师已经具有相当的国际视野和专业水平。8月14日,德国领事馆将德国外交部(German Foreign Office)的一份报告提供给海河工程局,推荐破冰专家莱斯(Liese)来天津做调查。1911年7月4日,天津海关致函海河工程局董事会,表示同意海河工程局进行破冰工程。1911年年末,海河工程局聘请的破冰专家到达天津,经过实地勘测,提出通过破冰船破冰。

关于破冰业务的经费问题,1911年5月27日,即在接到洋商总会建议的第二天,董事会就进行了讨论。在1908年施行新税率后,每年大致可以获得20万两的收入,日常开支约需要花费15万两,在剩下的5万两中,还要偿还公债C的本息每年2.2万两,因此只剩下2.8万两。海河工程局在1912年4月召开了一次董事会会议做了专门讨论。董事会认为,"在贸易量正常的情况下,以现有税入(即河捐和船税)足够支持破冰业务"。但是,购置破冰船属于一次性巨额开支,其资金筹集需要由海河工程局发行公债解决。1912年,海河工程局发行了长期公债D,为两艘破冰船的购置融资。这是海河工程局第五次发行公债,公债D共计发行29万两,利率6%,以河捐和船税为担保,由华比银行代理发行,1914年发行完毕,计划23年偿还本息,1919年开始偿还,每年抽签还本付息,到1934年如期全部清偿。

（二）破冰设备购置

破冰业务开展的基础是破冰船,但是除了购置破冰船外,无线通讯设备的使用和船舶设备的日常维护和修理,以及系统性的组织管理工作也是必不可少的。海河工程局从最初购置破冰船,到安装无线通讯设备方便破冰船与总部及往来船只的联系,再到日据时期定期的维护和修理,逐渐形成了一整套破冰业务系统。

破冰业务最主要的部分是专用船只在河道内击碎冰凌,导船通航。冬季海河的冰层非常厚,一位久居天津的侨民曾回忆说:"我居住在这里的初期,在大寒季节,河岸附近的冰有14英寸到16英寸厚;在1月份的最后一个星期,简直可以在上面进行炮战,而且要想摧毁冰层,也只有仰仗榴弹炮的火力才行。关于结冰和融化的速度真叫人惊异,在黄昏时还是一条通航的河流,到清晨时已结成铁板似的冰块,上面可以行驶蒸汽压路机了。我曾经在上午9点时骑马从冰上过河,可是当我下午4点30分回来时,已经看不到一点冰块了。"1895年12月的一次突然的冰冻,甚至把三艘船"整个冬季牢牢地钉在冰上,尽管多次努力想为它们开出一条河道"。

根据德国破冰专家莱斯的建议,1912年8月,海河工程局向江南造船所订购的"开凌"号(见图6-2)和"通凌"号,次年投入使用。

图6-2 破冰船"开凌"号

1913年,海河工程局组建了当时中国最大并且是唯一一支的破冰船队。此后连续两年,海河工程局又向江南造船所订购了另外两艘速度更快、马力更大的破冰船，"没凌"号和"清凌"号（见图 6-3）。1916 年，海河工程局的两艘破冰船"清凌""通凌"前往俄国海参崴港破冰，这是中国疏浚机构第一次走出国门实施破冰作业。

图 6-3　1915 年"清凌"号在海河破冰

随着破冰业务的逐渐成熟和天津对外贸易的发展，1917 年，董事会意识到"如果希望经常保持塘沽和天津不冰封，现存的设备是可以胜任的。但是如果航运公司需要在严冬通航到天津，就需要连续不断地护航，那么，用一艘大马力的破冰船代替'通凌'号是必要的"。特别是 1922 年 11 月 1 日一场特大东北风封住了新河到葛沽航道，不论破冰船怎样努力都无法清理河道，冰凌从沙柳屯向东扩展到了10 米远，这使得海河工程局认识到购入新设备的紧迫性。新购置的破冰船"工凌"号于 1923 年投入使用，这艘船使用了英国的设计方案，1925 年又购买了同样是新灯标船的"飞凌"号，与"工凌"号交替使用。海河工程局的破冰船根据其特性，在使用时有所分工，一般来说，3 条较大的破冰船"通凌"号、"清凌"号和"没凌"号在大沽口附近支援进出船舶，"开凌"号在海河中部的葛沽对弯道的冰凌进行清理，而"工凌"号和"飞凌"号则更多是在天津港内破冰。除了"通凌"号在 1945 年触雷沉船外，其余 5 艘破冰船到 20 世纪 60 年代之后才陆续报废，"工凌"号和"飞凌"号甚至服役到 1983 年。

1926 年，海河工程局在"清凌"号破冰船上安装了无线电通信设备。自 1929年 1 月 1 日起开始广播冰况，通知各航船，改变了以往通过电报通告大沽口及渤海湾冰况的模式。1935 年 12 月至 1936 年 3 月，天津发生了 30 多年来最严重的冰况。经过海河工程局艰苦的破冰，先后救助 65 艘各类船舶，终于战胜了这次特大冰凌。

随着船舶往来天津港数量的增加,无线通讯的重要性逐渐被认识到,在1921年12月14日的第303次董事会会议上,总工程师就提出了购置两台无线电设备冬季安置在破冰船上、夏季安置在疏浚船上的提案,但是由于无线电设备没有普及,加上预算问题,这个提案被搁置了。1922年,由于进入天津港的船舶无法获得海河航道的冰况信息,拖船不得不冒险山去卸货,海河工程局终于意识到无线通讯对于破冰业务开展的重要性,"破冰船带无线电讯仍被认为是很必要的"。但是当时无线电报的使用是将电报发往芝罘,离开天津港的船舶只有航行到大沽时,才能通过芝罘港获得大沽口和渤海湾的情况,这种方式不仅非常不方便,而且信息的传递有时滞,无法有效准确地导航往来船只。1925年,海河工程局花费4 073.46两订购了无线通讯设备,并于次年安装在疏浚船"快利"号和破冰船"清凌"号上。

除了清理河道内冰凌外,破冰业务还具有援助受困船舶和援救被困人员的功能。破冰船本身具有拖船的功能,在援助时,不但能撞碎或切碎冰凌,而且还能将受困船只拖回海河航道内,保证其安全。1935—1936年,海河工程局破冰船"清凌"号一共援助往来中外船只共14艘。

从最初破冰船的购置,到无线通讯设备的使用,再到新河修理厂每年定期对船舶设备的维护和修理,海河工程局在破冰业务上逐渐形成了一套完整的系统。同时,破冰船除了清理河道冰凌外,在关键时刻还起到援助受困船只、援救被困人员的作用,甚至还有代替灯船导航的作用,并且破冰船在破冰、援助和导航这些功能上的转换非常灵活机动。破冰体系及其一系列功能的逐渐完善,有助于提高效率,降低成本,使得海河工程局破冰业务逐渐成熟,为冬季天津港的运行提供了有力保障。

第二节　浦江浚治与三个10年工程

清末时期黄浦江浚治的两项主要工程是筑吴淞导流堤[①]与开辟高桥新航道。机构改组后,开展了三个10年黄浦江浚治工程,黄浦江全线得到治理。

---

① 位于吴淞北侧和黄浦江口之左岸的吴淞导堤,是历史上整治黄浦江,清除外沙障碍,堵拒长江上流来水,以增深航道的重要疏浚工程之一。

一、 早期浦江浚治

　　吴淞导堤全长共 4 575 英尺(约 1 395 米),呈弧形,向岸边延伸与岸连接。在吴淞口右岸,筑顺堤 1 道,进一步引导潮流。此外,在高桥航道口至浚浦线,筑有排流丁坝 3 座,顺坝 1 道,长 1 350 英尺(411.5 米),相连接呈叠型排列,并铺上石块。在高桥新航道两岸,如北港嘴、老白港嘴、闸北电厂附近及军工路等处,筑有其他丁坝工程。新航道除整治外,还通过疏浚进一步加深水深。

　　1909 年 9 月 15 日,新航道正式通航[①],水深为 13 英尺(近 4 米),老航道 12 月起被堵塞弃用;至 1910 年 3 月,新航道已增到 17 英尺(5.18 米),最狭处近 300 英尺(91米)。在此期间,共沉捆 5 万余只,沉排 58 万平方米,平整用 4.2 万立方米薄板,块石32 万吨,是黄浦江历史上最大的疏浚整治工程。[②] 至 1911 年,完成吴淞口外包括左导堤、右顺坝在内的弧形双导堤、加深南支新航道,以及北支内沙的上口堵坝和北港至陈家嘴左、右两岸堤工等工程建设。辛亥革命之前,外沙深度已经由 1906 年治理前的 15 英尺(4.5 米)至最低水位下 21 英尺(6.3 米),再经机船疏浚,吴淞内沙逐渐消除;新航道水深由原来 2～3 英尺(0.6～0.9 米)增深到 19 英尺(5.8 米),宽度达 122米,治理初见成效[③]。吴淞左导堤与高桥新航道开挖两项工程,对于黄浦江疏浚治理,起到了历史性的重大作用,对上海口岸的航运亦产生正面影响(见图 6-4)[④]。

　　1912 年,世界航运会议认为轮船尺度将大增,西方国家要把上海变为世界性大港,且能容纳 36 英尺(11 米)大船进港。于是,浚浦局聘请专家顾问团,提出过多种治理意见,大致是塞支强干、筑堤束流、疏浚增深,以及束流、疏浚并施等方法。此后,在历届总工程师的带领下,开展了三个 10 年黄浦江浚治工程,黄浦江全线得到治理,从一条多弯曲及水下多处暗沙、浅段的天然河港,治理成一条较为良好而整齐的人工河港,水深在最低水位下,航道状况亦得到显著改善,由 5.8 米增至9.14 米深,进出港口大型轮船日益增多。尤其是 1912—1937 年期间,黄浦江治理效果尤其显著,上海港有了优良的深水航道,且长期保持稳定(见表 6-3)。

<hr>

　　① 1909 年 5 月 5 日,吃水 23 英尺的英国巡洋舰"阿司托雷"(Astroied)号通过新航道,曾定名新航道为"公平女神"航道(Astnaea Channel)。《上海航道局局史》,2010,第 21 页。

　　② 《上海航道局局史》,2010,第 21 页。

　　③ 《上海航道局局史》,2010,第 22 页。

　　④ Huangpu River Conservancy Works, Sir John Wolfs Barry, K.C.B., Sir William Matthews, K.C.M. G. and Mr. Anthony G.Lyster, Westmister, 25th July, 1910,WPC Vol.41.

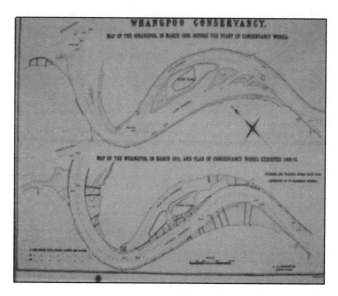

图 6-4　1906 年和 1911 年黄浦江治理前后的对比

资料来源：浚浦局技术图纸档案。

表 6-3　黄浦江水深变化表

年　份	吴淞外沙/米	高桥新航道/米	陈家嘴航道/米	汇山航道/米	吴淞内沙/米
1906	4.50	0.60～0.90	6.40	6.40	3.05
1912	6.40	5.80	7.32	6.71	成陆
1923	9.00	7.80	7.32	7.32	
1927	9.30	8.54	7.83	7.62	
1931	9.14	8.23	7.98	7.93	
1936	9.61	9.14	7.93	8.54	

资料来源：《上海航道局局史》，2010，第 1-10 页。

二、 第一个 10 年黄浦江浚治工程（1912—1921）

　　根据奈克原拟的总体规划，瑞典人海德生（Von Heidenstam）制定了为期 10 年（1912—1921）的第一个《黄浦江继续整治计划》[①]，采用继续筑堤导水的治理原

---

　　①　目标是"为了航行上的便利，建立一个足够深、宽和稳定的航道"，使黄浦江航道整体水深保持在最低水位以下，并由 19 英尺（5.8 米）增深至 24 英尺（7.3 米），宽度为 600 英尺（183 米）。海德生 Project for the Continued Whangpoo Regulation，1912，WPC Vol.74。

则,即增加航道宽度,切除凸出的堤岸,同时加以疏浚,增深航道,工程计划耗费600万两银。1912年4月,重设浚浦局后,海德生任总工程师,此规划经核准于1912年5月施行,海德生主持工作,实施黄浦江两岸堤坝导流修筑工程。从高桥港起向上至龙华嘴止的护岸与导堤工程,关键在陈家嘴至虬江口再至杨树浦周家嘴。这段河面骤宽,水势较为分散,且因涨落湖水流方向不一,在右岸形成范围较大的浅滩,低潮时涨滩在水面以下,故在浅滩弧形长堤收缩江面,在右面凹岸处建筑平行护岸工程。陆家嘴河面过宽,水势泛滥,航道中的一淤浅段名"汇山暗沙",水深22英尺(6.71米),后因将驳岸推出到允许岸线后,浅段自然增深。在高昌庙一带,江面从南市狭窄河身忽又骤宽,而水势又趋向浦东,为了护岸防线,遂于1918年在浦东周家渡筑深水丁坝3条(后增筑1条),护岸终止。[①] 1921年,高桥段的水深达6.1米,最深处可达7.3米,基本满足当时航运的需要。

第一个10年工程的实际花费不足550万两,同时增加了固定资产,包括由1916年建造的500立方米/时的"海龙一号"、1 200立方米/时的"海鲸"号、120立方米/时的蒸汽抓扬式挖泥船"海鸥"号,以及拖轮"利贸"、"利华"和"泥驳"1、2、3号等,开始组建起一支规模不大但可观的疏浚船队。经过清末四年的治理,连同这10年的浚治,黄浦江航道水深大有改善。正如海德生在《黄浦江的改善,1918年12月止》报告中所述,"所采用的方法是完全成功的",且已经获得现在从江南造船所至吴淞口的"一条在最低水位时,深24英尺(7.3米),宽600英尺(183米)"的航道,并评价说"航运对水深与货物装卸等要求,已有长足的增加"。对此,1910年,黄浦江工程报告[②]和各年出版的《上海港口大全》(*Port of Shanghai*)总结了上海港口和对外贸易的现状和趋势的具体数据。

三、 第二个10年黄浦江浚治工程(1922—1931)

1921年,海德生续订和实施1922—1931年的第二个黄浦江维持与改善工作计划,目标是使吴淞外沙吃水28～30英尺(8.53～9.14米),船舶随时都能通航。这个10年工程计划是将黄浦江建设成一条最大宽度600英尺(193米)、深度32英尺(9.75米)的航道,具体是在左、右岸顺坝束窄,同时疏浚。高桥新航道用水下平

---

① 《上海航道局局史》2010年,第38-39页。
② John Wolfs Barry, William Matthews, Anthony G. Lyster. Huangpu River Conservancy Works, July 25th, 1910, 见 WPC-TS Vol.41.

行潜坝束窄并疏浚,使得 24 英尺(7.3 米)的水深加深到 30 英尺(9.14 米),且计划在陈家嘴河段航道和汇山段航道也开展疏浚工程。[1]

1921 年 1 月,由中、英、美、日、法、荷等国组成的国际技术顾问局[2],经综合调查后认为,可暂缓挖浚水道并建筑水底堤坝,只要积极进行水道开浚工作,便可以收到同样效果。于是从 1922 年起,黄浦江完全采用疏浚方法继续浚治,并开始挖削凸出河岸,如北港嘴、老白港、陈家嘴、周家嘴和以上地区;陆家嘴、南市嘴等处则以疏浚为主,以维持浚浦线的宽度。自 1922 年起,船舶的购置也有增加,至 1930 年,除有附属船舶 10 艘外,又建造了中小型的吹泥船、挖泥船 4 艘。[3]

黄浦江经过第二个 10 年的治理,航道又有了进一步改善,黄浦江沿岸凸出的障碍已切除,潮流畅通。全线航路已由原来在最低水位下统深 24 英尺(约 7.3 米),增深到统深 26 英尺(近 8 米),其中高桥新航道已达 8.23 米深。总工程师查德理指出计划基本完成,"黄浦江吴淞口的外沙,现在水深在最低水位时已达到 30 英尺以上,其他过渡航道都在最低水位时保持不小于 26 英尺的最低水深,但是已证明这些航道还需要经常挖泥来保持它们自然平衡以外的需要水深"。吴淞外沙已达 30 英尺(9.14 米),但尚未达到原计划的统深目标。[4] 这项计划未及全部完成,海德生 1928 年离任回国,总工程师一职由其助手英人查德理(Herbert Chatley)继任,他仍延续海德生制订的计划。另外,从 1922 年起,浚浦局投入较多力量挖凸岸岸滩,但北港嘴浅滩并未达到增深和保持宽度的计划目标。随着黄浦江航道的持续改善,长江口神滩——铜沙浅滩的增深要求提上重要日程。

四、 第三个 10 年黄浦江浚治工程(1932—1941)

为延续前面两个 10 年的黄浦江维持与改善工作,1931 年 5 月 15 日,第三任总工程师英籍人查德理(Herbert Chatley)制订了第三个维持和改善工程的 10 年计划(1932—1941),主要是为改善从吴淞到张家塘的航道。然而,这个 10 年计划自 1932 年起开始实施,到 1937 年,便由于抗日战争的爆发而不得不中断。

---

①　《上海航道局局史》,2010,第 40-42 页。

②　Shanghai Harbour Investigation Committee of Consulting Engineers,1921,Whangpoo Conservancy Board,WPC-TS Vol.39.

③　1922 年建造了 120 立方米/时"海蝠号"蒸汽抓扬挖泥船和 1 100 立方米/时"海象号"吹泥船,1923 年建造了 500 立方米/时"海虎号"和 87 立方米/时"海鲤号"挖泥船,还建造了 150 马力水文测量船。《上海航道局局史》,2010,第 35 页。

④　《上海航道局局史》,2010,第 42 页。

第三个 10 年计划的目的是维持航道宽度约 500 英尺(152.5 米),且在最低水位时,深度以越近 30 英尺(9.14 米)越好。显而易见,"越深越好"的说法有些含混。相比之下,前总工程师海德生强调截削 7 处凸湾河岸,加宽航道,使水流畅通的目标表达得比较清晰。他认为要在凸出河段重复疏浚可保持深度,而在急转弯和旋涡的地方,须采用向深水中抛投石块和硬土的方法。① 因为挖除沙嘴不能完全达到航道增深的要求,采取挖凸岸滩以增加进潮量的做法也不起作用,反而会在环流作用下产生回淤。查德理也认为凸岸边滩挖得越深,回淤会越快,"回淤的强度跟随挖泥的深度而上升",应采取少挖、浅挖、持续挖的战略实施疏浚。1936 年,总工程师查德理卸任归国,接任总工程师一职的是高级助理工程师薛卓斌。这也是总工程师一职首次由华人担当。

由于抗日战争爆发,浦江两岸战乱频繁,疏浚船舶遭到日本强行霸占和掠夺,疏浚工程不得不全面告停。这个 10 年计划自 1932 年起开始实施,到 1937 年,还不到 6 年时间便中断了。② 截至 1936 年,吴淞外沙和高桥新航道的水深已达 30 英尺(9.14 米),陈家嘴水深仅 26 英尺(7.93 米),以及汇山航道水深达到 28 英尺(8.54 米)。黄浦江最低水位统深为 26 英尺(近 8 米),涨潮时可达 32 英尺(10 米),虽然尚未达到统深为 30 英尺(9.14 米)的阶段性目标,③但已经符合世界大港对航道深度的基本要求,能够接纳世界上最大吨位的船舶候潮进港。④

由于战乱的严重破坏,加上战后国民政府的军事和经济政策,造成黄浦江航道码头不仅得不到进一步改善,航道水深及航道截面宽度均不如战前,更无力继续疏浚铜沙浅滩。虽然 1935 年 7 月曾启用"建设"号再度开挖铜沙,但遗憾的是,因战争影响,投入的人力、物力、财力都很有限,因此挖槽长度不够,增深不多,从而未能投入使用。

战后,浚浦局接管的疏浚船舶,船况欠佳。航道多年失浚,淤积严重。为了改善状况,只能一边抢修设备,一边日夜疏浚。战后自接管至上海解放,共挖泥 823.63 万立方码(计 629.68 万立方米)(见表 6-4)。

---

① "北港嘴、老白港嘴、陆家嘴、南市嘴及龙华嘴等突出的河岸","陆家嘴与董家渡等处,有相当急剧的弯道,由于此种弯道,以及潮流中经常发生旋涡运动,所以深水航道更靠近凹岸。陆家嘴的弯曲更是急锐,水深道狭,不得不采用坚硬材料向深潭中抛投,此种方法,事实上自 1931 年起,已经实施",见乍得理《1932—1941 年黄浦江维持与改善工作计划》。

② 《上海航道局局史》,2010,第 44-45 页。

③ 《上海航道局局史》,2010,第 45 页

④ 据 Biles(Inst. Nav. Arch., Paris, June 20, 1931)记载,1930 年德国 Columbus,设计吃水深度为 34 英尺 4 英寸,实为 39 英尺 6 英寸。

表 6-4　浚浦局战后疏浚量

	挖泥量/万立方码	挖泥量/万立方米
1945 年 9—12 月	11	9
1946 年	158	121
1947 年	299	229
1948 年	331	153
1949 年 1—5 月	23	18
合计	824	630

1937 年前,经过数十年疏浚,最小水位已达 25 英尺(近 8 米),抗战时工程几乎停滞,航道水深减至 24 英尺(7.3 米)。抗战胜利后,虽然努力疏浚,但毕竟势单力薄,装备有限,航道并未得到明显改善。1948 年,汇山航道最浅水深约 25 英尺(7.6 米),陆家嘴航道最浅处水深约为 23 英尺(7 米),高桥新航道最浅处水深约23.7 英尺(7.2 米)。显而易见,这些航道都没恢复到战前 26 英尺(近 8 米)的统深水平,航道尚未得到明显改善。

五、 复兴岛的前世今生

1901 年,清政府与八国联军签订了《辛丑和约》,在附件中,增加了《改良黄浦江水道之规程》一条。当时的上海道会同租界当局,组成浚浦局,疏浚航道,并决定整治这片沙滩,也就是原来的复兴岛。

1906—1910 年,沙滩右侧疏浚宽 700 尺(213.3 米)、深 21 尺(6.41 米)的航道,但沉沙不减,加上借款用尽,就停止疏通。

1912 年,列强乘袁世凯借款之机,签订《浚浦局暂行章程》,决定缩窄江面,加速水流,减少泥沙沉积并将左侧沙滩填筑为人工岛。1915 年,疏浚主航道的同时在沿沙滩的东侧抛石筑堤,使淤泥沉积,沙滩不断涨高。1925 年,由南向北先在沙滩南段三角形的区域抛卸沉排块石,边筑堤边吹泥填土,共填泥土 103 万立方米,沙滩涨高至吴淞零点上 5.5 米,吹填面积约 0.11 平方公里。

1926 年,上海浚浦局在周家嘴角东部吹泥填滩成岛,定名周家嘴岛。1926 年 7 月,南段填成陆地。中段于 1928 年 10 月吹填泥量 220 万立方米,完成陆地 0.3 平方公里。北段于 1930 年 10 月至 1934 年年底吹泥量达 395 万立方米,围垦面积约 0.51 平方公里。此外尚有北部扩展围地吹泥量 110 万立方米,围成陆地 0.12 平方公里。岛的西侧原有一条浅航道(即现在的复兴岛运河),自 1925 年起,浚浦局开始围堤建造上海复兴岛,吹填面积 1.1 平方公里,是上海唯一的内陆岛。1927 年 1 月,由原上海市浚浦局以白银 40 万两,向国民政府买下了这块黄浦江上的官有滩地,此后由浚浦局开发利用。1925—1927 年,在完成了滩地沿岸一侧的运河导治工程后,形成了四面环水的岛屿。1927 年 12 月,在复兴岛的南端兴建定海路桥,这与后来(1985 年)在复兴岛的北端修筑的海安路桥,分别从南、北沟通了与市区的联系。以后,该岛成为浚浦局导治黄浦江的基地。

1930 年,岛中部吹泥完成以后,在今公园的地基上建上海浚浦局体育会,面积为 4.05 万平方米。"8·13 事变"以后,日本侵略军将全岛划为禁区,改名"定海岛",并将体育会花园改建成日本式的庭园,在园中广栽常绿树和球形灌木,遍植樱花。1934 年全岛形成,因旁边有周家嘴自然村,取名为"周家嘴岛"。1937 年,日军侵占后改称定海岛,因定海路得名(其一度在 1939—1941 年称为昭和岛)。1945 年,为纪念抗日战争胜利改名为"复兴岛",国民党海军司令部驻沪办事处与警卫营营部驻扎于复兴岛。

1947 年,国民政府将复兴岛交还浚浦局使用,并在花园内建立一块"复兴岛收回纪念碑"(已毁)。新中国成立后,此地由上海市港务局接管。

1949 年 4 月 26 日,蒋中正由浙江象山港乘"泰康号"军舰抵沪,曾在复兴岛召集部下部署上海防务,蒋经国和蒋纬国及其装甲部队驻扎该岛负责警卫。在人民解放军向上海外围进攻时,蒋中正于当年 5 月 7 日离岛,乘"江静"号轮船离开上海,凄凉赴台。

新中国成立后,复兴岛成为燃料、石油、商业储运联合仓库的集中地和工厂企事业单位的所在地。1951 年 1 月,市港务局向市人民政府建议,部分改作公园,经市政府批准,市工务局园场管理处略加整理,同年对外开放。

第三节　主要河流疏浚典型工程

一、晚清至民国时期黄河中、下游的疏浚工程

(一) 治河疏浚的衰败

咸丰五年(1855),黄河在今河南省的铜瓦厢决口,其主河槽向东北方向摆动,

洪水冲过山东境内运河,夺取大清河河道,归入渤海。这之后,铜瓦厢以下河南、山东境内便形成大片黄泛区,江苏境内旧河道也很快断流。南河、东河管理机构大半无事可做,清廷又正好陷入了太平天国和淮上捻军起义的连年战乱之中,为节约开支,闲置河务机构很快就被裁撤。

疏浚河道的责任,被不负责任地留给了地狭民穷的苏、鲁地方社会。晚清中央、地方财力都很有限,支出又多。因无经费的同时又无统治秩序可言,咸丰五年(1855)至同治十年(1871),黄河下游基本上无防无治。即便钦差大臣王履谦等人奏称应该筹划修治,奉命勘察河患情形的张亮基等仍担心,一旦治理工程开工,将有大量人口聚集一处,很容易造反,"设有奸人生心,若何处之"。于是,清廷上谕地方各官在水灾所及的地方分别"设法疏消,使得横流有所归宿,不致旁趋无定",而没有组织中央政府统一指挥行动的大型工程。这时候的疏浚、堵口工程基本上是"劝谕富户出粮,贫户出夫"去堵截人力可以堵截的支流,并放出淤积的洪水而已。此一阶段,黄河下游的疏浚工程零碎散乱,基本上属于"乡民荷锸携筐,自筑小堰以卫田庐"。清廷此时因财政日渐困难,还要考虑节约河工经费,每年用银不过二三十万两而已。[①] 同治七年(1868),黄河又在河南荥泽决口。短时间内,黄河在安徽颍上、苏北宿迁等地再次泛滥。

这次决口之后,黄河竟然又有向南回归的趋势,同治十年(1871)、十二年(1873)和光绪十三年(1887),黄河相继在山东郓城侯家林、直隶东明石户庄、河南郑州等地决口,水灾又回到了豫、皖、苏三省。"三省地面约二、三十州县尽在洪流巨浸之中,田庐人口漂没无算。"[②]两江总督曾国荃称皖北是稻米生产重地,而江苏北部在铜瓦厢决口之后本就只剩里下河地区还算富庶,黄泛区内的饥民在沼泽水网地带为谋求生计,经年累月之后,演化成"水套之匪"。这些都迫使清廷不得不重新重视治河疏浚,以求稳定其统治,确保其财源。

(二)回光返照的中兴——山东小清河治黄工程

1871—1899年这段时期,太平天国、捻军等农民起义渐次失败,内乱减轻。英国人李泰国、赫德等相继窃据海关总税务司之后,为方便对华输出商品和资本,并借清廷间接控制在中国的势力范围,又"协助"清廷设置和管理近代化的海关,建立

---

① 夏明方:《铜瓦厢改道后清政府对黄河的治理》,载《清史研究》1995年第4期,第40-51页。
② 李文海:《近代中国灾荒纪年》,湖南教育出版社,1990,第501页。

健全近代关税征收体系。这使得清廷又有一定的行政和财政能力,去进行黄河下游的疏浚工作。光绪九年(1883),时任工部侍郎游百川在山东考察后,议定了疏浚河道、筑堤、堵口、分流减黄等策需"次第兴办"。山东小清河疏浚工程就是这一段时期传统疏浚再度展现功效的典型。

原先黄河并不经过山东,但1855年,黄河在河南铜瓦厢决口,黄河水成扇形散乱东流,最后侵夺大清河水道注入渤海,从此彻底改变了山东的水利环境。原来的大清河是一条平稳、温顺的河流,所以两岸的堤坝都比较单薄。黄河流经河南省时,河道很宽,像郑州、开封河段,宽达几公里到十几公里。而大清河河道只有100多米到几百米宽,不及河南黄河河道宽度的1/10,因此,黄河汛期一到,汹涌的洪水在山东境内肆意漫流。

其中重要的一点就是黄河改道进一步加剧了小清河的水患。黄河夺大清河由利津注入渤海。章丘以上的绣江、巨野河等,河水被堵,同时受黄河洪水顶托倒灌,加之黄河决口漫溢造成小清河淤垫等,小清河之南的各支流不能再向大清河排水,致使小清河流域洪涝灾害严重(见图6-5)。

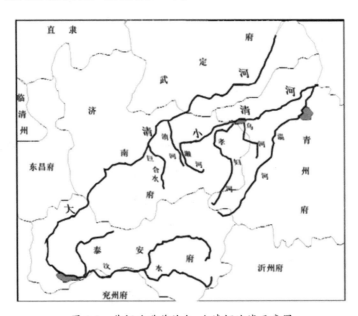

图6-5　黄河改道前的大、小清河流域示意图

光绪九年(1883),黄河历城一带决口,河水漫入小清河。清政府采用调用民力、酌给补贴的办法,命令仓场侍郎游百川和山东巡抚陈士杰督办小清河治理。此次治理共用银23万两,其中丁宝桢协拨白银12万两,其余银两由地方官筹款接

济。分别对小清河上、下游进行了初步的治理,其中包括大量的疏浚工作。这次治理,上自历城、下至乐安出海,共贯通480余里。但这次治理仅是对小清河上游河道的改变,由于黄河南岸决口,致使支脉沟以及上、下新河开挖均未深通,加之新开乐安海口段名曰"滴漏沟",河槽是沙土,很易淤浅,且地势高仰,不利宣泄。

光绪十一年(1885),游百川和陈士杰再次开浚小清河,以导积水,改挑北新清河一道,由黄台到寿光达600里,直达海口。同年,黄河在历城、长清、齐河、济阳、章丘、邹平、高青、利津等县决口20余处。全省共有35个州县受灾。山东巡抚陈士杰连降三级留任处分。黄河水侵入小清河,导致小清河新道旧道、上游下游全部满溢。小清河与黄河连为一体,整个流域汪洋一片。此时小清河又淤积严重,致使河道时断时续,淤积越来越深。此次治理虽然规模很大,但成效一般,水患依旧严重。

对如此情形,光绪十七年(1891),时任山东巡抚张曜命盛宣怀全权负责小清河的治理。盛宣怀多次亲临小清河流域勘察实情,认为首先要开凿新河:"由母猪沟巡小清河南,历乐安之石村镇,至博兴之金家桥心,计一百四十余里,并挑浚预备河三十余里,使毋旁溢。"开浚正河110余里径达寿光海口,河面开宽30丈,开深1丈至1丈3尺不等,出土成堤。此次治理采用"劝捐筹款,以工代赈"的方法,征调民工数十万。对支脉沟上、下游全河裁弯取直,展宽筑堤,支脉沟作为小清河的支河,为小清河分洪。

张曜病故后,福润接任,仍饬盛宣怀疏浚小清河,在此前整治的基础上继续施工。"明又挑旧小清河,北穿高苑之清沙泊、长山之陶唐口、至齐东之旧苏镇;越章丘之绣江河、历城之紫家庄鸭旺口,至省城东北八里之黄台桥止,计一百五十余里。自黄台桥至柴家庄,村落稠密,只循壬午新浚归河加广挑深。旧苏镇下,又循旧河五十里,其余则凿开新河道,直达海口。中挑河身十丈,两旁马道各十丈,出土成堤。所占民田,给价豁粮。综计全河绵长四百余里。是役也,员绅百数十人,分段施工,三载始竟。"由金家桥向西取直,接开正河,历博兴、高苑、新城、长山、邹平至齐东县之曹家坡止,计长97里。又从金家桥以下,循预备河旧址,开浚支河至柳桥为止,以承泄麻大湖上游各河之水,并引入正河,支河长24里。正、支两河共用银24.5万两。历城、章丘、齐东三县境内的河段也连续挑浚。这样,共治河长207里,全河一律深通。

盛宣怀的治河是在以前治河的基础上对全流域进行的大规模治理,他改变了小清河由支脉沟入海的历史,将支脉沟与预备河作为汛期排洪的重要河道,同时补充上游水源,将源头延伸至历城,保证了航运的畅通。盛宣怀治河后,小清河全线畅通。至此,自康熙五十八年(1719)以来,断航170余年的小清河,从济南的黄台桥至羊角沟入海,恢复了全线通航。船舶可由羊角沟直达黄台桥码头。

光绪年间,盛宣怀治河以后,小清河直到清朝灭亡都未出现大的河患。同一时期,光绪十三年(1887),河决郑州,慈禧太后并不听从朝中某些人要放黄河南回徐州故道的说法,反而令李鸿藻、吴大澂等人尽快设法堵住决口,再由直隶、山东趁黄河无水的机会挑浚河身,加紧抢修大坝,这倒真有所谓"中兴气象"了。[1] 光绪十二年至二十一年(1886—1895)间,山东境内筑堤、疏浚、封堵决口等行动所用经费比同治十年(1871)以前的情况有所增加,共计约1 100万两。

但好景不长,甲午战败后,清朝国势日衰。及庚子国变之后,为凑出每年庚款,仅河南年度治河经费中,就被提扣10万两。光绪二十七年(1901),清廷宣布废除漕运,改征折漕。治河总归为了保漕,若并无漕运可保,治河也就无须太过靡费了。运河无所事事之后,至宣统元年(1909),河南河工经费已经下降到每年42万两。[2] 国之将亡,此后黄河治理疏浚,仅为空中楼阁而已。

同时,在清廷财政短暂好转的窗口期修成的小清河传统疏浚工程,虽然解救了一时之间的危急局面,却不能达到标本兼治的效果。应该看到,黄河改道对小清河的影响是巨大的,黄河与小清河之间只有一片狭窄的冲积平原,一旦黄河南岸决口,势必影响小清河沿岸各县。而黄河在下游的淤积,使河身抬高,进而导致各入河支流只能引入小清河,改变了小清河的水环境。治理好一条小清河无法从根本上解决黄河改道后山东地区水灾频发的问题。这一问题不是盛宣怀或者山东地方政府可以解决的,只有从国家层面解决黄河水患,才可能根治包括山东在内的整个黄河流域的水患,而这在1949年后才真正地实现。

(三)灰暗中的亮色——晚清黄河后套民间水利疏浚的成就

在黄河下游由中央政权和地方政府组织的治河疏浚活动趋向败坏和碎片化的同时,黄河中游部分地方的疏浚活动则展现出不同的面貌,取得了一定的成绩。内

---

① 王林、万金凤:《黄河铜瓦厢决口与清政府内部的复道与改道之争》,载《山东师范大学学报(人文社会科学版)》2003年第4期,第88-93页。
② 河南省地方史志编纂委员会编:《河南省志第四卷(黄河志)》,河南人民出版社,1991,第321页。

蒙古后套地方的民间垦荒疏浚活动，就是其杰出代表。

与宁夏河套地区相区别，一般称内蒙古河套地方为东套。在东套所涵盖的地理范围内，巴彦高勒与西山嘴之间的巴彦淖尔平原被称为"后套"，包头、呼和浩特和喇嘛湾之间的土默川平原（即敕勒川、呼和浩特平原）被称为"前套"。

山西在清末接连遭遇旱灾之后，大量人口北上塞外谋生，其中有部分"旅蒙商"逐渐在内蒙古地方定居下来。但是他们由于受到清末逐渐来华的俄、英、法、美、德等商业势力的排挤，纷纷破产。他们中的部分人将资本转移到农村，投资开渠，开发土地。这些旅蒙商熟悉和蒙古王公的交往方式，有资金，有协调管理才能，因此，对这类大型水利工程能够实行精细管理。他们后来变身为地商，成了水利开发的主力和民间组织的领导者。与蒙古王爷联合开发水利、投资开垦土地、同分地租是其主要的盈利方式。

1864年以后，来内蒙古传教的比利时、荷兰圣心会，为传教需要，开展了一些"土地换教民"的活动，或买、租蒙旗土地转租汉人，或自行开渠开发新土地。教会势力在后套组织教民开凿了几条较短的灌渠，如黄特劳河、准格尔渠、沈家河、渡口渠、三盛公渠等。但由于教民总量不大，教会可以直接动用的人力有限。其更愿意通过为地商提供资金，实际的疏浚开渠和土地开发工作则交给地商组织，获取高额利息和地租收益。

技术方面，在长期的开渠疏浚实践中，以王同春为首的一批移民研究、总结了各种行之有效的疏浚技术。不过需要指出的是，这些技术并不是他们引进、学习和应用西方近代水利科学技术的成果，而是与朝廷官办疏浚中使用的各种"则例"有很大区别。王同春等人使用的疏浚技术，是他们对中国民间长期以来行之有效的一些经验性做法的总结。这些民间技术主要集中在六个方面，包括测定地势、辨别水流运动规律、辨别土壤、土方担挖技术、大渠弯道治理技术、草闸的民间制作办法等。

管理层面，在黄河中上游流域河套地区水利开发的过程中，民间自发地形成了"和硕公中"这一以地商为中心的社会组织方式，为水利开发提供了组织保障。其具体做法是在每条渠道上设立多个"公中"进行分段管理。管理人员称为"渠头"，后来称为"掌柜"。每个公中再依情况设立数个"牛犋"，每个牛犋有一个管理人员称为"跑渠的"。这种民间组织的结构即牛犋和公中的选择并不限于家族内部，但有时也优先选择家族中的成员为其管理人员。比如，杨家开挖杨家河实行的是将牛犋、公中家族化的管理办法。杨家河由杨满仓和杨米仓兄弟两人共同负责,杨满仓有 3 个儿子,杨米仓有 6 个儿子。杨家每个儿子每人负责一个公中,他们的直接领导是自己的父亲或叔伯长辈,这样他们之间形成一种竞争。在这一机制的支持下,全长 58 公里的杨家河干渠耗时 10 年终于在 1927 年完成,承载了 6 万多人的生产生活用水。[①]

总而言之,地商在河套地区的水利开发中占主导地位,他们掌握的独有技术,使得他们成了水利工程的必然承担者,即使有其他资本持有者进入也不能独立开挖渠道,必须与他们合作。他们完成了河套地区大部分的水利工程。在八大干渠中,除了缠金、长济两大干渠修于道咸年间,其他六大干渠均修于 1864—1903 年。地商所修的大小干渠总长 1 543 里,支渠 316 条,灌溉面积达 1 万顷。[②] 民国时期形成了八大干渠,基本形成了现代渠系的早期框架结构。河套平原在 150 多年的时间里,从一个牧区发展为现在有名的"塞外粮仓"。从灌溉面积上说,河套灌区是全国的三大灌区之一,同时也是亚洲最大的一首制自流灌区。此类民间组织在清末开展的疏浚工程,利在千秋。

(四)晚清技术进步的艰难足音

鸦片战争以后,中国的国门逐渐开放,较早开眼看世界的一批有识之士开始提倡引进西方机械化设备,取代中国传统河工中使用的人力、畜力。关于疏浚事,光绪十三年(1887),童宝善在奏议中记述了五月间,清廷王大臣会奏风闻德国在莱茵河等处使用机器进行疏浚有效的消息。童宝善认为"应确加询访外洋办法,仿造试行,又用小火轮船,拖带混江龙等船,终日飞行,当有刷沙之效。此为浚治下流之计,破前人之所未有也"[③]。他还提及吴县冯氏(即冯桂芬)文集中"详言西人刷沙之法,用千匹马(力)大火轮置于船旁,可上可下,于潮退时下其轮使附于沙而转之,沙四飞随潮而去……自下流迤丽而上,积日累月,锲而不舍,虽欲复地中行之日,不难此也"[④]。实际上冯桂芬此言,引用的是他的同乡汪之昌《青学斋集》中所言。郑

---

① 杜静元:《清末河套地区民间社会组织与水利开发》,《开放时代》2012 年第 3 期,第 117-123 页。

② 杜静元:《组织、制度与关系:河套水利社会形成的内在机制——兼论水利社会的一种类型》,《西北民族研究》2019 年第 1 期,第 191-201 页。

③ 盛康:《皇朝经世文续编》卷九一,《工政四·治河议下》。

④ 汪之昌:《开浚吴淞江议》,载谭其骧编《清人文集地理类汇编(第 5 册)》,浙江人民出版社,1988,第 96-97 页。

观应则比较了中西两类不同疏浚方案的效率，并称"若以中国之法治之，则劳且费"，不如用西法，"以机船在河中挖起淤泥，即以其泥镇高堤坝，法甚便捷。倘能仿而行之，将见从此河流安稳，永无冲激之患矣"①。光绪十五年（1889），山东置办了两艘机器挖泥船用于疏浚黄河。时任巡抚张曜奏称："其试用甚为得力……拟再购八只，随时疏浚。"②但是，这种缓慢而局部性的进步，是在与旧势力的斗争中曲折前进的，间或还有反复与倒退。当时，朝廷中迮有很大一部分人认为，治河不可用西法。光绪十七年（1891），新任山东巡抚福润就把行之有效的挖泥船废弃不用。光绪二十三年（1897），调任的又一任山东巡抚张汝梅也继续反对张曜。张汝梅认为："治河无善策，惟束水可以攻沙，非机器所能为力。"③

总体而言，清晚期，黄河下游疏浚的物质保障败坏，总体的思路和方法也较陈旧。以近代水利科学为指导，以工业机器设备为依托的新治河理论及方法，仅在少数几个地点试行。全面且系统化学习和应用这些技术、设备的设想与方案，大抵只在少数先进人士的书斋中。

（五）民国时期泾惠渠建设：多方力量共襄盛举

1922 年，美国人塔德（O.J.Todd）陪同北平华洋义赈会总干事梅乐里到陕西调研，表示愿意贷款投资兴修引泾灌溉工程。20 世纪 30 年代初，杨虎城任陕西省主席，将中共地下党员南汉宸任命为省政府秘书长。南汉宸积极奔走，推进工程建设。1930 年 11 月 25 日，杨虎城发电报请李仪祉回陕西。当时李正在担任导淮委员会委员、总工程师，还兼任浙江省建设厅顾问并主持设计钱塘江工程等。几经周折，才在杨虎城面见蒋介石要人的情况下，使李辞职回陕。这是为即将成立的"渭北水利工程委员会"做人事准备。

当时，华洋义赈会的态度也有变化。该组织不再坚持必须以贷款投资的形式兴办工程，而是同意了以工程垫资 40 万元的形式，先启动工程，实际就是对陕西1930 年的赈灾捐助。这与华洋义赈会陕西灾荒救济行动主任贝克（J.E.Baker）的意见密切相关。1930 年 6—9 月，他在陕西实地进行过救灾工作，主张实行以工代赈，同时他也认为这些工程可以协助陕西抵御未来可能再次发生的灾害。1930 年

①　夏东元编：《郑观应集》，上海人民出版社，1982，第 30 页。
②　张曜：《山东巡抚张曜谨奏》，黄河水利委员会藏《河道钱粮册（光绪、宣统朝）》。
③　中国水利水电科学研究院水利史研究室：《再续行水金鉴》，湖北人民出版社，2004，第 3632 页。

9月,挪威工程师安立森(S. Ellassen)被该会从绥远省萨拉齐调来进行工程准备。

11月4日,已经被华洋义赈会任命为工程现场总指挥的塔德抵达西安,来西安途中,一行人所使用的两辆汽车在潼关被国民党守军劫走,他因此于次日见杨虎城要求还车。安立森此时已成为驻现场工程师。本来,引泾工程有甲、乙两案,甲、乙各案各自又有花费多和少的两个蓝图。实际因为捐款有限,不得不按规模最小、最省钱的乙案执行。计开:陕西省政府筹资40万元,北平华洋义赈会捐款40万元,美国檀香山华侨捐款15万元,华北佛教慈联会委员长朱庆澜(祖籍浙江山阴,生于山东长清)捐献水泥2万袋。

1932年6月,第一期工程竣工通水,1935年4月完工。其干流借用明代广惠渠遗迹,在旧渠首上游建造混凝土外壳、土石内心的拦水坝一座,引水洞在泾河左岸。渠首工程以下,将明代3华里长的古石渠全线从2.5米拓宽至6米。石渠以下土渠则进行了裁弯取直和挖深,计长3 700米,挖深至20米。总干渠分两段:第一段全长6 150米,起于石渠末端,终点在王桥镇以西,裁弯取直和挖深疏浚的工程就发生在这里;第二段起于王桥镇西,到社树两仪闸为止,共3 430米。其下,有南、北两干渠和各条支渠。北干渠起于两仪闸,至汉堤洞分水闸,共长17 000米,下接各条支渠,其中北三支渠就是历史上的中白渠。南干渠起于两仪闸,绕泾阳县城北转向东,过磨子桥分水闸、高陵县彭李分水闸,下接各支渠,总长与北干渠相仿。位于黄河中游的这处多方共举工程,在经费极其有限的情况下,对于流经地区的以工代赈、抗旱、丰产发挥了一定作用。

此外,南京国民政府黄河水利委员会于1936年夏,协同山东省政府,在黄河下游曾经开修了乱荆子、寿光圩子两处裁弯取直工程,挖掘小型引河两处,并修挑水坝。其工期不足1个月,用款仅法币25万。

二、 抗战前国民政府的导淮入海疏浚工程

淮河流域的水旱,与整个东亚天气变化息息相关,与长江、黄河流域更是关系密切。1916年、1921年、1931年、1950年,淮河曾多次发生水灾。

旧中国的淮河水患给人民带来了无穷灾难,孙中山在《建国方略》中即呼吁:"修浚淮河,为中国今日刻不容缓之问题。"导淮入海,更是淮河流域人民的迫切愿望。但是民国以来的历届政府对淮河水利从来没有真正加以重视。南京国民政府成立之后,鉴于淮河水系近在畿辅,兴利除害无可诱卸,又迫于社会舆论及各方面

的要求与压力,遂于 1929 年 1 月成立了导淮委员会,蒋介石自兼委员长,以黄郛为副委员长,但蒋黄二人根本没有到职视事。国民政府并非真正重视导淮事业,致使导淮委员会常年入不敷出,全靠借款度日。

1931 年,"江淮大水,灾浸遍地",江淮地区受灾严重,国内舆论压力极大,导淮委员会也深感淮河水患"触目惊心,越觉导治未刻不容缓"。1932 年 4 月,导淮委员会在代理副委员长庄裕甫主持下,急谋开辟入海水道下游七套至套子口的一段中槽工程,但是"海滨荒漠,潮汐时侵,款不易筹,工难招募",遇到诸多困难而被迫停工。由于导淮入海工程这次仓促上马只是国民政府迫于江淮水患威胁的急于求成之举,当时既无必要的准备,又无基本的条件,因此只是落得了河工无成的结局。为解决江淮水患,并应对舆论压力,国民政府亟须在治理淮河水患方面做出成绩,具体方案就是疏浚水道、导淮入海。

1931 年 4 月,导淮委员会依据过去的调查测量图籍及分途勘察淮、运、沂、沭诸河流主要地区的结果,拟具了导淮计划,确立了江海分疏的原则。其中淮河入海一路,即开辟导淮入海水道,这项工程计划经多次讨论,于 9 月 19 日导淮会第 12 次全体委员会议上决定,采用由张福河经废黄河至套子口之路线。其间自淮阴杨庄至阜宁七套(今响水八套),大都利用废黄河故道,其弯曲过甚有碍行水者,均裁弯取直,七套以下,完全另辟新河,以达套子口入海,全长 167 公里。

10 月,导淮入海路线工程计划呈国民政府备案。根据导淮委员会拟定的导淮工程计划,淮河入江水道及排洪、灌溉、航运等,第一期工程即需工费 5 000 万元;而淮河入海水道工程,也需工费 3 000 万元,整个导淮工程所需经费巨大。当时,国民政府内外交困,根本不可能拿出钱来大举兴办导淮水利,因此上述导淮计划在长时间内基本成了一篇官样文章,后来开工后,又大部分的计划都缩水了。

为改变导淮水利数年无一建树的局面,导淮委员会首先做出了重要的人事调整。1932 年 7 月 25 日,国民政府"特派陈果夫为导淮委员会委员并代理副委员长",接替了庄裕甫。1933 年 10 月,蒋介石又以"要为导淮便利起见"的理由,任命陈果夫兼任了江苏省政府主席。此后,导淮水利,尤其是江苏境内的导淮工程,即全部在陈果夫主持之下兴办。

当时进行大规模水利建设的各种条件都不完备,导淮委员会认为"导淮事业巨大,不易全部实施","进既不能按照工程计划实施,应退而求其次"。即主张量力而行,先做导淮入海水道计划中易办的第一段小工程。张福河是沟通洪泽湖至入海水道的唯一引河,又与导淮入海主体工程密切相关,因此导淮委选择首先疏浚张福河。

首先完成了张福河疏浚工程,成为开辟入海水道的第一步。该工程自洪泽湖高良涧算起,至运河码头镇止,全长31公里左右。1933年1月动工,7月间开坝通流。工程始终面临着经费不足的问题,陈果夫以泗阳、宿迁废黄河公地20万亩做担保,向中英庚款董事会商借了部分经费才使得工程大体完成,合计花费471 914元。但因经费有限,与原计划相比缩小了断面。

此后入海水道疏浚的主体工程开工建设,包括开挖黄河旧槽和七套至套子口的新河工程,上接张福河引河及顺清河,以淮阴杨庄为起点,经西坝、涟水城、甸湖、云梯关、七套,达套子口入海,全长130余公里。从杨庄到七套,都在黄河旧槽之内,七套以下,则另开新河。

按照计划,河底宽120米,两堤相距350米,挖深7米左右。估计约需要经费3 400余万元。如此巨大的款项对当时的政府来说是无法承担的,所以政府只好采取逐步实施的办法,并将计划做出调整,河底宽改为35米,两堤距改为230米。这暂且作为先期工程,等待以后财政宽余的时候再完成全部计划。

为筹措资金,江苏省发行水利建设公债2 000万元,到1937年春入海水道工程初步完工时,实际工程费用已达1 115.6万元。此外,工程预期需要16万征工,陈果夫责令沿淮之淮阴、泗阳、江都、泰县、高邮、宝应、兴化、淮安、涟水、东台、盐城、阜宁等12县负责征工办理,实际征用人数超30万。

1934年,江苏省建设厅依照导淮委员会的计划拟定了征工开浚导淮入海水道初步工程两年方案,并于10月1日设导淮入海工程处于淮阴,11月1日举行开工破土典礼。原本计划两年完成,但因天气、人员等因素,直至1937年春天才完工。

此外,1931年水灾之后,国民政府借救灾举行工赈之际,适时地进行了疏浚里下河区通海各港及筑堤建闸工程,具体为如下七项:

(1)浚挖何垛河旧河及开辟新河,共长18.6公里,出土方约154万公方。工成以后,该河最大泄量可达每秒38.5立方米。

(2)竹港工程分裁弯取直及开挖高仰海口两部分。全长14.7公里,出土73.5万余公方。工成以后,其最大泄量增至每秒63.5立方米。

(3)王家港裁弯取直部分,长度3.8公里,出土约31万公方。工成以后,其最大泄量增至每秒63.5立方米。

（4）斗龙港裁弯取直 16 处,长度 8.7 公里,出土 31 万公方。工成以后,河身缩短 50 余公里,其最大泄量增至每秒 210.8 立方米。

（5）射阳河浚挖土方 3 万公方。

（6）射阳港浚挖 13.6 公里,出土 93 万公方。

（7）民便河浚挖长度 34.3 公里,出土 93 万公方。

导淮入海水道起自洪泽湖,出张福河至杨庄,经废黄河全套子山入海,全长约 200 公里。工程开浚费时约 3 年,出土共 6 122.8 万公方,完工后被命名为"中山河",这是民国时期水利建设史上屈指可数的大规模工程。完工后的淮河入海水道改变了过去洪泽湖平常水位在 13 公尺时废黄河不能出水的状况。

导淮入海水道的疏浚使得苏北以及淮河流域水利状况在一定程度上得到了改善,导淮入海水道直至现今也还没有完全失去其效用。但该工程面临经费、人力等方面的约束,也有官员消极应付社会舆论压力、急于求成、借以扬名邀功的因素,所以各项工程计划都一再加以压缩,张福河疏浚和导淮入海水道所做工程皆"不及原计划五分之二"。加之其中的技术、管理、贪污等方面的问题,疏浚工程的成果并不具有当时宣传的成效。以导淮入海水道为例,原定计划河底宽 120 米,而新河河底仅宽 35 米;原定两岸河堤距离为 350 米,开工后则减至 230 米。从杨庄至七套,也未按原计划做裁弯取直工程,仍用废黄河旧槽加以疏浚;施工中又因废黄河为淌沙土质,挑挖困难,而将河底高度一律提高 1.5 米,这又砍去了 1 000 多万土方的工程量,完工后的入海水道泄量仅为每秒 30～50 立方米。所以抗战前开辟的导淮入海水道不可能根治淮河水患,苏北淮域人民的受益程度也是极为有限的。导淮入海水道最终因河床狭窄,弯曲过甚,不能适应洪峰东注,经长期淤积后几乎前功尽弃。

然而,导淮入海水道疏浚工程也给苏北人民带来了诸多灾难。除了前面所涉及的举债带来的苏北人民负担的加重、大举强征民工的压力,还有为保工程顺利进行导致民众受灾的情况。1935 年夏,黄河在山东董庄决口,苏北十县遭严重水灾,导淮工程处仅顾自己所做工程,筑坝于刘老涧,拦截泛入淮河的黄河洪水旁出六塘河。接着,黄河洪水直冲灌云盐场,财政部要江苏赔偿盐税收入,陈果夫就令在六塘河下游灌云县境内筑坝阻水,致沭阳县境内六塘河等河流全堤漫决,一片汪洋,20 万人口遭受严重损失,沭阳县县长邓翔海向陈果夫电呈辞职,指斥"钧座硬以人力造成天灾"!

三、 辽河流域航道的治理与发展

1861 年,辽河于盘山县东北的冷家口地区发生决口,辽河干流一分为二,形成双台子河。双台子河的分流使辽河下游水量骤减,使河流对泥沙的冲刷力下降,下游河道泥沙淤积日渐严重。1873 年,盘山县人民堵塞了冷家口,双台子河全段绝流,河流复归原道。1896 年,辽河地区发生了大洪水,为分流洪水,盛京将军下令,重新挖开冷家口堵口,辽河下游又复以分流入海。至 1912 年春,辽河工程局又于冷家口处修建一座滚水坝,再次堵塞双台子河,后盘山、辽中、黑山、海城四县群众强烈反对,省议会最后决定,拆毁冷家口滚水坝。辽河下游再次一分为二。

上游的来水分流之后,六间房以下的外辽河逐年淤积,导致营口船只经常搁浅,严重影响了营埠的商业利益。为彻底解决这一问题,辽河工程局于成立初期便聘请英国技师秀思为总工程师,对辽河进行了全面的实际勘测,并最后提出"裁弯取直",修建一条人工运河,连接二道桥子与夹信子之间水道的计划。这样既可保证辽河下游干流水量,又可使航行时间缩短。

1922 年,辽河工程局开始实施这项计划,投资 58 万银圆,从二道桥子到夹信子挖开一条人工运河——新开河,并在二道桥子处修建一座大型闸站——马克顿闸,马克顿闸耗资 70 万银圆。两项工程于 1924 年同时竣工。至此,双台子河从二道桥子处一分为二,上游之水经二道桥子流入新开河,经外辽河入海。为使双台子河下游人民得河水之便利,工程局按照潮汐规律制定了马克顿闸的闸门启闭时间表,并向大众公布。

但马克顿闸的修建遭到了当地民众的反对。从其后的经济发展过程中也可以看出,闸坝的修建确实影响了下游地区的经济运行,双台子河沿岸居民的经济受到了很大的影响,许多依河为生的人被迫转从他业。另外,闸坝也没有实现其增加干流水量的预期目的,由于辽河下游的日见淤塞,马克顿闸的建设也没有挽救辽河下游的航运条件。

四、 抗战时期大后方长江流域中上游及各支流的航道疏浚

北洋和南京国民政府的两次川江炸礁,其中第一次在第二章第三节已经有所讨论。这里主要记述抗战时期大后方范围内,长江流域中、上游及其各支流的航道疏浚,当然也就包括川江、金沙江航段的第二次炸礁疏浚。南京国民政府武汉会战

失败以后,在西南大后方,尤其是长江中、上游及其各支流开展疏浚工作,主要是为了便利运输军需、开发煤铁资源、建设厂矿,以利坚持抗战的需要。这带有鲜明的战时经济特点和军事色彩。这一时期长江流域主要的航道疏浚整治工程有:

(1) 重庆綦江渠化工程。綦江渠化工程由西迁至重庆的导淮委员会承办。1938 年 10 月,该会设立綦江工程局,负责具体施工。工程分两期进行:第一期为"初步治理工程",在干流和支流蒲河建闸坝 5 座,11 月动工,次年 9—12 月相继竣工 4 座,羊蹄峒闸坝因围堰为洪水所毁,延至 1941 年 3 月竣工。5 座坝分别被命名为"大勇"(桃花滩)、"大仁"(大场滩)、"大智"(石板滩)、"大信"(盖石峒)、"大严"(羊蹄峒)。同时完成整理浅滩 30 处,增加各浅滩段水深,保证枯水期航行所需。第二期为"渠化綦江工程",于 1940 年 8 月动工,在干流中、下游兴建闸坝 6 座,施以渠化,各船闸闸室净长 60 米,净宽 12 米。拦河大坝均用重力式,并在綦江城附近之闸坝上,利用坝之上下水位差,加建水电厂 1 座,以供应綦江县城照明之用。1942—1945 年,各闸坝相继完工。原定计划共兴建闸坝 15 座以达江津江门,后因有修筑铁路联运的动议,故从缓建。建成的闸坝交给钢铁厂迁建委员会的綦江水道运输管理处管理,抗战胜利后,移交扬子江水利委员会接办管理。

(2) 乌江航道整治工程。1938 年,导淮委员会在四川涪陵设立乌江水道工程局,主持乌江航道整治。其整治计划上起思南,下迄涪陵,长约 346 公里,整治措施主要有轰滩炸滩、修建纤道、修建驳道、修建绞关站等,而以炸滩为主。工程自1939 年 1 月兴工,至 1945 年 12 月结束,历时 7 年之久,共完成炸滩 73 处;修凿纤道 94 处,长 38 公里;建驳道 2 处;设立绞关 19 座,共计完成土石方 19 万余立方米。

(3) 嘉陵江水道整治工程。1939 年,整理工程分段开始进行。陕西境内,由陕西省水利局主持其事;四川境内,由江汉工程局负责办理;合川至重庆一段因通行汽轮,疏浚浅滩工作交民生公司办理。1943 年年初,该项工程由扬子江水利委员会接办,于北碚设立嘉陵江工程处,提高整理标准,计划分 8 段施以导流、堰工、浚渠、炸礁等工程。至 1945 年年底,完成 10 处整理工程,合计工程量:炸礁 1 218 立方米,浚渠 16.67 万立方米,堰工 6.78 万立方米,开采石料 4.61 万立方米,纤道2.47 万立方米。抗战胜利后,因紧缩机构,整理工程仅限于渝合段维修及疏浚任务。

(4) 金沙江航道整治工程。国民政府经济部于 1938—1939 年间先后组织查勘金沙江水道并进行试航。1940 年春,经济部拟具分期分段整治计划,以实现分段通航及水陆联运。同年 8 月,经济部在屏山设立金沙江工程处开始第一期工程,计划完成宜宾至蒙姑水陆联运,并由蒙姑修公路以达昆明。工程先从修辟纤道、旱道及理滩炸礁开始,同时修建码头、仓库。1943 年 8 月,第一期工程宜宾至蒙姑间 513.5 公里的整治任务基本完成,炸滩 2 万立方米,浚渠 157 立方米,纤道 8.77 万立方米。1944 年 3 月,扬子江水利委员会奉令接管金沙江治理任务,并继续进行整治。金沙江航道经过开辟整治后,航行条件得到初步改善,下游河段屏山至宜宾已开辟轮运,航行时间缩短,航行安全更有保障,对发展川滇水陆联运起到了很好的作用。

(5) 岷江水道整理工程。1940 年春,扬子江水利委员会在宜宾设立整理岷江水道工程处,主持岷江整治。成都至宜宾段分两期整理,第一期整理乐山至宜宾段 160 公里,以导流为主;第二期整理成都至乐山段,以渠化为主。同年 9 月,第一期工程正式开工,整治工程以顺堰为主,潜堰及炸礁次之,疏浚设绞为辅。1945 年年底,大部分工程完成:筑堰 14.5 万立方米,疏浚航道 6.9 万立方米,炸礁 2 289 立方米,航深增加为 1.2~1.5 米。抗战胜利后,继续实施岷江水道整治工程,并于 1947 年 3 月完工。治理后,岷江实现了轮船运输,轮船可由宜宾直航乐山,木船载重量亦增加 1 倍以上。

(6) 酉水航道整治工程。1940 年 12 月,扬子江水利委员会在龙潭镇设立酉水工程处,负责酉水航道的整治,并决定首先整治龙潭、保靖间 110 公里河段,整治方法包括疏浚航道、炸礁、筑导流堰、修建纤道、码头、安设绞关标志等工事。整治工程于 1941 年 3 月开工,1943 年告一段落,计整治滩险 38 处,疏浚航道 3.1 万立方米,炸礁 1.5 万立方米,导流筑堰 1.7 万立方米,辟修纤道 39.68 公里,并于妙泉建码头 1 处。1943 年秋后,工程处改为工务所,办理已建工程养护及次要滩险补充整理工程。此外,湖南省政府还对沅江部分滩险进行了整治。

(7) 赤水河水道整理工程。1939 年,国民政府经济部令黄河水利委员会查勘赤水河,并提出航道整理计划。1941 年秋,行政院水利委员会又令导淮委员会负责整理工程,同年 12 月设立赤水河水道工程局。根据战时情况,赤水河治理仅能就河道现状予以改善,以期迅速奏效。工程以炸险去浅为主,修辟纤道及丁坝、顺坝、潜坝治导等工事为辅,以去险去浅、去驳运及凿通猿猴滩为目标,并着重解决枯水期通航问题。1942 年春首段工程开工,1945 年 8 月抗战胜利后施工结束,3 年半中整理险滩

45 处,其中水上轰滩 21 处,计 21 776 立方米;水下轰滩 41 处,计 18 296 立方米;建丁坝、顺坝 6 处,完成 4 处,计 13 050 立方米;修辟纤道 10 处,完成 8 处,总长 2 445 米,计 5 377 立方米;建谷坊 1 座 1 022 立方米;堆筑潜坝 1 处计 3 588 立方米。经过整理,赤水河缩短了航程,提高了安全条件,降低了运费,增加了运量。

(8) 川江航道整治工程。1944 年 7 月,扬子江水利委员会受命整治川江叙渝段。此段水道长 378 公里,其间滩险共 39 处,以箢箕背、莲石滩、小南海 3 处为害最甚,遂首先整理上述三滩。箢箕背、莲石滩工程由扬子江水利委员会岷江工程处承办,小南海工程由嘉陵江工程处承办。箢箕背整治方案为利用两槽深浅交错的地形条件,在原航槽上口另辟深 2.5 米、底宽 60 米、水道宽 80 米左右的新槽。工程分两期进行,1944 年 9 月至 1945 年 5 月为首期,包括堆筑顺堰及围堰、开挖航槽、水下疏浚及拆除围堰等。1945 年 12 月至 1946 年 3 月进行第二期施工,包括疏浚航道及整修顺堰,前后共筑围堰长 185 米,疏浚航道 14 321 立方米。1946 年 11 月进行岁修,继续修理顺堰及疏浚工作,次年 3 月基本完工。莲石滩整治主要是炸礁并浚深碛槽以维持临时航行。经过整治,至 1947 年,各礁石均已炸除至枯水位 2.5 米以下,1948 年竣工。小南海位于重庆以上 42 公里处,将水道一分为三,左槽常年通航,但航槽狭窄;中槽水浅不通;右槽航深不足,仅供木船航行。整治计划拟使轮船改走右槽,主要工程为疏浚右槽航道,堆筑顺堰以增加右槽流量,便于冲刷航道;1944 年 8 月开始施工,至 1946 年共完成围堰 875 米,疏浚 6 095 立方米,炸礁 451 立方米;1947 年年底至 1948 年 4 月进行二期浚深工程,共疏浚 2 104 立方米。小南海因浚漢设备不足,未达预期标准,但右槽航道得到较大改善,并已辟为新航道。

此外,大后方各水利机关还对岷江支流马边河、鄂西清江、湖南清水江、云南横江、四川永宁河、涪江及湘桂水道进行了整理,并派队查勘四川沱江、盐井河、大渡河、青衣江,西康安宁河等,拟定出整理方案,但未及实施。由此可见,整个民国时期,不论是北洋政府还是南京国民政府治下,中国各流域的疏浚活动,均受到国力穷困、军阀混战和外敌入侵严重影响,处于艰难维持和偶有发展的状态。而日本全面侵华之后,南京国民政府进行的疏浚活动,主要是为战争后勤需求,兼顾经济开发,尤其带有明显的军事色彩。

五、 晚清与民国时期苏南运河的疏浚

机械疏浚有人工机械疏浚与动力机械疏浚之别。人工机械疏浚始于宋神宗熙

宁年间(1068—1077),著名的政治家、改革家王安石在兴修水利时,曾以"铁龙爪扬泥车法浚河。其法:用铁数斤为爪形,以绳系舟尾而沉之水,篙公急棹,乘流相继而下,一再过,水已深数尺"。后又改制"浚川耙"浚河,"以巨木长八尺,齿长二尺,列于木下如耙状,以石压之,两旁系大绳,两端碇大船,相距八十步,各用滑车绞之,去来搅荡泥沙,已又移船而浚"。此后宋代还发明过"铁扫帚""刮地龙"及浚河"铁蒺藜"等搅动疏浚的工具。此种以人力配以机械疏浚工具沿用至清代。雍正五年(1727)、九年(1732)曾用犁船、混江龙浚孟渎、德胜积淤,涮河底积沙。

以蒸汽机为动力的机械疏浚始于清代同治初(1862)大臣李鸿章疏浚吴淞江,"用机器挖泥,是为新法开河之始"。此后,民国四年(1915),筹浚江北运河工程局购置运平、运济、运通、运安4艘挖泥机船。民国五年(1916)冬,又添置运顺、运利2艘,计6艘。民国七年(1918),与常州博济公司签约,运通、运利归其经营。民国8年(1919),博济公司又增添利通、利元2艘,扩大施工能力,后因经营无方而停业。民国二十四年(1935)秋冬,以机器挖泥船对戚墅堰市河段进行不断航疏浚,电厂补贴疏浚经费4 200银元。

在康乾盛世时期,由于常州孟渎、德胜两河已不行漕,江浙漕舟由京口渡江,对徒阳段运河疏浚更加频繁。康熙、雍正时已有"岁岁捞浚"和"三年一大挑"的浚河记载,乾隆时也规定"每岁捞浚","六年一大挑",后又改为"三年一大挑"。清末,漕运停止,河道淤浅又日趋严重。清代浚治情况见表6-5。

表6-5　疏浚工程史料摘要

年　　代	史料摘要	史料出处
道光十八年正月至二十三年正月	连年浚丹徒、丹阳二县运河	清《宣宗实录》
道光二十五年正月	浚丹徒、丹阳二县运河	清《宣宗实录》
道光二十七年	浚丹徒、丹阳二县运河	《江苏水利全书》卷二十九
道光二十九年正月	浚丹徒、丹阳二县运河	清《宣宗实录》
道光三十三年二月	浚丹徒、丹阳二县运河	清《宣宗实录》
咸丰八年	浚运河,自江口起至越河闸止,计长5 040余丈,用银34 000余两	《江苏水利全书》卷二十九
同治三年	浚运河,自江口起,至丹徒桥止,计长3 700余丈	《江苏水利全书》卷二十九
同治五年	浚苏州浒关塘河,自枫桥起,至望亭止	中华民国《吴县志》

年　　代	史料摘要	史料出处
同治八年	丹阳县挑浚城内、外河道，迁延五载方报工竣，用银 22 300 余两	《江苏水利全书》卷二十九
同治十年	浚丹阳运河，自丹阳县治东青旸铺莲花庵东大坝起，迤西至治西七里庙西大坝止，计程 20 里，工长 3 141 丈，正月开工，三月工竣，实支钱 25 500 余两。疏浚常镇运河，自丹阳至丹徒闸 60 余里	光绪续纂《江苏水利全案》；《钦定大清会典事例》卷九二八
同治十一年	浚丹徒运河，起辛丰镇，迄丹徒镇江口，长 3 530 丈有奇，共 66 段，实挑土 152 044 方	光绪续纂《江苏水利全案》
同治十二年	武进知县特秀等浚运河，自常州西门外广济桥，至无锡县皋桥，明年三月工竣。重浚苏州河道	《江苏水利全书》卷二十九、同治《苏州府志》
同治十三年	疏浚常州运河，自西门至莲花庵。浚镇江运河，起京口，至皇华亭迤东通埠桥止，长 431 丈有奇，实挑土 20 386 方，正月始，三月竣。浚镇江新河，起江口，止浮桥门外运河，长 149 丈，实挑土 14 596 方	《清会典》事例、光绪续纂《江苏水利全案》
光绪二年	浚苏州渡僧桥至大日晖桥运河	《江苏水利全书》卷二十九
光绪三年	浚丹阳运河，起县东七里桥，又迤东至小陵口，长 2 336 丈，连切滩实挑土 20 797 方，布政司库拨用挑土银 7 083 两有奇	光绪续纂《江苏水利全案》
光绪六年正月	估挑运河，起江口至西门大桥，五月工竣	《江苏水利全书》卷二十九
光绪七年	浚丹徒运河，自西门桥第九段起，至丹阳横闸第四十六段止，共 38 段，长 3 258 丈，挑岸滩河土 486 702 方。七月始，八年四月工竣。用银 21 374 两有奇	光绪续纂《江苏水利全案》
光绪十年	浚丹阳县小城河运河，起马桥，止东门运河	《江苏水利全书》卷二十九
光绪十一年	重浚徒阳运河，起七里桥，止丹徒镇，间断共长 1 918 丈有奇，实挑土 36 316 方	光绪续纂《江苏水利全案》
光绪十二年	重浚丹阳运河	民国《丹阳县续志》卷二
光绪十七年	浚苏州胥门官河，自大日晖桥起，至枣市桥洞止。浚丹阳运河，自黄泥坝至尹公桥	民国《吴县志》、民国《江南水利志》卷八
光绪十九年七月	两江总督刘坤一等奏：丹徒、丹阳等县开浚河道，一律完竣	清《德宗实录》
光绪二十二年	丹阳县浚内城河	《江苏水利全书》卷二十九
光绪二十七年	重浚运河，上自黄泥坝起，下迄杨家庄，二十八年五月工竣	《江苏水利全书》卷二十九、民国《丹阳县续志》卷二
光绪二十八年	挑浚徒阳运河 120 余里	《江苏水利全书》卷二十九

由于政局动荡和战乱,致苏南运河长期失修,岸坡坍塌,航道淤浅,市河阻塞,通江口门不畅的情况日益严重。为维持船舶通航与农田灌溉,常州、无锡、苏州的地方当局,或民间集资,或官民合办,曾对境内运河进行多次疏浚(见表 6-6)。

表 6-6　运河疏浚史料摘要

年　　代	史料摘要	史料出处
民国二年	浚丹阳县运河	《江苏建设》月刊一卷民国二十六年
民国三年	开浚丹徒县运河,自大京口门至石浮桥	《江苏水利全书》卷二十九
民国四年三月	挑浚运河。又自马桥至(丹阳)东门挑浚城河,自北门外运河口起穿城至东门水关止	《江苏水利全书》卷二十九
民国七年	捞浚运河苏州觅渡桥南北河道,六月浚,八月工竣	《江苏水利全书》卷二十九
民国八年春	丹阳浚运河,自马桥至陵口,挑甫旬日,水发工停	《江苏水利全书》卷二十九
民国九年	丹徒县浚运河,自大小闸口,至华家桥,挑及半,水发工停	《江苏水利全书》卷二十九
民国十二年	挖浚苏州日晖桥浅段	《江苏水利全书》卷二十九
民国十三年	疏浚吴江县平望运河,自北大桥至南大桥南,共长 1 524 英尺	《江苏水利全书》卷二十九
民国十四年	(武进城)西运河自土龙咀起,至石龙咀止,近因淤塞,河道事务所与商会雇用机器挖泥船在该段挖泥,堪称灵便。太湖水利局修复瓜泾口分水石墩,分水济运	《新武进》民国十四年一月四日《江苏水利全书》卷二十九
民国十五年元月	开浚苏州大日晖桥至归泾桥一段,其余各处则次第开浚。冬,疏浚吴江县平望运河安德桥下浅滩、坝基	《苏州明报》民国十五年三月二日、《江苏水利全书》卷二十九
民国十六年冬	闾、胥、塘渎整理河道。会以闾、胥各段河道开挖完竣,办理结束	《江苏水利全书》卷二十九
民国十七、十八年	浚吴县浒墅关北津桥至南津桥运河	《江苏水利全书》卷二十九
民国二十年	疏浚武进县运河,估银 30 万元。六月,水涨漫坝,工未全竣	《江苏水利全书》卷二十九
民国二十一年二月	无锡集资疏浚竹场巷至莲蓉桥以及黄泥桥至游山浜的运河河段	《无锡市志》第二十六卷
民国二十三年	春夏间,举办工赈,浚江南运河,自镇江小闸口,至无锡县洛社,用银约 75 万元。秋冬续挑丹阳陵口段运河	《江苏水利全书》卷二十九

年　　代	史料摘要	史料出处
民国二十五年	机挖戚墅堰运河,于二十四年九月开工,本年(二月)初旬已全部完工,并派员验收。浚京口至丹徒段运河	《江苏建设月刊》第3卷第4期
民国三十五年	浚京口至丹徒线段	《高邮文史资料》第18辑

民国二十三年(1934),夏季干旱成灾,苏南各县灾害尤重。江苏省政府于水利公债内划拨400万元,办理工赈浚河,以资救济。是役为民国年间官办之大型工程。原计划疏浚自镇江小京口平政桥起,至武进东门止,共长92公里许,运河底高一律浚至吴淞零点以上1米,底宽16米,坡比为1∶2,陡峻处坡比减为1∶2.5。连同练湖修治,土方总数约为362万立方米。整个工程计划分8段施工。后因武进以东至无锡洛社河底亦高仰,计划一律疏浚,又增土方50万立方米。连同闸坝涵洞,以及补助黄田港疏浚经费5万元,约需经费113万元。拟招工佚15万人,计划90个晴天完成。工程于民国二十三年11月至次年2月,先后成立各工段事务所,分招灾民,开始仅招到灾民4万人,上工人数较少,进度不快。至4月中旬,工佚日渐增多,工程进度加快。第一段自镇江小闸口至南门,因出土困难,改用包工,用钢轨铁斗车运土。至7月间,工程大部完成。丹阳陵口段,因流沙难施工,延至冬季仍继续施工。另又建练湖五孔闸,加固练湖圩堤,以及挑浚丹徒县通江运河,总计用银103万元。

第七章
疏浚的社会经济效益

综观津、沪两地航道的建设与发展,其在城港共兴中所发挥的重要作用是显著的,称得上是交通运输中"先行的先行"。富有效率的机构带来了显著的成效,海河工程局和浚浦局的成立和建设,使得疏浚工程更具有计划性和可行性。近代的疏浚公共事业作为港口"清道夫",不遗余力地为城港共兴扫清路障,助力城市建设和港口贸易的发展。

第一节　航道疏浚与港口建设

一、海河航道疏浚与天津港变迁

天津港是我国北方最大的综合性港口和目前我国唯一拥有 3 条亚欧大陆桥通道的港口,已同全球 180 多个国家和地区的 500 多个港口建立起贸易往来,货物吞吐量位居全球第四位。翻开天津港的历史可以发现,早在公元 3 世纪以前,中国北方人民就利用天津一带的天然河流进行水运活动。东汉时形成了以海河为主体的内河航运网,并一直延续到清朝。1860 年,帝国主义者在天津紫竹林修筑码头,紫竹林和后来形成的塘沽港区逐渐成为近代天津港的主体。但是,直到 1897 年,海河工程局刚成立之前,天津港只是海河内部的一个小河港,因淤塞严重,连吃水 2 米左右的千吨级船舶通行都很困难。由于海河上游各水系疏于治理,曾多次出现航道淤塞现象。1892—1897 年,海河部分地段水深不到 1.8 米。1903—1904 年间,大沽浅滩几乎与海平线等高,严重影响了天津港的运输效率,大沽沙航道疏浚成为一项较为急迫的工程。

1923 年,海河工程局批准了永久航道规划,1924 年经过实地勘测和实验,1929 年永久航道即将完成之际,4 月间一场风暴便将航槽淤平,双导堤也被风浪摧毁,工程遂告失败。在开挖大沽沙永久航道的同时,海河工程局也将大沽沙航道疏浚视为一项重要的工程。1937—1948 年,"快利"号、"浚利"号挖泥船对大沽沙航道进行了大规模疏浚(见表 7-1)。

表 7-1 1937—1948 年大沽沙航道疏浚工程量

年 份	工程量/立方米	施工船舶	年 份	工程量/立方米	施工船舶
1937	81 460	"快利"	1943	264 028	"浚利","快利"
1938	99 627	"快利"	1944	224 400	"浚利","快利"
1939	116 641	"快利"	1945	216 005	"浚利","快利"
1940	282 204	"快利"	1946	316 227	"浚利","快利"
1941	312 728	"快利"	1978	389 517	"浚利","快利"
1942	283 512	"快利"	1948	98 642	"浚利","快利"

资料来源:《天津航道局局史》,2000,第 53 页。

除疏浚大沽沙航道外,海河工程局还参与了塘沽新港的建设。塘沽新港后来被称为天津新港(简称新港)。天津新港严格来说只是指海港区,有时也用来指整个天津港。塘沽新港自 1939 年开始新建,历经日本占领和国民党统治时期,工程建设断断续续,历经 10 年有余,耗资巨大,却并未能正式使用。至 1949 年新中国成立,由于泥沙回淤以及战争期间的破坏,原日伪时期建设的一些设施遭到了严重的损坏,航道、港池和码头淤积严重,第一码头西部因多年没有疏浚,以致在枯潮时露出一大片浅滩,只能航行拖船或者泊靠木船,急需要修复和建设。

二、 黄浦江航道疏浚与上海港的变迁

港口受制于口岸的自然条件,航道变迁决定着港口的盛衰。对黄浦江进行的一系列有计划、按步骤、大规模的航道整治工程,革命性地改善了黄浦江通航条件,万吨码头相继建成后,满足了巨轮对口岸条件的需要,保持了贸易发展的态势,使得上海港一步步朝着国际大港的方向前进(见图 7-1)。

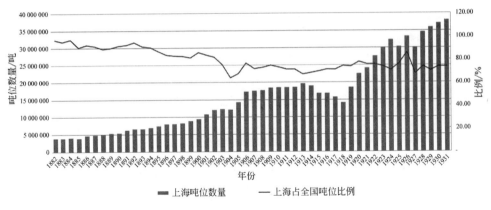

图 7-1　上海吨位数及其占全国比例(1882—1931)

说明：这张图选取了 1843—1949 年的数据，清晰地展示了跨越百年的船运发展。1906 年，开始在统计数据中加上了往返香港的小货轮。

上海开埠以后，外国轮船逐渐增多。同治元年(1862)，上海港进出港 5 794 艘船，总吨位首次突破百万吨，达 145 万吨；同治五年(1866)，进出港 3 476 艘船舶，总吨位 164 万吨；同治九年(1870)，总吨位 176 万吨。浚浦局成立之时，1906 年的进出港船舶仅 55 645 艘，总吨数量计 1 729 万吨。到 1912 年，总船数和总吨位数都没有显著变化。一战爆发后，航运业明显衰落。自 1913 年起，上海港进出港船舶和总吨位均呈下降趋势。1918 年比 1913 年减少约 550 万吨，达到本阶段低谷。

1919 年战争结束后，航运业开始复苏；1920 年，进出港口船舶总吨位达 2 250 万吨；1921 年达 2 408 万吨；是年，黄浦江低潮时已有 24 英尺水深，能适应大吨位船舶需要，4 万吨美国邮轮"温那楚(Wenatchel)"号顺利进港，靠泊招商局华战码头。即使经历了航运业的一次衰落，1921 年较 1912 年的涨幅依然高达 29.18%。另一方面，船舶总数却降低到仅有 19 723 艘。这意味着各航线，尤其是远洋航线开始使用大吨位船舶。船舶吨位的加大，使船舶数量减少，增加了航运效率，说明黄浦江航道整治工作在这个阶段是有效的(见图 7-2)。

上海港出现万吨级货轮带动了对外贸易发展、国内埠间贸易，华商航运开始发展。20 世纪 20 年代后期，上海港在世界大港中崭露头角，从 1928 年世界各港口注册进口净吨来看，上海港名列世界第十四位。1931 年，进出上海港船只约 21 万艘，共达 3 797 万吨，比 1928 年提高了近 10%，比 1921 年提高了近 58%，比 1912 年翻了 1 倍，上海港一跃成为世界第七大港。

从吨位和船只数量占全国比例的变化来看，虽然出入上海港的船只数量占比

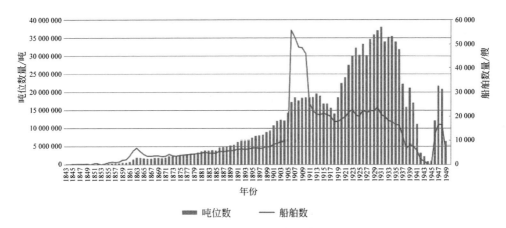

图 7-2　上海进出口吨位数与船舶数量(1843—1949)

逐渐减少,但是吨位数量占比却持续维持在 80% 左右,说明出入上海港的船只吨位有逐渐加大的趋势,或者说,大吨位船更倾向于出入上海港。[①] 由于航道改善,促进了港口发展,世界各大航运企业纷纷在上海设立分公司、办事处或代理处。随着航线的不断开辟,上海逐渐形成以上海港为中心的国际航运网[②],上海港不仅成为世界大港,而且直接招来了大量外商投资(见图 7-3)。

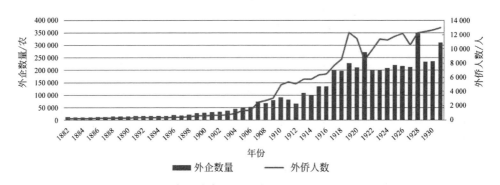

图 7-3　在华外商企业与外侨人数(1882—1931)

---

①　1936 年 3 月,长 33.3 英尺、阔 97.8 英尺、总吨位 42 348 吨、吃水 30 英尺的"不列颠皇后"号驶入上海,这是近代历史上到达上海最大吨位的轮船(Whanpoo conservancy board, 1936,44-45)。
②　有世界的环行线、东行线、西行线与南洋线等远洋航线,有西伯利亚线、南洋群岛线与中日单行线等近海航线,有北洋航线与南洋航线等沿海航线,还有长江航线与内河航线,再加上其他定期与不定期航线,以上海港为起始港或中继港的航线总计 100 条以上。

217

下面采用趋势图的方法来分析疏浚前后的吨位趋势。通过对比 1861—1940 年趋势线、1861—1905 年趋势线和 1906—1940 年趋势线可以看出,3 条线的斜率不同,表明疏浚前后的变化趋势存在差异。1905 年成立浚浦局并实施疏浚后,上海口岸总吨位明显高于 1905 年实施疏浚之前的增长率(见图 7-4)。

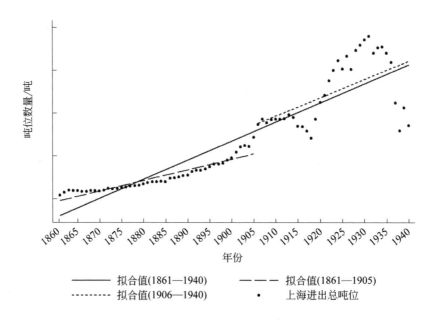

图 7-4　上海港进出总吨位趋势

第二节　航运与贸易

港口对于口岸城市的发展至关重要。随着经济发展,港口建设与城市经济发展互为支持和保障,不仅使口岸贸易持续增加,而且使港口建设日益完善。

一、　海河工程局对天津贸易的促进

(一)天津贸易对海河通航能力的迫切需求

大运河修建以来,海河一直是漕运的航道,元朝开始通过海路将漕粮运往天津,“初通海道,漕运直抵直沽,以达京城”。开埠之前,天津的贸易范围已经从大运河沿线地区扩展到北方腹地和东部沿海,至清中叶,天津成为华北最大的商业中心

和港口城市。1860年天津开埠,各国航运公司逐渐进入天津港开辟航线,天津港具备了直接与外国开展贸易的条件。

开埠后,天津的对外贸易虽然有了长足的进步,但是其直接进出口能力还是不强。其主要是通过上海外贸埠际转运,一方面,大量洋货从上海进口后转运至天津;另一方面,大量土货由天津转运至上海出口,天津对上海外贸埠际转运处于依附地位。根据1866年的海关贸易报告,当时天津市场上所销售的洋货,绝大部分是由上海转运而来的,到1899年之前,这种状况也没有变化。1900年之前,天津直接出口额占出口总额的比例还不到6%,洋货直接进口占进口总额的比例不到9%。随着天津直接进出口业务的发展,沪津外贸埠际转运关系开始逐渐疏离,不论直接出口还是直接进口,所占的比例都逐渐提高。尽管天津直接出口的能力发展相对较慢,但到1905年大体上已摆脱了对上海的依赖。据1906年天津海关的统计,"由于天津对日本直接进出口贸易的增加,经由上海转运的货物比例仅占到38.46%"。天津在对外贸易上的独立,是其逐渐走向成熟的标志。1919—1931年,天津的对外贸易额仅次于上海和大连。1932年,由于统计上大连的缺席,天津成为中国仅次于上海的中国第二大港口.1932—1936年,天津港的外贸总额占华北地区的近60%。

天津港作为一个以河运为主的港口,有其自身的缺点,主要是河身淤浅、航道弯曲严重和冬季封冻。首先,由于潮水的涨落,海河的泥沙在入海口沉淀,形成了大沽沙浅滩,船舶在通过大沽沙浅滩进入海河航道时,时淤时通,特别是大沽口外海岸线平缓,还存在回淤的问题;其次,由于海河水势平稳和周边土质疏松,海河航道自然弯曲较多,不仅延长了航运距离,而且不利于船只的掉头;最后,海河在12月至次年2月封冻,冬季无法航行。

19世纪80年代之前,轮船还可以沿海河直接进入天津市内,但是由于上游河道保护不利,侵蚀严重,带来了大量泥沙,海河发生严重淤塞。到了19世纪末,轮船只能开到塘沽,再由驳船往返运输货物,这极大地增加了其成本。1889年,招商局和怡和洋行就因此造成损失,分别赔银10万两和6万两。在天津开埠初期,由于进出船舶少、吨位不大,海河治理的紧迫性不是太大。从19世纪末开始,随着天津在对外贸易上的地位日益加重,不论是轮船数还是轮船的吨位都逐年增加,"海河泥沙沉积严重、冬季结冰期较长,难以满足天津进出口日益繁荣的需要"。天津港在与秦皇岛、大连、烟台、青岛等北方不冻港的竞争中处于不利地位。直到 20 世纪初,秦皇岛还是天津港的冬季码头。根据日本驻屯军的调查,1906 年,天津依靠秦皇岛进行的贸易额达到 1 344.7 万两,占当年天津全年出口额的 11.6%。

（二）海河工程局对天津贸易的促进

1860 年,天津的开埠为天津港进出口贸易的进一步发展提供了难得的历史机遇。在天津开埠期众多的进口商品中,生活资料类产品占了相当大的比重,1883 年达到了 80.7%。19 世纪 90 年代以后,天津港棉纱、机器特别是铁路材料等生产资料的进口,开始有了明显的增加。1898 年达到了 41%,反映出天津港腹地近代工业和交通运输业有了初步发展。1905 年以后,天津港的商品进出口业务逐步走向独立。天津港的进口贸易逐步摆脱对上海港的依附,其结构也逐步调整。1920 年,天津已经成为以工业为基础,金融业和商业发达的具有先进的交通通讯的近代开放型城市。1919—1931 年,天津的贸易额仅次于上海和大连,天津成为名副其实的华北工业、商业、贸易和金融中心,也是各国激烈争夺的地方。天津也由此成为华北第一要港。1914—1932 年,天津港腹地虽然经历了诸如军阀混战、国民政府迁都、世界经济危机等一系列军事、政治、经济不良因素的剧烈冲击,但其进出口贸易仍保持了比较平稳的发展势头。说明这一时期天津港的进出口结构已经变得相当的成熟和稳定。"九·一八事变"以后,天津正常的进出口贸易受到了严重的阻碍,进出口额逐年下降,腹地经济的外向化也受到了极大的摧残。

海河工程局对大沽沙航道的疏浚带来了天津港运输效率的提高。港口运输能力和货运需求最直接的表现就是到港船舶数和总吨位数。1860—1948 年期间,到港船舶和吨位数大部分时间呈上升趋势,同时这两个指标对于国内政治环境和国际局势十分敏感。而天津港运输效率和交通条件的改善,一方面来自铁路建设带来的陆路运输效率的提高和铁路网络延伸带来的经济腹地的巩固和扩展;另一方面也来自海河工程局对海河和天津港疏浚带来的水运效率提高。

进入天津港的船舶与到达天津的船舶之间的差距呈现缩小趋势,即天津港口系统能够接纳的运输能力对于贸易需求的适应能力在 20 世纪上半叶得到提高。而进入天津港的船舶比重的统计上的结构性断点发生在 1920 年,即 1920 年以后进入天津港的船舶比重是明显高过 1920 年以前的。这样的结果,确认了海河工程局在提高天津港港口效率上有明显的作用。在控制了到达天津港船舶的平均吨位数后,这一结构性差异同样存在,这表明海河工程局工程系统内对天津港水道的基础投资有效地提高了港口运输效率。

海河的截弯取直和冬季破冰通航,有效地增强了天津的港口竞争力。天津对外贸易额占全国的比重,1913 年破冰前低于 5%,此后均高于 6%,并不断攀升。1918 年超过 8%,此后几年上下略有波动,1927 年达到 9.7%,1932 年增至 10.76%。此后,大连港不计入全国统计范围,因而 1934—1936 年天津已经达到全国对外贸易总额的 18% 左右。1932 年后,天津成为中国仅次于上海的中国第二大港口,1932—1936 年,天津港外贸额占华北地区总额的近 60%。

抗日战争前夕,进出天津港的日本船舶吨位数达到 1 323 759 吨,居当时世界进出口船舶量的第二位。日本在天津的航业机构有大阪商船、日清汽船、岩崎、美昌、国际轮船公司。"七·七事变"后,日本封锁天津至上海的航线,同年 9 月,宣布封锁中国全部领海。与此同时,日本加紧排挤其他国家的航运业,至 1941 年,日本排挤掉了其他国家的海运,逐渐独占天津港的航运业。

新中国成立后,海河航道疏浚对于天津对外贸易的恢复发展,以及新中国重要物资的进出口,打破帝国主义封锁意义重大。1949—1957 年,海河工程处及后来的疏浚公司先后投入 7 艘挖(吹)泥船进行施工,共挖泥 303.1 万立方米,吹填 295.3 万立方米。海河水深状况保持良好,3 000 吨级轮船可直接驶入市区。根据天津海关统计,1950 年,天津港货物吞吐量相当于 1949 年的 245%,进口贸易总值达 23 604 万美元,出口 15 267 万美元,出口额达全国出口总额的 27.64%。一些主要产品的出口量达到或超过了抗战前的水平,工业器材、原材料等工农业生产物资的进口达到 1949 年的 2.8 倍,比 1936 年增长了 3.4 倍。天津口岸贸易在国民经济中占有重要地位,它不再是帝国主义进行经济掠夺的通道,而是成为新政权与世界各国互通有无、支援新中国建设的重要口岸。1951 年,虽然遭到美国封锁,但其货物吞吐量仍然相当于 1949 年的 243%。

二、 黄浦江疏浚与上海国际贸易的发展

上海开埠改变了广州独口通商的局面。浚浦局成立并实施疏浚后,航运的发展给上海带来了兴旺的贸易发展。1936 年,上海港已经是远东的航运中心、金融中心、商业贸易中心和文化中心,是国内最大的近代工业基地,形成了航运、港口、

贸易一体的对外贸易网络。①

上海开埠后,经由广州进出口的货物总值逐渐下降,越来越多的外国商行改道上海港。上海港 1860 年进出口额达 5 759 万两;1867 年达 7 356 万两,占全国进出口贸易的 64% 以上,远远超过了广州;1895 年,广州只有 3 414.9 万关两,约为开埠前的 61%;20 世纪后,更是一度降到 5% 以下。而上海则是另外一种局面,20 世纪的上海,进出口贸易量迅速增长,约占全国总值的一半。当时的中国已卷入资本市场,上海日益发展成国际化的中心城市,因此被誉为中外贸易的心脏。上海早期近代化的发展进度,不仅超过广州,也超过全国其他城市,这就对港口建设不断提出了新要求。

浚浦局成立后,上海港的贸易持续增长。1911 年进出口总额为 3 778 万两,较 1905 年增长了 3.13%。1913 年,全国贸易额达到 98 965 万关两,较之 1894 年的 29 375 万关两,19 年间增加了 1.7 倍;而同时期,上海进出口贸易额增长了 171.67%。1914—1918 年间,由于战争因素的影响,上海进出口贸易额基本就停留在 1913 年的水平。在浚浦局第一个 10 年计划末,1921 年,上海进出口贸易额达 63 604 万关两,较 1912 年增长了将近 70%。上海的对外贸易发展趋势与全国的脉搏保持一致,上海的发展就是中国的缩影。一战后,日、美对华贸易甚至已经赶超英国。随着战后国际经济的复苏,中国的贸易额也显著增长。1931 年,全国外贸额达到 234 297 万关两,较之一战结束的 1918 年(106 353 万关两),13 年间增长了 1.2 倍(见图 7-5)。

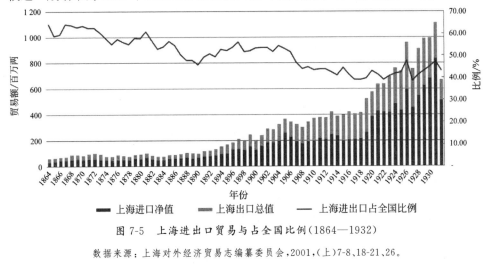

图 7-5　上海进出口贸易与占全国比例(1864—1932)

数据来源:上海对外经济贸易志编纂委员会,2001,(上)7-8、18-21、26。

① 一则我国数千年来天下一统之帝王思想,素以为率土之滨,莫非王土。对外贸易,辄以纳贡行之,无所谓国际。二则天子不言有无,蛮夷入贡,则天朝赏赐有加。货物之出入,系必较及。有此二因,我国往昔对外贸易统计,似不予重视。近代经济学的发展,渐渐趋向数字研究(杨端六等,1931)序。

航运的发展给上海带来了兴旺的贸易发展。第二个 10 年计划末,上海对外贸易有了很大增长,无论进出口净值还是出口总值,均有大幅增长。且在此期间,中国对外贸易量中,上海占 40%～50%。1931 年进出口总值为 111 104 万两,较1922 年增长了近 75%,占全国总贸易额的 47%以上。

1936 年,上海港已经是远东的航运中心、金融中心、商业贸易中心和文化中心,是国内最大的近代工业基地,形成了航运、港口、贸易一体的对外贸易网络。然而,“八·一三事变”后,日军侵占上海,上海的远洋运输被日本霸占,航线一度中断。港口管理部门逐渐沦落于日本侵略者之手。在特殊形态的“孤岛时期”[①],上海口岸的国际贸易不受管制,远洋轮船照常往来,进出口全无阻滞,因此比中国其他口岸经营进出口业务更具有利条件。

1937 年,上海的进出口贸易额为 915 482 万两,维持在正常水平。上海沦陷后,上海港遭到严重破坏。是年,贸易额仅有 1941 年的一半。抗战胜利后,上海港很快进入恢复状态。内战期间,上海港又很快成为内战的重要基地,上海港口日趋衰落。1947 年,洋商经营的内河轮船企业遂绝。1949 年,国民党军队败退之际,劫持大量江轮,并摧毁部分留在上海,上海航运陷入瘫痪。

第三节　港口城市的发展

一、 吹填租界与天津城市的发展

1860 年第二次鸦片战争后,天津被迫成为对外通商口岸,从此进入城市空前膨胀的时期。租界作为天津开埠后产生的新的城市空间,成为天津人接触并融合西方经济、社会、文化的重要窗口。它不仅使这个城市开始了近代化进程,而且影响了整个北方地区经济社会的近代化。

天津是近代西方列强在中国租界数量最多的城市,陆续有英国、法国、美国、德国、日本、俄国、比利时、意大利、奥匈帝国共 9 个国家在天津开设租界,总面积为23 350.5 亩,是当时天津老城区的 3.47 倍,城厢的 9.98 倍。其中,最早的是英、法、美三国分别在天津城南紫竹林一带沿海河西岸划定的租界,长 3 公里。英租界以

---

① 上海沦陷后的“国中之国”租界却安然无恙,成了一块处于日军包围的“孤岛”(陆其国,2001,第186 页)。

今大沽北路为西界,彰德道为南界,营口道为北界,占地460亩。法租界在英租界北,以大沽北路和锦州道为界,占地360亩。美租界在英租界南,以大沽北路、开封道为界,占地131亩,1902年并入英租界。

1898年,《天津日本租界条款》和《天津日本租界续立条款》划定天津城南门以外东南接法租界、东北临海河、西南临墙子河的1 667亩区域为日租界。《辛丑条约》签订以后,俄国、意大利、奥地利和比利时相继在海河东岸建立租界。俄租界自东站至大直沽,占地5 971亩;意大利占领东站以北;奥地利占领狮子林周围地区;比利时占领大直沽以南海河沿岸1 427亩土地。同时英、法两国相继扩大租界范围。英租界经1898年、1901年、1903年三次扩张,形成东临海河,南沿马场道至佟楼,西迄海光寺大道(今西康路),北沿宝士徒道(今营口道)与法租界相邻的6 149亩广阔区域,相比于最初的英租界业已扩张十几倍,成为天津各国租界面积之最。法租界也经1900年和1903年两次扩张至2 836亩,东北临海河,南与英租界相接,西至西小埝,北与日租界相邻。

随着天津开放为通商口岸,英、美、法三国强迫清政府划天津城南紫竹林一带为租界,外国轮船得以驶进海河,天津市的重心渐渐移向海河两岸。当时,海河两岸坑洼沼泽地较多,而租界又都建在海河两岸,因而这些被人忽略的坑洼沼泽的填垫逐渐被重视起来。最初海河的疏浚土都抛入河内较深地段,这对航行十分不利。

1905年12月,有人建议,将从海河中挖出的泥倒入驳船,沿墙子河(今天津南京路)送至海光寺,抛在该处的坑塘之中。当时英租界工部局同意了这一建议,并将咪哆士道(今天津泰安道)尽头的一个大坑交给海河工程局吹填。海河工程局董事会批准了这一计划,并于1906年疏浚了墙子河,以便让吃水0.61米的泥驳船航行。至1907年,海河工程局已将约24 000立方米的泥填在了咪哆士道及其附近的大坑内。1907年,海河工程局建立了中国第一座泥泵站,并用于疏浚土吹填天津市区洼地,奠定了现在天津市内主城区的主要格局。

海河工程局成立后,完成的最大工程是海河航道裁弯取直工程。裁弯取直最直接的作用体现在改善航道条件,航道的重塑,尤其是裁弯泥土用于填筑洼地,不仅为天津港的发展做出了重要贡献,还对城市空间扩展和环境改善发挥了不容忽视的作用。自1906年起,为了适应天津各国租界的发展,海河工程局将截弯取直所清出的淤泥用于填垫租界内的洼地、坑塘,至1948年,填土量达14 716 743立方米,使得原本荒芜冷僻的沼泽地转变成了一片适宜生活和居住的区域,推动了天津城市用地规模的扩展。

与此同时,海河工程局还对海河的疏浚土做了有效的处理。最初,海河的疏浚土都抛入了河内较深地段,对航行十分不利,而当时海河两岸坑洼沼泽地较多。1910年5月,海河工程局"燕云"号吹泥船到达天津,开始将疏浚土吹填至两岸坑洼沼泽地,解决了海河疏浚土的处理问题。1906—1936年,通过海河工程局的吹填,当时天津的英租界、意租界、俄租界等(今和平区、河东区、河西区)大部分低洼地被垫平,为以后天津市的城市房屋和道路建设创造了条件,而其中的代表就是五大道地区。仅以英租界为例,至1936年,海河工程局吹填英租界共计520万方,平均单价为0.4两/方,共计208万两;英租界大部分地区垫高1~2.5米(见图7-6)。

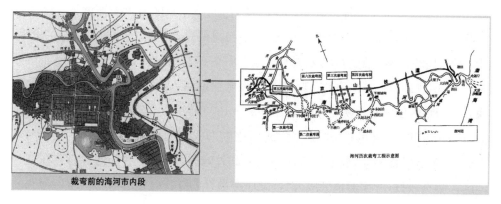

图7-6　1901—1923年海河六次裁弯取直工程图

五大道街区面积达191.7公顷,是天津最大的历史街区,又处于市中心区域,交通方便,是当今天津市一个重要的历史街区和旅游景点。该地区位于原英租界区域范围内,因由马场道、睦南道、大理道、常德道、重庆道5条道路所组成,故得名"五大道"。

五大道地区于1903年划入英租界范围,由于该次租界扩展范围从原英租界以南向墙子河马场道一带延伸,故包括五大道地区在内的新租界又称"墙外推广界"。最初"推广界"是租界区中公认的荒郊,水坑洼地遍布,只有少部分欧式住宅分布在马场道东头。1912年"壬子事变"之后,大量华人进入英租界"避难",其中有钱人在租界中心区购置地产,而并不富裕的华人则选择在"推广界"墙子河边定居,同时许多外地来津的新移民由于难以融入老城区也被紧邻租界谋生机会更多的推广界所吸引。没过多久,今天的黄家花园一带就成为华人聚居区。然而,当时推广界虽划入英租界范围,其规划和管理并未立即纳入工部局,故而当时任意搭建的房屋随处可见,土路水坑遍布。1916 年,英租界开始对推广界做出规划,时任工部局代理工程师的英国建筑师安德森负责提出设计和规划方案。1918 年 1 月,该方案得到纳税人会议通过,借鉴欧美花园城市理念的规划方案开始实施。该方案对推广界做出整体规划,提出将五大道地区建成高等住宅区,黄家花园附近建设为商业区,并对住宅区中街区方位、道路走向、植树公园等具体内容做出规定,以创造优美健康的居住环境。1919 年,《推广界分区条例》顺应这一规划对推广界实行分区制,将该区域划分为三个等级。而今天的五大道地区就属于一等区。条例对每块地建筑的数量、规模都有严格限制,对建筑的外观、造价等也做出规定,这些法规使得五大道地区只能建造独居别墅式住宅或高级公寓式住宅。随着推广界的规划,其基础性的环境改造也逐步提上日程。1919 年,河北路以东区域首先被填平。随后黄家花园地区、河北路至桂林路区域、桂林路与昆明路之间地区也陆续在 1922 年、1927 年、1929 年得以吹填,该区域内陆地平均垫高 1.4 米,一改原有的洼地水坑面貌。紧跟其后的是道路、下水管线等基础设施建设和照明绿化等环境改善,这些都为五大道地区住宅建设奠定了基础。1925—1930 年间,五大道地区建设迎来高潮期。1930 年以后,英租界的“五大道”地区逐渐形成,多为独立的花园洋房住宅,环境幽雅,建筑风格多样,成为高级住宅区。此外,新式里弄住宅也集中建造在这一地区。时至今日,五大道地区成为“全国保存最好的洋楼建筑群”,其旅游资源和文化意义得到了极大的开发,为天津城市名片的建设和经济发展做出了不容忽视的贡献。天津市“十二五”规划中将“近代中国看天津”定义为文化旅游核心品牌,包括五大道在内的特色旅游街区,成为进一步提高天津的国际知名度和影响力以及旅游目的地形象的重要景点。

二、 上海租界的疏浚土吹填及城市建设

吹填不仅可以有效地处理疏浚泥土,而且通过吹填,可以将原来水坑遍布、土地难以有效利用的坑洼沼泽,变废为宝成为可利用的土地,把城市边缘地带迅速建设为具有现代特色的租界区,为城市的房屋和道路建设奠定了坚实的基础。租界成为接触并融合西方经济和社会文化的重要窗口,为上海和天津留下了深刻的烙印。①

吹填工程对城市空间扩展和环境改善发挥了重要作用。租界经历了以洋商居

---

① 浚浦局老档案的土地契约合同,纠纷等事宜沟通来往函件,土地统计及土地法规,见 WPC Vol.122。

住、贸易、航运为主要功能,华洋杂居并初具国际化城市新区,以及形成金融、贸易、文化等中心的跨越性阶段。租界规划兴建初期,各国公使馆和私人机构纷纷来到租界圈地,城市建设迅速发展,租界与旧城逐步连成一片,城市由分离逐渐走向整合。精美的欧式建筑、优美的居住环境、完善的基础设施、良好的社会治安等多方面优势吸引了大批的清廷遗老、军阀、官僚等政治人物以及以商人为主的社会中上层迁入定居。

吹填造地支持了城市建设和房地产业的土地供给,为人口增长和商业发展奠定了基础。随着上海租界的发展,1852—1949 年间,其人口猛增 10 倍。1852 年,上海登记在册人口 544 413 人。据 1865 年 3 月第一次统计,公租界约 10 万人。据上海工部局 1915 年报告中的数据显示,1870 年,公共租界有 1 666 名外国人,1885 年翻倍至 3 673 人,1905 年逾万,1915 年共计 18 519 名外国人,其中日本人数量徒增至各国之首,达 7 169 人[①]。到 1930 年,上海总人口达 300 万,公共租界和法租界总人数约为 25 万,其中日本人占比最高,达 3.6 万人[②];到 1936 年,公租界突破百万人口,法租界有将近 50 万人,可见发展之神速。

黄浦江治理过程中挖出的大量泥沙被用于吹填浦江两岸低滩,使得两岸成片成块的滩头洼地成陆。填成陆地举其大者为吴淞口炮台及其对岸北港嘴、高桥沙之南端、虬江码头、周家嘴岛、龙华嘴等,经吹填成陆后,该地区建起了一座座工厂企业、码头仓库中心。其他商行委托填筑之地亦不胜枚举。随着上海港贸易的发展,油润燃料用量激增,高桥沙吹填成陆后,开始建设为贮油地区。自 1920 年起,亚细亚、德士古、光华等油厂相继迁往,逐步建成大规模近代油栈。这为上海经贸、工业、金融业的发展提供了大量土地资源,使之成为远东国际贸易与金融中心。

以上海复兴岛(原名周家嘴岛)为例,复兴岛原是黄浦江上一处浅滩,自 1913 年 4 月 30 日起,用沉柴排的方式,在浅滩处逐步筑起了弧形大堤。至 1916 年,堤内淤高为该岛奠定了吹填成陆的基础。1921 年,黄浦江两岸陆家嘴、龙华嘴等处筑坝堤导水工程大体完成,周家嘴开始抛石筑堤,并采取疏浚方法浚深吴淞外沙、高桥新航道航槽。自 1925 年起,浚浦局出资 40 万两白银,向国民政府购买复兴岛土地,在江口至周家嘴间大片浅滩处围堤吹填造岛,在上端沉排筑堤,在下游浚深

---

① Shanghai Municipal Council Annual Report 1915,p.160-161;The Port of Shanghai,General series. Report No.8,Whanpoo conservancy board,p.75.

② 工部局年报有人口普查的数据统计,见 Shanghai Municipal Council Annual Report 1905,p.147。

航槽。1926 年 7 月成陆,疏浚达 160 余万立方码(120 万立方米);1934 年年底完成中下游围坝吹填,吹填成陆面积共 1 700 亩(约 1.13 平方公里),吹填量 1 050 余万立方码(约 803 万立方米)。^① 1927 年 6 月,浚浦局自行设计建造的定海大桥(亦称定海桥)开工,主引桥长 100 英尺(30.5 米),两边侧引桥各 90 英尺(27.5 米)和 115 英尺(35.5 米),设计净空 30 英尺(9.14 米)。20 世纪 30 年代,岛内相继建起了中华造船厂、上海渔轮厂、大德新油厂、光华火泊公司、中美火油公司等^②,促进了城市经济的发展。

　　然而,滩地升科引起了产权属性的分歧与争论。民间组织的资产属于法人产权,传统中国土地私有产权发育成熟,中国历史上的法人产权则尚未揭示。以上海浚浦局的滩地升科归属为例,在历次的条约条款中都反复主张和声明,1905 年条约和 1912 年浚浦章程第八条中,都用大量笔墨强调了涨滩公产的管理办法和处理意见,但是从现有大量的史料和文献看来,有关涉及"法人产权"的滩地升科,自始至终困扰着浚浦局,是很难解开的一团乱麻。

---

　　① 复兴岛自上游三角区抛卸沉排块石并围筑土堤,先后分两次吹灌填高,达 18 英尺(5.5 米),面积 160 亩;1926 年 7 月成陆,至 1927 年年底完成,疏浚量达 160 余万立方码(120 万立方米)。1928 年 3 月至 1930 年 10 月,又在岛中部和下游进行围坝吹填,筑高至 20~21 英尺(6.1~6.4 米)。下游段围坝为 935 亩,至 1934 年年底完成,历时 4 年有余,吹填标高为 20 英尺(6.1 米)。该岛吹填成陆面积共 1 700 亩(约 1.13 平方公里),吹填量达 1 050 余万立方码(约 803 万立方米),岛成弓形,长 9 600 英尺(2 926 米),最宽处在中部为 1 676 英尺(550 米)。吹填完后,全岛南北曾设置两条主要干道,命名为"浚浦东路"(现已废除)和"浚浦西路"(现为共青路),贯通定海路桥直至该岛下端,并设置若干交叉支路。该岛除少数亩外,大部分土地均为浚浦局产业。当时除自用的周家嘴工场和员工俱乐部花园(现为复兴岛花园),其余均租给工矿企业。有关复兴岛的史料非常丰富,也是研究上海以及租界地契的宝贵资料,值得专题研究。详见局买进复兴岛等土地执照、交接书、合同等文件,见 WPC Vol.73;复兴岛土地所有权的通知,见 WPC Vol.130;复兴岛土地租赁与外单位往来函件,见 WPC Vol.135;外单位关于复兴岛土地租赁与局的往来函件,见 WPC Vol.154;复兴岛地基临时出租事项,见 WPC Vol.161;关于复兴岛租地与外单位往来函件,见 WPC Vol.163;关于张华浜、复兴岛、高桥设立警卫工资、津贴等事项的函件,见 WPC Vol.168;关于复兴岛设施等工作与有关单位来往函件,见 WPC Vol.169;复兴岛租地往来信函,见 WPC Vol.171;关于复兴岛土地出租与外单位往来函件,见 WPC Vol.174;龙华咀租地合同等函件,见 WPC Vol.209;外单位租赁龙华滩地 P08-P018 与局往来函件,见 WPC Vol.210;浚浦局高桥沙地产租赁与外单位往来函件,见 WPC Vol.218;关于复兴岛土地使用权的报告,见 WPC Vol.242;关于复兴岛土地纠葛问题的函,见 WPC Vol.249;本局属地土地权、租税、租赁与上海市地政局等单位的来往函件,见 WPC Vol.253;浚浦局高桥土地租赁与外单位来往函件,见 WPC Vol.298;浚浦局复兴岛地产与马勒公司来往函件,见 WPC Vol.299;上海渔市场租赁复兴岛土地与局往来函件,见 WPC Vol.302;复兴岛北端浚浦局吹填地租赁往来函件,见 WPC Vol.305;本局疏浚、测量、岸线升科等业务文件,见 WPC Vol.366。

　　② 中华船厂租赁复兴岛土地与局的往来函件,见 WPC Vol.275;光华油公司租赁复兴岛来往函件,见 WPC Vol.252;外单位申请租地、吹填等往来函件,见 WPC Vol.294;石油公司租赁复兴岛土地与局的往来函件,见 WPC Vol.353;中美火油公司租赁复兴岛土地与局往来函件,见 WPC Vol.255;亚美机油行租赁复兴岛土地与局来往函件,见 WPC Vol.278;植物油料厂租赁复兴岛土地与局来往函件,见 WPC Vol.297。

　　天津、上海航道疏浚,本着良好意愿出发,但最终是否达成意愿和实现使命要靠绩效评估来甄别。通过浚治,航运发展势头迅猛,短短几十年间,天津港迅速成长为北方的航运中心和经济中心。黄浦航道的治理,对港口航运和经济贸易发展产生了重大影响,也助力上海成长为远东的工业、金融和贸易中心。

　　第一,从发展历史来看,航道状况直接影响城港的兴衰成败。在某种程度上,可以说疏浚改写了天津和上海的历史。如果说大沽开埠加快了天津发展的历史,那么有"东方哈佛"之誉的老上海 St. John College 校长撰写的《上海简史》中,将成立浚浦局开展疏浚,誉为老上海史上一个重要的标志性转折点便是客观事实。浚浦局富有成效的疏浚,使得上海港成为远东最大的运输中心和交通中心。随着优越航运地位以及由此带来的巨大航运量,不仅使上海港成为世界大港,而且直接招来了大量的外商投资。外商对银行、工业、房地产等领域的投资,大约 2/3 集中在上海,使得上海成为名副其实的经济金融中心。

　　第二,海河工程局和浚浦局在完成疏浚工程的同时,为城市发展做出了贡献。疏浚产生的淤泥也没有浪费,挖出的大量淤泥被用来填垫租界内的洼地,加速了城市化,使得租界成为津沪城市建设和发展的推动力。

参考文献

浚浦局与海河工程局老档案：

［1］Hai-Ho Conservancy Commission Archive. 9 卷微缩胶片，简称"HHC"第 1-9 卷，另一部分未编号，也没有编入缩微胶卷。统称为"HHC Vol"。

［2］Whangpoo Conservancy Board. Whangpoo Conservancy Board Meeting Minutes. 1912—1950.

［3］Whangpoo Conservancy Board. Engineer-in-Chief Monthly Report. 1917-1942，简称 WPC-TS Vol.

［4］Whangpoo Conservancy Board archive，1905-1950，简称 WPC Vol.

中文文献：

［1］埃莉诺·奥斯特罗姆. 2000a. 公共事务的治理之道. 北京：生活·读书·新知三联书店.

［2］埃莉诺·奥斯特罗姆. 2000b. 公共服务的制度建构：都市警察服务的制度结构. 上海：上海三联书店.

［3］埃莉诺·奥斯特罗姆. 2012. 公共事物的治理之道：集体行动制度的演进. 余逊达，等译. 上海：上海译文出版社.

［4］陈正恭，张耀华，王生山. 1997. 上海海关志. 上海：上海社会科学院出版社，299-335.

［5］陈正书. 1994. 奈格、海德生工程——近代东南沿海城市交通网络稳定运转的基石//城市进步、企业发展和中国现代化(1840—1949). 上海：上海社会科学院出版社，232-247.

［6］陈争平. 1988. 天津口岸贸易与华北市场(1861—1913)//中国社会科学院经济研究所学术委员会编：中国社会科学院经济研究所集刊. 第 11 集.

［7］单丽，温志红，任志宏. 2014. 黄浦江航道的疏浚与上海近代化——以技术人才和疏浚方案为中心. 国家航海. 3：88-97.

［8］邓亦兵. 2007. 清代前期关税的附加税. 清华大学学报(哲学社会科学版)，6：72-81.

［9］杜希英. 2011. 交通变革与天津城市近代化. 中国城市经济，8：274-275.

[10] 樊如森.2005.天津港口贸易与腹地外向型经济发展(1860—1937).复旦大学.

[11] 方书生.2016.中国旧海关数据与经济史研究.上海经济研究.4：125-128.

[12] 方文进.2010.民办非企业单位治理结构问题探讨.中国社会组织.11：46-48.

[13] 方裕谨.1994.光绪末年黄浦江修浚工程主办权之争史料.历史档案.4：45-54.

[14] 方裕谨.1995.光绪三十四年荷商利济公司浮开浚浦土方案.历史档案.1：61-67.

[15] 费成康.1991.中国租界史.上海：上海社会科学院出版社：177-269.

[16] 费雷德蒙德·马利克.2013.正确的公司治理.朱健敏译.北京：机械工业出版社.

[17] 费正清,刘广京.1996.剑桥中国晚清史.北京：中国社会科学出版社：79.

[18] 高伟.2009.国内外疏浚挖泥设备的对比与分析.中国港湾建设.2：63-67.

[19] 戈斌.1995.光绪朝朱批奏折.北京：中华书局：26-29.

[20] 海关总署.1881—1904.通商各关华洋贸易总册.

[21] 海河工程局.1920.海河工程局：1898—1919(中译本)：6-7.

[22] 赫德.2005.赫德与中国早期现代化.北京：中国海关出版社：147.

[23] 黄维敬.1957.黄浦江过去的治理和今后的改善.

[24] 黄苇.1979.上海开埠初期对外贸易研究.上海：上海人民出版社：71-78,145-146.

[25] 江璇,程金平,唐庆丽等.2013.上海市疏浚泥资源化可利用性分析.环境科学与技术.1：86-89,112.

[26] 姜铎.1993.洋务运动与津、穗、汉、沪四城的早期近代化.近代史研究.4：37-52.

[27] 近代中国史料丛刊编.第42辑.上海共同租界工部局年报,第1-3册.

[28] 科斯,诺斯,威廉森等.2003.制度、契约与组织——从新制度经济学角度的透视(新制度经济学名著译丛 第二辑).北京：经济科学出版社：502-508.

[29] 科斯.1974.财产权利与制度变迁：产权学派与新制度学派译文集.上海：上海人民出版社.

[30] 莱斯特·M.萨拉蒙.2008.公共服务中的伙伴——现代福利国家中政府与非营利组织的关系.田凯译.北京：商务印书馆：44,109.

[31] 莱斯特·M.萨拉蒙.2002.全球公民社会：非营利部门视界.贾西津等译.北京：社会科学文献出版社.

[32] 莱斯特·M.萨拉蒙.王浦劬译.2010.政府向社会组织购买公共服务研究.北京：北京大学出版社：2-3,19,296-298.

[33] 来新夏,等.2004.天津的九国租界.天津：天津古籍出版社：1-178.

[34] 雷穆森.2008.天津租界史.天津：天津人民出版社.

[35] 冷功业.2010.中国公共物品非营利组织供给研究.北京：中国社会科学出版社：59-61.

[36] 李虎.2006.中国近代海关的洋员录用制度(1854—1911年).历史教学.1：23-27.

[37] 李华彬.1986.天津港史.北京：人民交通出版社：102.

[38] 李洛之，聂汤谷. 1994. 天津的经济地位. 天津：南开大学出版社：7.

[39] 李洁. 2007. 上海市商会组织的发展状况与对策研究. 上海交通大学.

[40] 梁建. 2003. 租界中外会审制度述论. 丹东师专学报. 25(1)：65-68.

[41] 林庆元. 1995. 洋务派聘用的洋员及其分布. 海交史研究.

[42] 刘猛.1994. "洋匠"来华与张之洞的近代化事业. 湖北大学学报(哲学社会科学版)：55-59.

[43] 刘奇彬，翟广福. 1996. 黄浦海关志：142-150.

[44] 刘武坤. 1987. 旧海关总税务司署简介. 民国档案. 128-133.

[45] 龙登高，常旭，熊金武等. 2017a. 国之润 自疏浚始——天津航道局120年发展史.北京：清华大学出版社：1-46.

[46] 龙登高，龚宁，孟德望. 2017b. 近代公共事业的制度创新：利益相关方合作的公益法人模式——基于海河工程局中外文档案的研究. 清华大学学报(哲学社会科学版). 32(06)：170-182,197.

[47] 陆其国. 2001. 畸形的繁荣：租界时期的上海. 上海：百家出版社. 186.

[48] 吕霞. 2012. 城市聚落本体与功能的时序性运动——以天津历史街区为例. 天津大学，

[49] 马长林. 2009. 上海的租界. 天津：天津教育出版社：21.

[50] 缪德刚，龙登高. 2017. 中国现代疏浚业的开拓与事功——基于海河工程局档案的考察(1897—1949). 河北学刊. 37(02)：133-140.

[51] 罗澍伟. 1993. 近代天津城市史. 北京：中国社会科学出版社：433-435.

[52] 倪红，张海选编.2002a.民国时期整治黄浦江档案选编：港口篇.档案与史学. 5：9-18.

[53] 倪红，张海选编.2002b.民国时期整治黄浦江档案选编：越江交通篇.档案与史学. 6：19-23.

[54] 倪玉平，高晓燕. 2014. 清朝道光"癸未大水"的财政损失. 清华大学学报(哲学社会科学版). 4：99-109.

[55] 倪玉平. 2017. 清代关税：1644—1911 年. 北京：科学出版社.

[56] 倪玉平. 2002. 水旱灾害与清代政府行为. 南京社会科学. 6：40-45.

[57] 潘晨露. 2015. 我国水运基础设施融资平台转型研究. 长沙理工大学.

[58] R. E. Bredon, H. E. Hobson,等. 上海近代社会经济发展概况. 徐雪筠、陈曾年、许维雍等译. 1985. 上海：上海社会科学院出版社：22-196.

[59] 森田明，雷国山，叶琳. 2008. 清代水利与区域社会. 济南：山东画报出版社. 170-194.

[60] 《上海对外经济贸易志》编纂委员会. 2001. 上海对外经济贸易志. 上海：上海社会科学院出版社.

[61] 上海浚浦总局. 1918. 上海港口大全.

[62] 上海浚浦总局. 1930. 上海港口大全.

[63] 上海航道局局史编写组. 2010. 上海航道局局史. 上海：文汇出版社.

[64] 上海海关总税务司署统计科.1936—1942.上海对外贸易统计年刊.

[65] 上海海关总税务司署统计处.1943—1945.中国贸易统计月报.

[66] 上海社会科学院经济研究所.1989.上海对外贸易.上海：上海社会科学院出版社.

[67] 上海市档案馆编.工部局董事局会议录第1册.上海：上海古籍出版社.

[68] 上海通商海关总税务司署.1878—1920.通商各关华洋贸易全年清册.

[69] 上海通商海关总税务司署.1905—1925.通商海关华洋贸易全年总册.

[70] 史建云.2001.简述商会与农村经济之关系：读《天津商会档案汇编》札记.中国经济史研究，4：24-41.

[71] 宋德星.2009.中国内河航运网络治理模式研究.华中科技大学.

[72] 宋佩玉.2016.近代上海外商银行研究.1847—1949.上海：上海远东出版社：100-125.

[73] 汤弈.2016.海河工程局与近代天津市中心区海河沿岸开发建设过程研究.天津大学.

[74] 天津档案馆、南开大学分校档案系编.1992.天津租界档案选编.天津：天津人民出版社：527-538.

[75] 天津海关译编委员会.2004.津海关史要览.北京：中国海关出版社：41-44.

[76] 天津航道局编.2000.天津航道局史.北京：人民交通出版社：1-75.

[77] 《天津经济》课题组.2015.海河门户的百年开合——天津解放桥.天津经济.1：63-66.

[78] 天津市档案馆，天津海关编译.2006.津海关秘档解译：天津近代历史记录.北京：中国海关出版社：51-331.

[79] 天津市档案馆编.2013.天津市档案馆馆藏珍品档案图录(1656—1949).天津：天津古籍出版社：178-200.

[80] 天津市地方志编修委员会.1996.天津通志——附志·租界.天津：天津社会科学院出版社.

[81] 天津市历史研究所.1965.天津历史资料(第三辑)[M].

[82] 天津社会科学院历史研究所.1964.天津历史资料，第4期[M].

[83] 天津社会科学院历史研究所.1980.天津历史资料，第5期[M].

[84] 天津社会科学院历史研究所.1980.天津历史资料，第9期[M].

[85] 田俊峰,吴兴元,侯晓明,蒋基安,洪国军.2010.我国疏浚技术与装备"十五""十一五"十年发展回顾.水运工程.12：93-97.

[86] 托马斯·莱昂斯.2009.中国海关与贸易统计 1859—1948（社会经济史译丛).毛立坤,方书生,姜修宪等译.杭州：浙江大学出版社：38-41.

[87] 万勇.2014.近代上海都市之心.上海：上海人民出版社：321.

[88] 汪寿松.2003.开埠后天津海关的建立.天津经济.6：61-62.

[89] 王长松.2011.近代海河河道治理与天津港口空间转移的过程研究.北京大学.

[90] 王家明. 2011. 交通基础设施供给机制研究. 长安大学.

[91] 王健. 2008. 天津海河综合开发规划的实践与理论研究. 天津大学.

[92] 王建朗, 黄克武. 2016. 两岸新编中国近代史·民国卷. 北京: 社会科学文献出版社.

[93] 王巨新. 2010. 清前期粤海关税则考. 历史教学(下半月刊). 5: 12-18.

[94] 王绍光. 1999. 多元与统一——第三部门国际比较研究. 杭州: 浙江人民出版社. 55.

[95] 魏尔特. 1993. 赫德与中国海关(上册). 陆琢成, 李秀凤译. 厦门: 厦门大学出版社.

[96] 文松. 2004. 近代中国海关雇用洋员的历史原因探析. 北京联合大学学报(人文社会科学版). 2: 41-46.

[97] 文松. 2006. 近代中国海关洋员概略: 以五任总税务司为主. 北京: 中国海关出版社. 32.

[98] 伍伶飞. 2017. 船钞的收与支: 近代关税史的一个侧面. 中国经济史研究. 6: 91-102.

[99] 吴景平. 1997. 关于近代中国外债史研究对象的若干思考. 历史研究. 4: 52-72.

[100] 吴景平, 龚辉. 2007. 1930 年代初中国海关金单位制度的建立述论. 史学月刊. 10: 63-72.

[101] 吴松弟, 方书生. 2005. 一座尚未充分利用的近代史资料宝库——中国旧海关系列出版物评述. 史学月刊. 3: 83-92.

[102] 吴松弟, 伍伶飞. 2013. 近代海关贸易数据摘编本存在的问题分析——以全国年进出口额和各关直接对外贸易额为例. 中国社会经济史研究. 4: 11-20.

[103] 吴松弟. 2014. 旧海关出版物与近代中国研究. 社会科学家. 12: 141-146.

[104] 吴松弟. 2012. 中国旧海关出版物的书名、内容和流变考证: 统计丛书之日报、月报和季报. 海关与经贸研究. 33(2): 1-8.

[105] 吴弘明. 2006. 津海关贸易年报(1865—1946). 天津: 天津社会科学院出版社. 188-236.

[106] 吴弘明. 1993. 津海关年报档案汇编. 天津社会科学院历史所, 天津市档案馆. 94-203.

[107] 吴志伟. 2012. 上海租界研究. 上海: 学林出版社.

[108] 吴煮冰. 2007. 历史的痕迹 1840—1950 年的中国海关. 北京: 昆仑出版社: 422.

[109] 熊月之. 1999. 上海通史·第 6 卷, 晚清文化. 上海: 上海人民出版社: 383-410.

[110] 许檀. 1997. 清代前期的沿海贸易与天津城市的崛起. 城市史研究. z1: 13-14.

[111] 徐义生. 1962. 中国近代外债史统计资料. 北京: 中华书局: 4-128.

[112] 薛理勇. 2012. 《辛丑条约》与上海浚浦局. 上海市历史博物馆. "上海: 海与城的交融"国际学术研讨会.

[113] 严昌洪. 1988. 聘用"洋匠"与中国早期工业化. 近代史研究. 4: 46-64.

[114] 严六四. 2006. 国内外河道疏浚工程施工技术发展. 水利水电施工. 4: 33-39.

[115] 姚洪卓主编. 1993. 近代天津对外贸易: 1861—1948. 天津: 天津社会科学院出版社.

[116] 姚洪卓. 1994. 走向世界的天津与近代天津对外贸易. 天津社会科学. 6: 90-93.

[117] 姚洪卓. 2011. 近代天津对外贸易研究. 天津：天津古籍出版社.

[118] 姚洋. 2009. 中性政府：对转型期中国经济成功的一个解释. 经济评论. 3：5-13.

[119] 杨端六. 1931. 六十五年来中国国际贸易统计. 国立中央研究院社会科学研究所.

[120] 杨乐, 朱建宁, 熊融. 2003. 浅析中国近代租界花园——以津、沪两地为例. 北京林业大学学报(社会科学版). 1：17-21.

[121] 杨戊辰 1993. 天津海关志.

[122] 印永清. 2009. 海外上海研究书目. 上海：上海辞书出版社.

[123] 余林. 2007. 试论赫德对中国近代海关制度的革新. 宜宾学院学报. 2：45-48.

[124] 于卫良. 2002. 上海航道局建造现代大型疏浚船舶的方案研究. 上海海运学院.

[125] 詹庆华. 2003. 中国近代海关贸易报告述论. 中国社会经济史研究. 2：65.

[126] 张畅, 刘悦. 2011. 津海关税务司德璀琳与近代天津城市发展. 城市史研究.

[127] 张克. 2009. 天津早期现代化进程中的海河工程局(1897—1949). 延安大学.

[128] 张玲玲. 2013. 近代上海的租界风云. 黑龙江史志. 24.

[129] 张菁. 2008. 我国水运事业 30 年发展历程回顾. 综合运输. 12：24-27.

[130] 张人龙. 1998. 上海市政工程志. 上海：上海社会科学院出版社.

[131] 张宪文, 张玉法. 2015. 中华民国专题史. 第十六卷, 国共内战. 南京：南京大学出版社：25.

[132] 张永贤. 1963. 帝国主义的侵略与黄浦江河道的疏濬. 学术月刊. 5：41-45.

[133] 张远凤等. 2016. 非营利组织管理理论、制度与实务. 北京：北京大学出版社.

[134] 张仲礼. 1990. 近代上海城市研究. 上海人民出版社. 414-420.

[135] 赵德招, 刘杰, 程海峰, 王珍珍. 2013. 长江口深水航道疏浚土处理现状及未来展望. 水利水运工程学报. 2：26-32.

[136] 中华人民共和国交通运输部. 2011. 中国水运建设 60 年·建设技术卷. 北京：人民交通出版社.

[137] 中国人民政治协商会议天津市委员会、文史资料委员会编. 1982. 天津文史资料选辑. 第 75 辑. 天津：天津人民出版社：1-10.

[138] 中国水运编辑部. 2009. 新中国成立 60 年水运发展主要成就. 中国水运. 9：1-1.

[139] 中国海关总署办公厅. 2001. 中国旧海关史料(1859—1949). 北京：京华出版社.

[140] 中国海关总署办公厅. 2001. 海关十年报告(1882—1931). 北京：京华出版社.

[141] 周建波. 2002a. 洋务运动期间的对内融资思想. 河南师范大学学报(哲学社会科学版). 3：57-60.

[142] 周建波. 2002b. 洋务运动期间的劳工雇佣与管理. 文史哲. 1：135-141.

[143] 周建波. 2001a. 晚清"官督商办"企业的改革思想及实践——西方股份公司制度在中国最

初的命运.中国经济史研究. 4：92-97.

[144] 周建波. 2001b. 洋务现代化发展战略刍议.烟台大学学报(哲学社会科学版). 4：453-458.

[145] 周建波. 2001c. 晚清"官督商办"企业的改革思想及实施.经济界. 5：94-96.

[146] 朱荫贵. 2001. 近代交通运输与晚清商业的演变. 近代史学刊.

[147] 庄志龄.1999. 收回浚浦局主权案史料. 档案与史学. 1：11-21.

外文文献及译文译著：

[1] B. E. 2015. Foster Hall. The Chinese Maritime Customs，an International Service. 1854-1950. Chinese Maritime Customs Project. 27-28.

[2] Bismarcks Missionäre. 2002 Deutsche Militärinstrukteure in China 1884-1890 (Bismarck's Missionaries：German Military Instructors in China，1884-1890). Wiesbaden：Harrassowitz. 293.

[3] Board H H C. 1919. Hai-ho Conservancy Board 1898-1919：a Resumé of Conservancy Operations on the Hai Ho and Taku Bar[M].The Tientsin Press.

[4] China Imperial Maritime Customs，Decennial Report on the Trade，Navigation，Industries，etc.，of the Ports Open to Foreign Commerce in China and on the Condition and Development of the Treaty Port Provinces, 1892-1901 with Maps, Diagrams, and Plans：556.

[5] Clifford N R. 1965. Sir Frederick Maze and the Chinese Maritime Customs，1937-1941[J]. Journal of Modern History. 1：18-34.

[6] Davis，J. 1926. Shanghai：A City Ruled by Five Nations. Current History（New York）. 5：747.

[7] F. L. Hawks Pott，D. D. 2008. A Short Story of Shanghai. Beijing：China Intercontinental Press. 317-318.

[8] Helen L. Smith. 1939. Shanghai and its Hinterland[J]. Journal of Geography. 5.

[9] Hong Kong General Chamber of Commerce. 1899. Hong Kong General Chamber of Commerce Report for the year 1899. 160-170.

[10] Hsiao L. 1974. China's Foreign Trade Statistics，1864-1949[J]. East Asian Research Center，Harvard University；Distributed by Harvard University Press.

[11] John King Fairbank. 1953. Trade and Diplomacy on the China Coast：The Opening of the Treaty Ports 1842-1854. Cambridge：Harvard University Press.

[12] John King Fairbank. 1957. Synarchy Under the Treaties，in Chinese Thought and Institutions. Chicago：University of Chicago Press.

[13] John King Fairbank. 1968. The Early Treaty System in the Chinese World Order，in The Chinese World Order：Traditional China's Foreign Relations. Cambridge：Harvard

University Press.

[14] Judge Feetham. 1931. Surveys Shanghai: A Digest. Pacific Affairs. 7: 613.

[15] Mark Granovetter. 2005. the Impact of Social Structure on Economic Outcomes, Granovetter M. The Impact of Social Structure on Economic Outcomes[J]. Journal of Economic Perspectives. 1: 33-50.

[16] Nee, Su. 1995. Institutions, Social Ties, and Commitment in China's Corporatist Transformation, Reforming Asian Socialism: The Growth of Market Institutions, University of Michigan Press, 1995. Nee, Su, Institutions, Social Ties, and Commitment in China's Corporatist Transformation, Reforming Asian Socialism: The Growth of Market Institutions, University of Michigan Press.

[17] Ostrom, E. 1998. A behavioral Approach to the Rational Choice Theory of Collective Action. American Political Science Review. 1: 1-22.

[18] Ostrom, E., Lam, W. F., & Lee, M. 1994. The performance of Self-governing Irrigation Systems in Nepal. Human Systems Management. 3: 197-207.

[19] Ostrom, E., Walker, J., & Gardner, R. 1992. Covenants With and Without a Sword: Self-governance is Possible. American Political Science Review. 2: 404-417.

[20] Ostrom, V., & Ostrom, E. 1972. Legal and Political Conditions of Water Resource Development. Land Economics. 1: 1-14.

[21] Ostrom V, Tiebout C M. 1961. Warren R. The Organization of Government in Metropolitan Areas: A Theoretical Inquiry[J]. American Political Science Review. 4: 831-842.

[22] Putten FPVD. 2001. Corporate Behaviour and Political Risk: Dutch Companies in China, 1903-1941. Leiden University. 152-163.

[23] Shanghai Municipal Council. 1897-1898. Shanghai Municipal Council Annual Report.

[24] Shanghai Municipal Council. 1905-1906. Shanghai Municipal Council Annual Report.

[25] Shanghai Municipal Council. 1915-1916. Shanghai Municipal Council Annual Report.

[26] Ven HVD. 2014. Breaking with the Past: The Maritime Customs Service and the Global Origins of Modernity in China[M]. Columbia University Press.

[27] Wang A. 2014. City of the River: The Hai River and the Construction of Tianjin, 1897-1948. Dissertations & Theses-Gradworks.

附录 A
海河工程局董事局（1902—1936）

年　度	领事团代表	津海关税务司	津海关道台	名誉司库
1902	L.C.Hopkins	G.Detring	唐绍仪	J.M.Dickinson W.Fisher
1903	L.C.Hopkins	G.Detring	唐绍仪	W.Fisher J.M Dickinson
1904	L.C.Hopkins E.Rocher	G.Detring T.T.H.Ferguson	唐绍仪 周长龄	J.M Dickinson
1905	E.Rocher	T.T.H.Ferguson	周长龄 梁敦彦	J.M Dickinson
1906	E.Rocher L.C.Hopkins	T.T.H.Ferguson H.F.Merril	梁敦彦 蔡绍基	J.M Dickinson
1907	L.C.Hopkins	H.F.Merril	梁敦彦 梁如浩 蔡绍基	J.M Dickinson W.E.Southcott
1908	L.C.Hopkins Dr.Daumiller H.knipping	H.F.Merril C.Lenox Simpson	蔡绍基	W.E.Southcott
1909	H.knipping	C.Lenox Simpson H.M.hillier	蔡绍基	W.E.Southcott
1910	H.knipping	H.M.hillier	蔡绍基 蔡廷干	W.E.Southcott
1911	H.knipping G.Kahn	H.M.hillier J.F.Oiesen	蔡廷干 冯应勋	W.E.Southcott
1912	G.Kahn	J.F.Oiesen	冯应勋	W.E.Southcott
1913	G.Kahn Ch.P.Kristy	J.F.Oiesen C.H.Lautu	冯应勋	W.E.Southcott

年　　度	领事团代表	津海关税务司	津海关道台	名誉司库
1914	Ch.P.Kristy H.E.Fuiford C.MG R.Wiuis	J.F.Oiesen	冼应勋	W.E.Southcott
1915	R.Wiuis H.Bourgeois	J.F.Oiesen F.W.Maze	邓谦	W.E.Southcott
1916	H.Bourgeois T.Matsudaira	F.W.Maze P.R.Waltham	邓谦	W.E.Southcott
1917	T.Matsudaira W.P.Ker.C.M.G	F.W.Maze P.R.Waltham	邓谦 吴毓麟	W.E.Southcott W.A.Morling
1918	W.P.Ker.C.M.G P.S.Heintzleman	F.W.Maze	吴毓麟	W.A.Morling
1919	P.S.Heintzleman W.P.Ker.C.M.G	F.W.Maze	吴毓麟	W.A.Morling
1920	W.P.Ker.C.M.G	F.W.Maze R.H.R.Wade	吴毓麟	W.A.Morling
1921	W.P.Ker.C.M.G	R.H.R.Wade	吴毓麟	C.R.Morling
1922	W.P.Ker.C.M.G S.J.Fuller	R.H.R.Wade	吴毓麟	C.R.Morling E.W.Carter
1923	S.J.Fuller E.Saussine	R.H.R.Wade R.C.Guernier	杨豹灵	E.C.Peters
1924	E.Saussine	R.C.Guernier	刘彭寿 祁彦孺	E.C.Peters
1925	E.Saussine W.P.Ker.C.M.G	R.C.Guernier A.Wilson	祁彦孺	E.C.Peters L.O.Mccowan
1926	W.P.Ker.C.M.G H.Arita	A.Wilson	祁彦孺	L.O.Mccowan E.C.Peters
1927	H.Arita E.Saussine	A.Wilson	祁彦孺	E.C.Peters
1928	E.Saussine S.Kato	A.Wilson E.B.Howell	祁彦孺 陆近礼	E.C.Peters
1929	S.Kato C.E.Gauss	E.B.Howell	陆近礼 葛敬猷	E.C.Peters
1930	C.E.Gauss	E.B.Howell F.H.Bell R.C.Grierson L.de Luca	葛敬猷 陆近礼 韩麟生	E.C.Peters
1931	C.E.Gauss E.G.Jamieson.C.H.G L.Glies.C.M.G	L.de Luca	韩麟生	E.C.Peters J.Faust

续表

年　度	领事团代表	津海关税务司	津海关道台	名誉司库
1932	L.Glies.C.M.G	L.de Luca	韩麟生	J.C.Taylor
1933	L.Glies.C.M.G Ch.Lepissier	L.de Luca C.Bos	韩麟生	J.C.Taylor E.J.Nathan
1934	Ch.Lepissier	C.Bos	韩麟生	E.J.Nathan
1935	Ch.Lepissier J.B.Affleck.C.B.E	C.Bos H.D.Hilliard	韩麟生 林世则	E.J.Nathan J.C.Taylor
1936	J.B.Affleck.C.B.E	H.D.Hilliard W.R.Myers	林世则 孙维栋	J.C.Taylor

资料来源：《天津航道局局史》，2000，第 401-404 页；《国之润——天津航道局 120 年发展史》，2017，第 16-18 页。

附录 B
海河工程局董事局（1937—1945）

年　份	领事团代表	津海关税务司	津海关监督	轮船公司代表	洋商总会会长
1937	J.B.Affleck	梅维亮（W.R.Myers）	安大可、孙维栋	陈巨熙	Taylor
1938	堀内（T.Horiuchi）、田代（S.Tashiro）	梅维亮（W.R.Myers）	温世珍	梅维亮、三角、矢彦泽	Taylor
1939	田代（S.Tashiro）	梅维亮（W.R.Myers）	温世珍	矢彦泽	Taylor
1940	田代（S.Tashiro）、武藤（429）	梅维亮（W.R.Myers）	郭立志	矢彦泽	Peacock
1941	武藤、加藤（S.Kato）	梅维亮（W.R.Myers）	郭立志	冈崎	Peacock
1942	加藤（S.Kato）	黑泽	郭立志	冈崎	无
1943	加藤（S.Kato）、太田知庸	黑泽、石井	郭立志	斋藤	无
1944	太田知庸	小山田	秦中行	无	无
1945	太田知庸	小山田	秦中行	无	无

资料来源：《天津航道局局史》，2000，第 401-404 页；《国之润——天津航道局 120 年发展史》，2017，第 57 页。

附录 C
海河工程局顾问局成员（1914—1927）

年份	英国代表	法国代表	俄国代表	日本代表	美国代表	意大利代表	比利时代表
1914	—	E.Saussine H.Bourgeoia	Ch.P.Kristy C.V.Ouspenky P.H.Tidemann	Kubota T.Yoshida	—	—	—
1915	—	H.Bourgeoia	P.H.Tidemann	T.Yoshida	—	—	—
1916	—	H.Bourgeoia	P.H.Tidemann	T.Yoshida	—	—	A.Dauge C.Feguenne
1917	—	H.Bourgeoia	P.H.Tidemann	T.Matsudira	—	—	C.Feguenne
1918	—	H.Bourgeoia Beauvais H.Hauchecoine	P.H.Tidemann	T.Matsudira Y.Numano	P.S.Josselgn P.S.Heintzleman	—	C.Feguenne
1919	Herbert Goffe W.E.Ker	H.Hauchecoine H.Bourgeoia E.Saussine M.Baudy	P.H.Tidemann	Y.Numano K.Kamei B.T.Funatsa	P.S.Heintzleman Herbert Goffe Stuait J.Fliller	—	C.Feguenne E.F.rank A.J.Adriaensens
1920	W.E.Ker	M.J.Medard M.E.Saussine	P.H.Tidemann	B.T.Funatsa S.Ohtaka	Stuait J.Fliller	C.Pestalozza Count LodovieoNani-Mocenigo	A.J.Adriaensens E.F.rank

续表

年　份	英国代表	法国代表	俄国代表	日本代表	美国代表	意大利代表	比利时代表
1921	W.E.Ker	M.E.Saussine	P.H.Tidemann	B.T.Funatsa Mr.M.Yagi	Stuait J.Fliller	Mocenigo	E.F.rank
1922	W.E.Ker	M.E.Saussine	P.H.Tidemann H·Betz	Mr.M.Yagi K.Motoon S.Yoshida	Stuait J.Fliller	Mocenigo L.Nami-Moncenigɔ L.Gabbrielli	E.F.rank
1923	W.E.Ker	M.E.Saussine	H·Betz	S.Yoshida	Stuait J.Fliller D.C.Berger	L.Gabbrielli	E.F.rank
1924	W.E.Ker	M.E.Saussine	H·Betz	S.Yoshida	D.C.Berger	L.Gabbrielli	E.F.rank
1925	W.E.Ker	M.E.Saussine	H·Betz	S.Yoshida I.Okamoto H.Arita	D.C.Berger	L.M.Gabbrielli Cav.Uff.Guido Segre	E.F.rank
1926	W.E.Ker James Jamieson K.C.M.G	M.E.Saussine J.Medard	H·Betz	H.Arita	D.C.Berger E.G.Gauss	Cav.Uff.Guido Segre	E.F.rank
1927	James Jamieson K.C.M.G	J.Medard	H·Betz A.Tiggers	H.Arita S.Kato	E.G.Gauss	Cav.Uff.Guido Segre Cav.M.MagisIrati	E.F.rank

注：奥地利、匈牙利、荷兰、西班牙领事馆代表史料记载不详。
资料来源：Hai-Ho Conservancy Commission Annual Report 1914-1927，HHC。

附录 D
浚浦局董事局（1912—1944）

年份	上海道台/外务部外郎	江海关税务司	巡工司/理船厅/港务长
1912	Ivan Chen	H.F.Merrill	Wm.Carlson/H.G.Myhre
1913	Ivan Chen/Y.C.Cang/Yang Tcheng	H.F.Merrill/F.S.Unwin	H.G.Myhre/Wm.Carlson
1914	Yang Tcheng	F.S.Unwin	Wm.Carlson
1915	Yang Tcheng	F.S.Unwin	Wm.Carlson
1916	Yang Tcheng	F.S.Unwin	Wm.Carlson
1917	Yang Tcheng/Chu Chao Hsin	F.S.Unwin/R.H.R.Wade	Wm.Carlson
1918	Chu Chao Hsin/Ivan Chen	R.H.R.Wade	Wm.Carlson/H.G.Myhre
1919	Ivan Chen/Yang Tcheng	R.H.R.Wade/L.A.Lyall	H.G.Myhre
1920	Yang Tcheng/Hsu Yuan	L.A.Lyall/E.G.Lowder	H.G.Myhre
1921	Hsu Yuan	E.G.Lowder	H.G.Myhre
1922	Hsu Yuan	E.G.Lowder/L.A.Lyall	H.G.Myhre/H.E.Hillman
1923	Hsu Yuan	L.A.Lyall	H.E.Hillman
1924	Hsu Yuan/S.T.Wen/S.K.Chen	L.A.Lyall	H.E.Hillman/A.Hotson
1925	S.K.Chen/Hsu Yuan	L.A.Lyall/F.W.Maze	A.Hotson
1926	Hsu Yuan	F.W.Maze	A.Hotson
1927	Hsu Yuan/Quo Tai-chi	F.W.Maze	A.Hotson
1928	Quo Tai-chi/Wunsz King	F.W.Maze	A.Hotson/R.Longworth
1929	Wunse King/Hsu Mo	F.W.Maze/W.R.Mayers	R.Longworth

年份	上海道台/外务部外郎	江海关税务司	巡工司/理船厅/港务长
1930	T.L.Soong	W.R.Mayers	R.Longworth/E.B.Green
1931	T.L.Soong	W.R.Mayers/L.H.Lawford	E.B.Green
1932	T.L.Soong	L.H.Lawford	E.B.Green/D.Lettengton
1933	T.L.Soong	L.H.Lawford/A.C.E.Braud	D.Lettengton/E.B.Green
1934	T.L.Soong	A.C.E.Braud	E.B.Green
1935	T.L.Soong	L.H.Lawford/A.C.E.Braud	E.B.Green
1936	T.L.Soong	P.G.S.Barentzen	E.B.Green/P.I.Tirbak
1937	T.L.Soong	P.G.S.Barentzen/L.H.Lawford	P.I.Tirbak（俄）
1938	T.L.Soong	L.H.Lawford	P.I.Tirbak/Y.Sugiyama
1939	T.L.Soong	L.H.Lawford	Y.Sugiyama
1940	李建南	L.H.Lawford	Y.Sugiyama
1941		L.H.Lawford/Y.Akatani	Y.Sugiyama/T.Izawa
1942		Y.Akatani/K.Oyamada	
1943		K.Oyamada/K.Tanioka/Lu Shou Wen	
1944		Lu Shou Wen/J.Kurosawa	

附录 E

浚浦局顾问局（1912—1945）

年份	美国人	英国人	法国人	日本人	中国人	德国人	荷兰人	挪威人
1912	J.N.Jameson	A.M.Marshall	V.Meynard	A.Ashii	Y.C.Tong	H.Shellhoss	—	—
1913	J.N.Jameson	A.M.Marshall	V.Meynard/ L.Bridou	A.Ashii	Y.C.Tong	H.Shellhoss/ G.Boolsen	—	—
1914	J.N.Jameson	A.M.Marshall	L.Bridou	A.Ashii	Y.C.Tong	G.Boolsen/ H.Shellhoss	—	—
1915	J.N.Jameson	E.C.Richards	L.Bridou	A.Ashii	Y.C.Tong	G.Boolsen	—	—
1916	J. W. Gallagher/W. A.Burns	E.C.Richards	L.Bridou	A.Ashii/ T.Ibukiyama	Y.C.Tong	G.Boolsen	—	—
1917	W.A.Burns	E.C.Richards	L.Bridou	T.Ibukiyama	Y.C.Tong	G.Boolsen	—	—
1918	J.W.Gallagher	E.C.Richards	L.Bridou/ Jean Knight	T.Ibukiyama	Y.C.Tong	—	—	—
1919	J.H.Dollar/ J.W.Gallagher	E.C.Richards	Jean Knight/ L.Bridou	T.Ibukiyama	Y.C.Tong	—	—	—
1920	J.W.Gallagher/ J.H.Dollar	E. C. Richards/ C.Biron	L.Bridou/ V.Meynard	I.Matsudaira	Y.C.Tong	—	W.Kien	—
1921	J.H.Dollar/ P.P.Whitham	C.Biron	V.Meynard	I.Matsudaira/ T.Onda	Y.C.Tong	—	W.Kien/ P.Stuyfbergen	—
1922	P. P. Whitham/C. W.Athinson	C.Biron/ P.L.Knight	V.Meynard	T.Onda/ K.Yamaguchi	K.S.Low	—	P.Stuyfbergen	—

续表

年份	美国人	英国人	法国人	日本人	中国人	德国人	荷兰人	挪威人
1923	C.W.Athinson	P.L.Knight	V.Meynard	T.Onda	K.S.Low	—	P.Stuyfbergen	—
1924	C.W.Athinson	P.L.Knight	E.Sigaut	M.Ichiki	K.S.Low/S.U.Zau	—	P.Stuyfbergen	—
1925	C.W.Athinso/V.G.Lyman	P.L.Knight/C.G.S.Mackie	E.Sigaut	M.Ichiki	S.U.Zau	—	P.Stuyfbergen	—
1926	V.G.Lyman	C.G.S.Mackie/H.V.Wilkinson	E.Sigaut	M.Ichiki/T.Saito	S.U.Zau	—	P.Stuyfberge/J.A.J.W.Nieuwenhuys	—
1927	v.G.Lyman/T.J.Cokely	H.V.Wilkinson	E.Sigaut	T.Saito	S.U.Zau	—	J.A.J.W.Nieuwenhuys/F.W.P.Zwagers	—
1928	T.J.Cokely	H.V.Wilkinso/M.T.Johnson	E.Sigaut/J.Cochet	T.Saito	S.U.Zau	—	F.W.P.Zwagers/J.A.J.W.Nieuwenhuys	—
1929	T.J.Cokely	M.T.Johnson/H.V.Wilkson	J.Cochet	T.Saito	S.U.Zau	—	J.A.J.W.Nieuwenhuys	O.Thoresen
1930	T.J.Cokely/O.G.Steen	H.V.Wilkson	J.Cochet	T.Saito/S.Kinoshita	S.U.Zau	—	—	O.Thoresen
1931	O.G.Steen	H.V.Wilkson	J.Cochet/J. le Guillou de Creisquer	S.Kinoshita/H.Terai	S.U.Zau/L.T.Yuan	—		O.Thorese/B.Rein
1932	O.G.Steen	H.V.Wilkson	J. le Guillou de Creisquer/J.Deville	H.Terai	L.T.Yuan	—		B.Rein/O.Thoresen
1933	O.G.Steen	H.V.Wilkson/M.T.Johnson	J.Deville/M.Fomberteaux/J.Cochet	H.Terai/T.Yamamoto	L.T.Yuan	—		O.Thoresen

续表

年份	美国人	英国人	法国人	日本人	中国人	德国人	荷兰人	挪威人
1934	O.G.Steen	M.T.Johnson/ H.V.Wilkson	J.Cochet	T.Yamamoto	L.T.Yuan	—	—	O.Thoresen
1935	O.G.Steen	H.V.Wilkson	J.Cochet	T.Yamamoto	L.T.Yuan	—	—	O.Thoresen
1936	O.G.Steen	H.V.Wilkson	J.Cochet	T.Yamamoto	L.T.Yuan	—	—	O.Thoresen
1937	O.G.Steen	H.V.Wilkson/ L.J.Davies	J.Cochet	T.Yamamoto	L.T.Yuan	—	—	O.Thoresen
1938	O.G.Steen/ P.H.Bordwell	L.J.Davies	J.Cochet/Jobard de Gapany	T.Yamamoto/ K.Watanabe	L.T.Yuan	—	—	O.Thorese/ A.Thoresen
1939	P.H.Bordwell	L.J.Davies/ F.W.Foster	Jobard de Gapany/ J.Cochet	K.Watanabe	L.T.Yuan	—	—	Thoresen
1940	P.H.Bordwell	L.J.Davies	J.Cochet	K.Watanabe	L.T.Yuan	—	—	Thoresen
1941	P.H.Bordwell/ Henry Kay	F.W.Foster/ T.G.S. Alexander	J.Cochet	Y.Yajima	L.T.Yuan	—	—	Thoresen
1942	Henry Kay	T.G.S. Alexander	J.Cochet	Y.Yajima	L.T.Yuan	—	—	Thoresen
1943	Henry Kay	T.G.S. Alexander	J.Cochet	Y.Yajima/ M.Ikoma	L.T.Yuan	—	—	Thoresen
1944	Henry Kay	T.G.S. Alexander	J.Cochet	M.Ikoma	L.T.Yuan	—	—	Thoresen
1945	Henry Kay	T.G.S. Alexander	J.Cochet	M.Ikoma	L.T.Yuan	—	—	Thoresen

附录 F
清政府聘用奈克为总营造司的合同书（1905）

光绪三十二年四月十六日

大清国特派江海关道瑞澂，江海关税务司好博逊为中国政府与现居中国上海之顾问工程师奈克订立合同，因曾于一千九百零五年九月二十七号，中国政府与辛丑公约画押之有约各国使臣在北京会订条约内载所有改善及保全黄浦河道并吴淞内外沙滩各工统由江海关道及税务司（以下称为浚浦总局）管理，并在所限期内，中国自行选择熟习河工之工程司一，经辛丑公约画押之各国使臣大半以为合宜，中国即可派委承办一切工程等，语兹中国按照此约已经选择该工程司奈克并业由辛丑公约画押之各国使臣大半允许，爰与之订立合同如左：

一、现派委奈克充当总营造司，应遵照下列各节将所有修筑黄浦河道一切工程妥善办理。奈克亦允充委任事，遵照承办。

二、奈克既为总营造司，凡营造工程有关，中国照约应行改善及保全黄浦河道并吴淞内外沙滩各事宜者，即当为浚浦总局之顾问员，尽其知能，凡有应办工程，预行筹画绘图，立说并缮具预算表，呈俟浚浦总局画押批准后即行督率兴工，其一切工程应如何布置营造，惟奈克一人担其责任，但所有改善及保全黄浦河道，各工程如有未经浚浦局商允奈克者，不得举办。

三、中国举办黄浦各工程系照约应办之事，奈克自当恪守遵约章办理，如政府之事与该工程相属并与条约相符者，奈克亦应随时遵行。

四、奈克如需工程员司或办公处，需用司事人员，应会同浚浦总局选择委用。

五、聘定奈克之期限准以三年为满，即自西历一千九百零六年六月初七日起算，如现订合同之两造，逆料限满时工程不能告竣，而两造于限满六个月前并未备函声明限满时合同注销,则限满期仍可续展,惟不得逾两年,至续展之两年内仍应遵守本合同所载各节。

六、奈克之薪金商明每年三千金镑,在合同期内每逢西历月杪,照算付给,惟自西历一千九百零五年十一月四号起至本合同画押之日止,亦照上载镑数如算补给,即于画押日照付。

七、中国应备合宜房屋一所,以作奈克办公处,并备合宜房屋一所及常用器具以为住宿公寓。倘奈克另需房屋为眷属居住,则应自行置办。

八、在合同期内,奈克当按照本合同所承办之工程专心竭力行事,如未经中国政府允办他事,应不得搅办。

九、倘有不遵合同内所载应尽义务之事,中国政府尽可备函辞退,注销合同。

十、此合同当以华夷两文缮写,如将来华夷文字有参差之处,应以华文为正义。